21 世纪高等学校电子信息类规划教材

《电磁场与电磁波(第四版)》学习指导

王家礼　朱满座　路宏敏　王新稳　编著

西安电子科技大学出版社

内 容 简 介

本书是依据《电磁场与电磁波(第四版)》一书(西安电子科技大学出版社，2016)，为指导读者深入理解“电磁场与电磁波”课程内容，提高学习水平而编写的。全书分八章，每章都由“基本内容与公式”、“例题示范”和“习题及参考答案”三部分组成。

本书既可作为“电磁场与电磁波”课程的学习指导书，也可作为读者报考相关专业研究生的复习参考书。

图书在版编目(CIP)数据

《电磁场与电磁波(第四版)》学习指导/王家礼等编著.
—西安：西安电子科技大学出版社，2016.11(2020.8 重印)
21 世纪高等学校电子信息类规划教材

ISBN 978 - 7 - 5606 - 4166 - 9

Ⅰ. ① 电… Ⅱ. ① 王… Ⅲ. ① 电磁场—高等学校—教学参考资料 ② 电磁波—高等学校—教学参考资料 Ⅳ. ① O441.4

中国版本图书馆 CIP 数据核字(2016)第 263014 号

策　　划　云立实
责任编辑　云立实
出版发行　西安电子科技大学出版社(西安市太白南路 2 号)
电　　话　(029)88242885　88201467　　邮　　编　710071
网　　址　www.xduph.com　　电子邮箱　xdupfxb001@163.com
经　　销　新华书店
印刷单位　咸阳华盛印务有限责任公司
版　　次　2016 年 11 月第 1 版　2020 年 8 月第 2 次印刷
开　　本　787 毫米×1092 毫米　1/16　印张 11.5
字　　数　269 千字
印　　数　3001～5000 册
定　　价　28.00 元
ISBN 978 - 7 - 5606 - 4166 - 9/O

XDUP　4458001－2

前　言

本书作为高等学校电子类专业“电磁场与电磁波”课程的学习指导书，是与西安电子科技大学出版社出版的教材《电磁场与电磁波(第四版)》(2016)配套使用的。王家礼、朱满座、路宏敏、王新稳参加了全书的编写工作，其中第一、八章由王新稳负责编写，第二、三、四章由朱满座负责编写，第五、六、七章由路宏敏负责编写，王家礼负责全书的统稿工作。

西安电子科技大学出版社相关人员为本书的出版付出了艰辛的劳动，在此表示衷心的感谢。

由于编者水平有限，书中难免出现不当之处，衷心希望使用本书的老师、同学和读者批评指正。

编　者

2016 年 3 月

目　　录

第一章　矢 量 分 析

一、基本内容与公式

1. 我们讨论的物理量若只有大小，则它是一个标量函数，该标量函数在某一空间区域内确定了该物理量的一个场，该场称为标量场。若我们讨论的物理量既有大小又有方向，则它是一个矢性函数，该矢性函数在某一空间区域内确定了该物理量的一个场，该场称为矢量场。矢量运算应满足矢量运算法则。

2. 标量函数 u 在某点沿 l 方向的变化率$\frac{\partial u}{\partial l}$，称为标量场 u 沿该方向的方向导数。标量场 u 在该点的梯度 $\text{grad}u = \nabla u$ 与方向导数的关系为

$$\frac{\partial u}{\partial l} = \nabla u \cdot l$$

标量场 u 的梯度是一个矢量，它的大小和方向就是该点最大变化率的大小和方向。

在标量场 u 中，具有相同 u 值的点构成一等值面。在等值面的法线方向上，u 值变化最快。因此，梯度的方向也就是等值面的法线方向。

3. 矢量 $\boldsymbol{A}$ 穿过曲面 S 的通量为 $\Psi = \int_S \boldsymbol{A} \cdot \mathrm{d}\boldsymbol{S}$。矢量 $\boldsymbol{A}$ 在某点的散度定义为

$$\text{div}\,\boldsymbol{A} = \nabla \cdot \boldsymbol{A} = \lim_{\Delta V \to 0} \frac{\oint_S \boldsymbol{A} \cdot \mathrm{d}\boldsymbol{S}}{\Delta V}$$

它是一标量，表示从该点散发的通量体密度，描述了该点的通量源强度。其散度定理为

$$\int_V \nabla \cdot \boldsymbol{A} \mathrm{d}V = \oint_S \boldsymbol{A} \cdot \mathrm{d}\boldsymbol{S}$$

4. 矢量 $\boldsymbol{A}$ 沿闭合曲线 c 的线积分$\oint_c \boldsymbol{A} \cdot \mathrm{d}\boldsymbol{l}$，称为矢量 $\boldsymbol{A}$ 沿该曲线的环量。矢量 $\boldsymbol{A}$ 在某点的旋度定义为

$$\text{rot}\,\boldsymbol{A} = \nabla \times \boldsymbol{A} = \lim_{\Delta S \to 0} \frac{\left[\oint_c \boldsymbol{A} \cdot \mathrm{d}\boldsymbol{l}\right]_{\max}}{\Delta S}$$

它是一矢量，其大小和方向是该点最大环量面密度的大小和此时的面元方向，它描述旋涡源强度。其斯托克斯定理为

$$\int_S (\nabla \times \boldsymbol{A}) \cdot \mathrm{d}\boldsymbol{S} = \oint_c \boldsymbol{A} \cdot \mathrm{d}\boldsymbol{l}$$

5. 哈密顿微分算子 ∇ 是一个兼有矢量和微分运算作用的矢量运算符号。$\nabla \cdot \boldsymbol{A}$ 可看做两个矢量的标量积，$\nabla \times \boldsymbol{A}$ 可看做两个矢量的矢量积。计算时，先按矢量运算法则展开，然后再做微分运算。∇u 可看做矢量与标量相乘。在直角坐标系中，其 ∇ 算子可表示为

$$\nabla = \frac{\partial}{\partial x}\boldsymbol{e}_x + \frac{\partial}{\partial y}\boldsymbol{e}_y + \frac{\partial}{\partial z}\boldsymbol{e}_z$$

在圆柱坐标系中，其 ∇ 算子可表示为

$$\nabla = \frac{\partial}{\partial \rho}\boldsymbol{e}_\rho + \frac{1}{\rho}\frac{\partial}{\partial \phi}\boldsymbol{e}_\phi + \frac{\partial}{\partial z}\boldsymbol{e}_z$$

在球面坐标系中，其 ∇ 算子可表示为

$$\nabla = \frac{\partial}{\partial r}\boldsymbol{e}_r + \frac{1}{r}\frac{\partial}{\partial \theta}\boldsymbol{e}_\theta + \frac{1}{r\sin\theta}\frac{\partial}{\partial \phi}\boldsymbol{e}_\phi$$

6. 亥姆霍兹定理总结了矢量场共同的性质：矢量场可由矢量场的散度和旋度唯一地确定；矢量场的散度和旋度各对应矢量场中的一种源。所以分析矢量场时，应从研究它的散度和旋度入手，旋度方程和散度方程构成了矢量场的基本方程。

二、例题示范

例 1-1　求数量场 $\varphi = \ln(x^2 + y^2 + z^2)$ 通过点 $M(1, 2, 3)$ 的等值面方程。

解： 函数在点 $M(1, 2, 3)$ 处的值为

$$\varphi = \ln(1 + 4 + 9) = \ln 14$$

故通过点 $M(1, 2, 3)$ 的等值面为

$$\ln(x^2 + y^2 + z^2) = \ln 14$$

即

$$x^2 + y^2 + z^2 = 14$$

例 1-2　设

$$\boldsymbol{a} = a_1\boldsymbol{e}_x + a_2\boldsymbol{e}_y + a_3\boldsymbol{e}_z,\ \boldsymbol{r} = x\boldsymbol{e}_x + y\boldsymbol{e}_y + z\boldsymbol{e}_z$$

求矢量场 $\boldsymbol{b} = \boldsymbol{a} \times \boldsymbol{r}$ 的矢量线。

解： 由矢量积的运算规则可得

$$\boldsymbol{b} = \begin{vmatrix} \boldsymbol{e}_x & \boldsymbol{e}_y & \boldsymbol{e}_z \\ a_1 & a_2 & a_3 \\ x & y & z \end{vmatrix} = (a_2 z - a_3 y)\boldsymbol{e}_x + (a_3 x - a_1 z)\boldsymbol{e}_y + (a_1 y - a_2 x)\boldsymbol{e}_z$$

则矢量线所满足的微分方程为

$$\frac{\mathrm{d}x}{a_2 z - a_3 y} = \frac{\mathrm{d}y}{a_3 x - a_1 z} = \frac{\mathrm{d}z}{a_1 y - a_2 x} \qquad (1-1)$$

上式是一个等比式。设比值为 K，根据分子分母同乘一个数比值不变，则(1-1)式第一项分子分母同乘 a_1，第二项分子分母同乘 a_2，第三项分子分母同乘 a_3，比值不变，可得

$$\frac{a_1\,\mathrm{d}x}{a_1(a_2z-a_3y)}=\frac{a_2\,\mathrm{d}y}{a_2(a_3x-a_1z)}=\frac{a_3\,\mathrm{d}z}{a_3(a_1y-a_2x)}=K$$

则可写成如下形式：

$$\frac{a_1\,\mathrm{d}x}{a_1(a_2z-a_3y)}=K \quad 或 \quad a_1\,\mathrm{d}x=Ka_1(a_2z-a_3y)$$

$$\frac{a_2\,\mathrm{d}y}{a_2(a_3x-a_1z)}=K \quad 或 \quad a_2\,\mathrm{d}y=Ka_2(a_3x-a_1z)$$

$$\frac{a_3\,\mathrm{d}z}{a_3(a_1y-a_2x)}=K \quad 或 \quad a_3\,\mathrm{d}z=Ka_3(a_1y-a_2x)$$

对上面三式求和可得

$$\begin{aligned}a_1\,\mathrm{d}x+a_2\,\mathrm{d}y+a_3\,\mathrm{d}z&=\mathrm{d}(a_1x)+\mathrm{d}(a_2y)+\mathrm{d}(a_3z)\\&=\mathrm{d}(a_1x+a_2y+a_3z)=0\end{aligned}$$

因为 $\mathrm{d}(a_1x+a_2y+a_3z)=0$，所以

$$a_1x+a_2y+a_3z=C_1 \tag{1-2}$$

式中 C_1 为任意常数。

再将(1-1)式第一项分子分母同乘 x，第二项分子分母同乘 y，第三项分子分母同乘 z，比值不变，同理可以求出：

$$x\,\mathrm{d}x+y\,\mathrm{d}y+z\,\mathrm{d}z=0$$

因为 $x\,\mathrm{d}x+y\,\mathrm{d}y+z\,\mathrm{d}z=\mathrm{d}(x^2+y^2+z^2)=0$，所以

$$x^2+y^2+z^2=C_2 \tag{1-3}$$

式中 C_2 为任意常数。

最后得矢量线方程为

$$\begin{cases}a_1x+a_2y+a_3z=C_1\\x^2+y^2+z^2=C_2\end{cases}$$

式中 C_1、C_2 为任意常数。

例 1-3 求函数 $\varphi=3x^2y-y^3z^2$ 在点 $M(1,-2,-1)$ 处沿矢量 $\boldsymbol{a}=yz\boldsymbol{e}_x+xz\boldsymbol{e}_y+xy\boldsymbol{e}_z$ 方向的方向导数。

解：矢量 $\boldsymbol{a}$ 在 M 点处的值为

$$\boldsymbol{a}\,|_M=2\boldsymbol{e}_x-\boldsymbol{e}_y-2\boldsymbol{e}_z$$

其方向余弦为

$$\cos\alpha=\frac{2}{3},\ \cos\beta=-\frac{1}{3},\ \cos\gamma=-\frac{2}{3}$$

而

$$\left.\frac{\partial\varphi}{\partial x}\right|_M=6xy\,|_M=-12$$

$$\left.\frac{\partial\varphi}{\partial y}\right|_M=(3x^2-3y^2z^2)\,|_M=3-12=-9$$

$$\left.\frac{\partial \varphi}{\partial z}\right|_M = -2y^3 z\,|_M = -16$$

于是所求方向导数为

$$\left.\frac{\partial \varphi}{\partial l}\right|_M = \left.\frac{\partial \varphi}{\partial x}\cos\alpha + \frac{\partial \varphi}{\partial y}\cos\beta + \frac{\partial \varphi}{\partial z}\cos\gamma\right|_M = -12 \times \frac{2}{3} + 9 \times \frac{1}{3} + 16 \times \frac{2}{3} = \frac{17}{3}$$

例 1-4 求函数 $\varphi = 3x^2 y - y^2$ 在点 $M(2,\ 3)$ 处沿曲线 $y = x^2 - 1$ 朝 x 增大一方的方向导数。

解：函数 φ 在某点处沿某曲线的某一方向的方向导数等于函数 φ 在该点处沿同方向的切线方向的方向导数，而曲线 $y = x^2 - 1$ 在点 M 处沿所取方向的切线斜率为

$$y'\,|_M = 2x\,|_M = 4$$

即

$$\tan\alpha = 4$$

其方向余弦

$$\cos x = \frac{1}{\sqrt{1+\tan^2\alpha}} = \frac{1}{\sqrt{17}}, \quad \cos\beta = \frac{4}{\sqrt{17}}$$

而

$$\left.\frac{\partial \varphi}{\partial x}\right|_M = 6xy\,|_{(2,3)} = 36$$

$$\left.\frac{\partial \varphi}{\partial y}\right|_M = (3x^2 - 2y)\,|_{(2,3)} = 6$$

于是所求的方向导数为

$$\left.\frac{\partial \varphi}{\partial l}\right|_M = \left.\frac{\partial \varphi}{\partial x}\cos\alpha + \frac{\partial \varphi}{\partial y}\cos\beta\right|_M = 36 \times \frac{1}{\sqrt{17}} + 6 \times \frac{4}{\sqrt{17}} = \frac{60}{\sqrt{17}}$$

例 1-5 求数量场 $\varphi = \frac{1}{r}$ 在过点 $M\left(\frac{1}{\sqrt{3}},\ \frac{1}{\sqrt{3}},\ \frac{1}{\sqrt{3}}\right)$ 的等值面上过该点的切平面方程。

解：数量场 $\varphi = \frac{1}{r}$ 的等值面方程为 $\frac{1}{r} = c$，即

$$x^2 + y^2 + z^2 = \frac{1}{c^2}$$

而通过点 $M\left(\frac{1}{\sqrt{3}},\ \frac{1}{\sqrt{3}},\ \frac{1}{\sqrt{3}}\right)$ 的等值面则为单位球面：

$$x^2 + y^2 + z^2 = 1$$

由于过点 M 的切平面的法线矢量 $\boldsymbol{n}$ 垂直于等值面，也就是该数量场在 M 点处的梯度，即

$$\boldsymbol{n} = \nabla\varphi\Big|_M = -\frac{\boldsymbol{r}}{r^3}\Big|_M = -\left(\frac{1}{\sqrt{3}}\boldsymbol{e}_x + \frac{1}{\sqrt{3}}\boldsymbol{e}_y + \frac{1}{\sqrt{3}}\boldsymbol{e}_z\right)$$

所以，所求的切平面方程为

$$-\frac{1}{\sqrt{3}}\left(x - \frac{1}{\sqrt{3}}\right) - \frac{1}{\sqrt{3}}\left(y - \frac{1}{\sqrt{3}}\right) - \frac{1}{\sqrt{3}}\left(z - \frac{1}{\sqrt{3}}\right) = 0$$

即

$$x+y+z=\sqrt{3}$$

例 1-6　如图 1-1 所示，设 P 为焦点在 A、B 处的某一椭圆上的任一点，试证明，直线 AP、BP 与椭圆在 P 点的切线所成之夹角相等。

证明：令 $\boldsymbol{R}_1=AP$，$\boldsymbol{R}_2=BP$ 分别代表由焦点 A、B 至 P 点的向量，$\boldsymbol{T}$ 为椭圆在 P 点的单位切向量。$\boldsymbol{R}_1$ 与 $\boldsymbol{T}$ 的夹角为 α_1，$\boldsymbol{R}_2$ 与 $-\boldsymbol{T}$ 的夹角为 α_2。

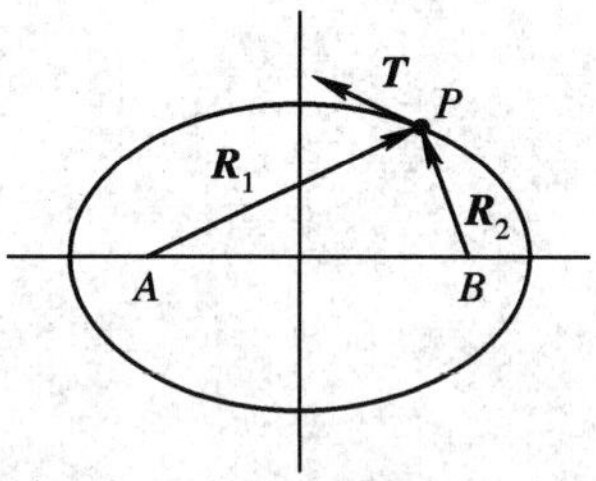

图 1-1　例 1-6 用图

根据椭圆的性质可知，该椭圆方程为 $R_1+R_2=C$（C 为一常数），则该椭圆的法向量 $\boldsymbol{n}$ 为

$$\boldsymbol{n}=\nabla(R_1+R_2)$$

显然 $\boldsymbol{n}\cdot\boldsymbol{T}=0$，即

$$\nabla(R_1+R_2)\cdot\boldsymbol{T}=0$$

或

$$\nabla R_1\cdot\boldsymbol{T}=\nabla R_2\cdot(-\boldsymbol{T})$$

由于

$$\nabla R_1=\frac{\boldsymbol{R}_1}{R_1}=\boldsymbol{R}_1^{\circ}\text{（单位矢量）}$$

$$\nabla R_2=\frac{\boldsymbol{R}_2}{R_2}=\boldsymbol{R}_2^{\circ}\text{（单位矢量）}$$

所以

$$\nabla R_1\cdot\boldsymbol{T}=\cos\alpha_1,\quad \nabla R_2\cdot(-\boldsymbol{T})=\cos\alpha_2$$

即

$$\alpha_1=\alpha_2$$

该题的物理解释是：由椭圆的一个焦点发出的光线、电磁波或声波，会被椭圆反射后经过另一个焦点。$\alpha_1=\alpha_2$ 表明，入射角等于反射角。

例 1-7　已知矢量场 $\mathbf{A}=(axz+x^2)\boldsymbol{e}_x+(by+xy^2)\boldsymbol{e}_y+(z-z^2+cxz-2xyz)\boldsymbol{e}_z$，试确定 a、b、c，使得 $\mathbf{A}$ 成为一无源场。

解：要使矢量场 $\mathbf{A}$ 无源，则必要求 $\operatorname{div}\mathbf{A}=0$，即

$$\begin{aligned}\operatorname{div}\mathbf{A}=\nabla\cdot\mathbf{A}&=az+2x+b+2xy+1-2z+cx-2xy\\&=(a-2)z+(2+c)x+b+1=0\end{aligned}$$

要使上式成立，必须有

$$a-2=0,\quad 2+c=0,\quad b+1=0$$

故

$$a=2,\quad b=-1,\quad c=-2$$

此时

$$\boldsymbol{A}=(2xz+x^2)\boldsymbol{e}_x+(xy^2-y)\boldsymbol{e}_y+(z-z^2-2xz-2xyz)\boldsymbol{e}_z$$

例 1－8　如图 1－2 所示，设 S 是由柱面 $x^2+y^2=a^2$ 及平面 $z=0$ 和 $z=h$ 围成的封闭曲面，求矢径 $\boldsymbol{r}$ 穿出 S 的柱面部分的通量。

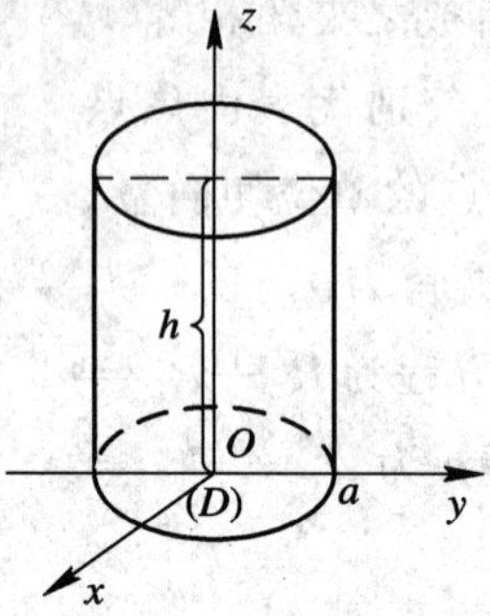

图 1－2　例 1－8 用图

解：设 S_1 和 S_2 为闭曲面 S 的顶部与底部的圆面，则所求的通量可用穿出闭曲面 S 的总通量减去穿出 S_1 和 S_2 面的通量求得，即

$$\begin{aligned}\Psi&=\oint\!\!\!\!\oint_S \boldsymbol{r}\cdot \mathrm{d}\boldsymbol{S}-\iint_{S_1+S_2}\boldsymbol{r}\cdot \mathrm{d}\boldsymbol{S}\\&=\iiint_\Omega \nabla\cdot\boldsymbol{r}\mathrm{d}V-\iint_{S_1}h\,\mathrm{d}x\,\mathrm{d}y+\iint_{S_2}0\cdot\mathrm{d}x\,\mathrm{d}y\\&=\iiint_\Omega 3\,\mathrm{d}V-\pi a^2h+0\\&=3\pi a^2h-\pi a^2h\\&=2\pi a^2h\end{aligned}$$

例 1－9　已知 $\varphi=3x^2y$，$\boldsymbol{A}=x^3yz\boldsymbol{e}_y+3xy^2\boldsymbol{e}_z$，求 $\mathrm{rot}\,(\varphi\boldsymbol{A})$。

解：
$$\mathrm{rot}\,(\varphi\boldsymbol{A})=\nabla\times(\varphi\boldsymbol{A})=\varphi\nabla\times\boldsymbol{A}+\nabla\varphi\times\boldsymbol{A}$$

而

$$\nabla\times\boldsymbol{A}=\begin{vmatrix}\boldsymbol{e}_x&\boldsymbol{e}_y&\boldsymbol{e}_z\\\dfrac{\partial}{\partial x}&\dfrac{\partial}{\partial y}&\dfrac{\partial}{\partial z}\\0&x^3yz&3xy^2\end{vmatrix}=(6xy-x^3y)\boldsymbol{e}_x-3y^2\boldsymbol{e}_y+3x^2yz\boldsymbol{e}_z$$

$$\nabla\varphi\times\boldsymbol{A}=\begin{vmatrix}\boldsymbol{e}_x&\boldsymbol{e}_y&\boldsymbol{e}_z\\6xy&3x^2&0\\0&x^3yz&3xy^2\end{vmatrix}=9x^3y^2\boldsymbol{e}_x-18x^2y^3\boldsymbol{e}_y+6x^4y^2z\boldsymbol{e}_z$$

所以

$$\nabla\times(\varphi\boldsymbol{A})=3x^2y^2[(9x-x^3)\boldsymbol{e}_x-9y\boldsymbol{e}_y+5x^2z\boldsymbol{e}_z]$$

例 1-10 证明矢量场：

$$\boldsymbol{A}=(y^2+2xz^2)\boldsymbol{e}_x+(2xy-z)\boldsymbol{e}_y+(2x^2z-y+2z)\boldsymbol{e}_z$$

证明：若 **A** 为有势场，则其源应是发散的，而非涡旋源，即

$$\text{rot}\,\boldsymbol{A}=\nabla\times\boldsymbol{A}=\boldsymbol{0}$$

由于

$$\nabla\times\boldsymbol{A}=\begin{vmatrix}\boldsymbol{e}_x & \boldsymbol{e}_y & \boldsymbol{e}_z\\ \dfrac{\partial}{\partial x} & \dfrac{\partial}{\partial y} & \dfrac{\partial}{\partial z}\\ y^2+2xz^2 & 2xy-z & 2x^2z-y+2z\end{vmatrix}$$

$$=(-1+1)\boldsymbol{e}_x-(4xz-4xz)\boldsymbol{e}_y+(2y-2y)\boldsymbol{e}_z=\boldsymbol{0}$$

所以 **A** 为有势场。

由 $\nabla\times(\nabla\varphi)\equiv 0$ 可知，**A** 可表示成势函数 φ 的梯度，即

$$\boldsymbol{A}=-\nabla\varphi$$

由此可得如下三个方程：

$$\frac{\partial\varphi}{\partial x}=-A_x=-(y^2+2xz^2)$$

$$\frac{\partial\varphi}{\partial y}=-A_y=z-2xy$$

$$\frac{\partial\varphi}{\partial z}=-A_z=-(2x^2z+2z-y)$$

由第一个方程对 x 积分得

$$\varphi=-xy^2-x^2z^2+c(y,z) \tag{1-4}$$

其中 $c(y,z)$ 暂时是任意的。为了确定它，将上式对 y 求导得

$$\frac{\partial\varphi}{\partial y}=-2xy+\frac{\partial c(y,z)}{\partial y}$$

与第二个方程比较可得

$$c'_y(y,z)=z,\quad c(y,z)=yz+c(z)$$

代回(1-4)式可得

$$\varphi=-xy^2-x^2z^2+yz+c(z) \tag{1-5}$$

为确定 $c(z)$，将(1-5)式对 z 求导，并与第三个方程比较可得

$$c'_z(z)=-2z,\quad c(z)=z^2+c$$

故所求势函数为

$$\varphi=-xy^2-x^2z^2+yz-z^2+c$$

并且

$$\boldsymbol{A}=-\nabla\varphi$$

例 1-11 试证明 $\boldsymbol{A}=yz\boldsymbol{e}_x+zx\boldsymbol{e}_y+xy\boldsymbol{e}_z$ 为调和场，并求出场的势函数 φ（φ 也称为调和函数）。

证明：若矢量场 $\boldsymbol{A}$ 中恒有 $\nabla \cdot \boldsymbol{A} = 0$ 与 $\nabla \times \boldsymbol{A} = \boldsymbol{0}$，则该矢量场 $\boldsymbol{A}$ 称为调和场。也就是说，调和场是指既无源又无旋的矢量场。

由 $\nabla \times (\nabla \varphi) \equiv \boldsymbol{0}$ 可知，调和场存在势函数 φ 满足：

$$\boldsymbol{A} = -\nabla \varphi$$

又由于 $\nabla \cdot \boldsymbol{A} \equiv 0$，即

$$\nabla \cdot (\nabla \varphi) = \nabla^2 \varphi = \frac{\partial^2 \varphi}{\partial x^2} + \frac{\partial^2 \varphi}{\partial y^2} + \frac{\partial^2 \varphi}{\partial z^2} = 0 \tag{1-6}$$

可知，势函数 φ 还满足方程(1-6)，而方程(1-6)称为拉普拉斯方程。满足拉普拉斯方程的势函数 φ 也叫调和函数。而

$$\nabla^2 = \nabla \cdot \nabla = \Delta = \frac{\partial^2}{\partial x^2} + \frac{\partial^2}{\partial y^2} + \frac{\partial^2}{\partial z^2}$$

称为拉普拉斯算子。

对于题目中给出的矢量 $\boldsymbol{A}$，由于

$$\nabla \times \boldsymbol{A} = \begin{vmatrix} \boldsymbol{e}_x & \boldsymbol{e}_y & \boldsymbol{e}_z \\ \dfrac{\partial}{\partial x} & \dfrac{\partial}{\partial y} & \dfrac{\partial}{\partial z} \\ yz & zx & xy \end{vmatrix} = (x - x)\boldsymbol{e}_x - (y - y)\boldsymbol{e}_y + (z - z)\boldsymbol{e}_z$$

$$= \boldsymbol{0}$$

$$\nabla \cdot \boldsymbol{A} = 0$$

所以，矢量场 $\boldsymbol{A}$ 为调和场。由于 $\boldsymbol{A} = -\nabla \varphi$，即

$$\frac{\partial \varphi}{\partial x} = -yz, \ \frac{\partial \varphi}{\partial y} = -zx, \ \frac{\partial \varphi}{\partial z} = -xy$$

解之有

$$\varphi = -xyz + c$$

又由于

$$\frac{\partial \varphi}{\partial x} = -yz, \quad \frac{\partial^2 \varphi}{\partial x^2} = 0$$

$$\frac{\partial \varphi}{\partial y} = -xz, \quad \frac{\partial^2 \varphi}{\partial y^2} = 0$$

$$\frac{\partial \varphi}{\partial z} = -xy, \quad \frac{\partial^2 \varphi}{\partial z^2} = 0$$

即

$$\nabla^2 \varphi = 0$$

所以 $\varphi = -xyz + c$ 即为所求调和函数。

例 1-12　设 $\psi(x, y, z)$ 为任意函数，$\boldsymbol{A}(x, y, z)$ 为任意矢量函数，试证明下列矢量恒等式成立。

(1) 任意函数梯度的旋度恒等于零，即 $\nabla \times \nabla \psi \equiv \boldsymbol{0}$

(2) 任意矢量旋度的散度恒等于零，即 $\nabla\cdot(\nabla\times\boldsymbol{A})\equiv 0$

(3) $\nabla\cdot\nabla\psi=\nabla^2\psi$

(4) $\nabla\times\nabla\times\boldsymbol{A}=\nabla(\nabla\cdot\boldsymbol{A})-\nabla^2\boldsymbol{A}$

解:(1) 根据梯度的定义,可知

$$\nabla\psi=\frac{\partial\psi}{\partial x}\boldsymbol{e}_x+\frac{\partial\psi}{\partial y}\boldsymbol{e}_y+\frac{\partial\psi}{\partial z}\boldsymbol{e}_z=B_x\boldsymbol{e}_x+B_y\boldsymbol{e}_y+B_z\boldsymbol{e}_z=\boldsymbol{B}$$

$$\nabla\times\nabla\psi=\nabla\times\boldsymbol{B}=\begin{vmatrix}\boldsymbol{e}_x & \boldsymbol{e}_y & \boldsymbol{e}_z\\ B_x & B_y & B_z\\ \dfrac{\partial}{\partial x} & \dfrac{\partial}{\partial y} & \dfrac{\partial}{\partial z}\end{vmatrix}=\left(\frac{\partial B_y}{\partial z}-\frac{\partial B_z}{\partial y}\right)\boldsymbol{e}_x+\left(\frac{\partial B_z}{\partial x}-\frac{\partial B_x}{\partial z}\right)\boldsymbol{e}_y+\left(\frac{\partial B_x}{\partial y}-\frac{\partial B_y}{\partial x}\right)\boldsymbol{e}_z$$

因为

$$\frac{\partial B_y}{\partial z}-\frac{\partial B_z}{\partial y}=\frac{\partial^2\psi}{\partial z\partial y}-\frac{\partial^2\psi}{\partial z\partial y}=0$$

$$\frac{\partial B_z}{\partial x}-\frac{\partial B_x}{\partial z}=\frac{\partial^2\psi}{\partial z\partial x}-\frac{\partial^2\psi}{\partial z\partial x}=0$$

$$\frac{\partial B_x}{\partial y}-\frac{\partial B_y}{\partial x}=\frac{\partial^2\psi}{\partial x\partial y}-\frac{\partial^2\psi}{\partial x\partial y}=0$$

所以

$$\nabla\times\nabla\psi=\left(\frac{\partial B_y}{\partial z}-\frac{\partial B_z}{\partial y}\right)\boldsymbol{e}_x+\left(\frac{\partial B_z}{\partial x}-\frac{\partial B_x}{\partial z}\right)\boldsymbol{e}_y+\left(\frac{\partial B_x}{\partial y}-\frac{\partial B_y}{\partial x}\right)\boldsymbol{e}_z\equiv\boldsymbol{0}$$

证明完毕。

(2) 已知

$$\nabla\times\boldsymbol{A}=\begin{vmatrix}\boldsymbol{e}_x & \boldsymbol{e}_y & \boldsymbol{e}_z\\ A_x & A_y & A_z\\ \dfrac{\partial}{\partial x} & \dfrac{\partial}{\partial y} & \dfrac{\partial}{\partial z}\end{vmatrix}=\left(\frac{\partial A_y}{\partial z}-\frac{\partial A_z}{\partial y}\right)\boldsymbol{e}_x+\left(\frac{\partial A_z}{\partial x}-\frac{\partial A_x}{\partial z}\right)\boldsymbol{e}_y+\left(\frac{\partial A_x}{\partial y}-\frac{\partial A_y}{\partial x}\right)\boldsymbol{e}_z$$

$$=C_x\boldsymbol{e}_x+C_y\boldsymbol{e}_y+C_z\boldsymbol{e}_z=\boldsymbol{C}$$

因为

$$\nabla\cdot\nabla\times A=\nabla\cdot\boldsymbol{C}=\frac{\partial C_x}{\partial x}+\frac{\partial C_y}{\partial y}+\frac{\partial C_z}{\partial y}$$

$$\frac{\partial C_x}{\partial x}=\frac{\partial}{\partial x}\left(\frac{\partial A_y}{\partial z}-\frac{\partial A_z}{\partial y}\right)=\frac{\partial^2 A_y}{\partial x\partial z}-\frac{\partial^2 A_z}{\partial x\partial y}$$

$$\frac{\partial C_y}{\partial y}=\frac{\partial}{\partial y}\left(\frac{\partial A_z}{\partial x}-\frac{\partial A_x}{\partial z}\right)=\frac{\partial^2 A_z}{\partial x\partial y}-\frac{\partial^2 A_x}{\partial z\partial y}$$

$$\frac{\partial C_z}{\partial z}=\frac{\partial}{\partial z}\left(\frac{\partial A_x}{\partial y}-\frac{\partial A_y}{\partial x}\right)=\frac{\partial^2 A_x}{\partial y\partial z}-\frac{\partial^2 A_y}{\partial x\partial z}$$

所以

$$\nabla \cdot (\nabla \times \boldsymbol{A}) = \frac{\partial C_x}{\partial x} + \frac{\partial C_y}{\partial y} + \frac{\partial C_z}{\partial z} = \frac{\partial^2 A_y}{\partial x \partial z} - \frac{\partial^2 A_z}{\partial x \partial y} + \frac{\partial^2 A_z}{\partial x \partial y} - \frac{\partial^2 A_x}{\partial z \partial y} + \frac{\partial^2 A_x}{\partial y \partial z} - \frac{\partial^2 A_y}{\partial x \partial z} \equiv 0$$

证明完毕。

(3)

$$\begin{aligned}\nabla \cdot \nabla \psi &= \left(\frac{\partial}{\partial x}\boldsymbol{e}_x + \frac{\partial}{\partial y}\boldsymbol{e}_y + \frac{\partial}{\partial z}\boldsymbol{e}_z\right) \cdot \left(\frac{\partial \psi}{\partial x}\boldsymbol{e}_x + \frac{\partial \psi}{\partial y}\boldsymbol{e}_y + \frac{\partial \psi}{\partial z}\boldsymbol{e}_z\right) \\ &= \left(\frac{\partial}{\partial x}\boldsymbol{e}_x + \frac{\partial}{\partial y}\boldsymbol{e}_y + \frac{\partial}{\partial z}\boldsymbol{e}_z\right) \cdot \left(\frac{\partial}{\partial x}\boldsymbol{e}_x + \frac{\partial}{\partial y}\boldsymbol{e}_y + \frac{\partial}{\partial z}\boldsymbol{e}_z\right)\psi \\ &= \left(\frac{\partial^2}{\partial x^2} + \frac{\partial^2}{\partial y^2} + \frac{\partial^2}{\partial z^2}\right)\psi = \nabla^2 \psi\end{aligned}$$

证明完毕。

(4) 已知

$$\begin{aligned}\nabla \times \boldsymbol{A} &= \begin{vmatrix} \boldsymbol{e}_x & \boldsymbol{e}_y & \boldsymbol{e}_z \\ A_x & A_y & A_z \\ \dfrac{\partial}{\partial x} & \dfrac{\partial}{\partial y} & \dfrac{\partial}{\partial z} \end{vmatrix} \\ &= \left(\frac{\partial A_y}{\partial z} - \frac{\partial A_z}{\partial y}\right)\boldsymbol{e}_x + \left(\frac{\partial A_z}{\partial x} - \frac{\partial A_x}{\partial z}\right)\boldsymbol{e}_y + \left(\frac{\partial A_x}{\partial y} - \frac{\partial A_y}{\partial x}\right)\boldsymbol{e}_z \\ &= B_x\boldsymbol{e}_x + B_y\boldsymbol{e}_y + B_z\boldsymbol{e}_z = \boldsymbol{B}\end{aligned}$$

式中:

$$B_x = \left(\frac{\partial A_y}{\partial z} - \frac{\partial A_z}{\partial y}\right)$$

$$B_y = \left(\frac{\partial A_z}{\partial x} - \frac{\partial A_x}{\partial z}\right)$$

$$B_z = \left(\frac{\partial A_x}{\partial y} - \frac{\partial A_y}{\partial x}\right)$$

$$\begin{aligned}\nabla \times \nabla \times \boldsymbol{A} = \nabla \times \boldsymbol{B} &= \begin{vmatrix} \boldsymbol{e}_x & \boldsymbol{e}_y & \boldsymbol{e}_z \\ B_x & B_y & B_z \\ \dfrac{\partial}{\partial x} & \dfrac{\partial}{\partial y} & \dfrac{\partial}{\partial z} \end{vmatrix} \\ &= \left(\frac{\partial B_y}{\partial z} - \frac{\partial B_z}{\partial y}\right)\boldsymbol{e}_x + \left(\frac{\partial B_z}{\partial x} - \frac{\partial B_x}{\partial z}\right)\boldsymbol{e}_y + \left(\frac{\partial B_x}{\partial y} - \frac{\partial B_y}{\partial x}\right)\boldsymbol{e}_z\end{aligned}$$

式中:

$$\frac{\partial B_y}{\partial z} - \frac{\partial B_z}{\partial y} = \frac{\partial}{\partial z}\left(\frac{\partial A_z}{\partial x} - \frac{\partial A_x}{\partial z}\right) - \frac{\partial}{\partial y}\left(\frac{\partial A_x}{\partial y} - \frac{\partial A_y}{\partial x}\right) = \frac{\partial^2 A_z}{\partial x \partial z} - \frac{\partial^2 A_x}{\partial z^2} - \frac{\partial^2 A_x}{\partial y^2} + \frac{\partial^2 A_y}{\partial x \partial y}$$

$$\frac{\partial B_z}{\partial x} - \frac{\partial B_x}{\partial z} = \frac{\partial}{\partial x}\left(\frac{\partial A_x}{\partial y} - \frac{\partial A_y}{\partial x}\right) - \frac{\partial}{\partial z}\left(\frac{\partial A_y}{\partial z} - \frac{\partial A_z}{\partial y}\right) = \frac{\partial^2 A_x}{\partial x \partial y} - \frac{\partial^2 A_y}{\partial x^2} - \frac{\partial^2 A_y}{\partial z^2} + \frac{\partial^2 A_z}{\partial z \partial y}$$

$$\frac{\partial B_x}{\partial y} - \frac{\partial B_y}{\partial x} = \frac{\partial}{\partial y}\left(\frac{\partial A_y}{\partial z} - \frac{\partial A_z}{\partial y}\right) - \frac{\partial}{\partial x}\left(\frac{\partial A_z}{\partial x} - \frac{\partial A_x}{\partial z}\right) = \frac{\partial^2 A_y}{\partial y \partial z} - \frac{\partial^2 A_z}{\partial y^2} - \frac{\partial^2 A_z}{\partial x^2} + \frac{\partial^2 A_x}{\partial x \partial z}$$

因此

$$\nabla\times\nabla\times\boldsymbol{A}=\left(\frac{\partial B_y}{\partial z}-\frac{\partial B_z}{\partial y}\right)\boldsymbol{e}_x+\left(\frac{\partial B_z}{\partial x}-\frac{\partial B_x}{\partial z}\right)\boldsymbol{e}_y+\left(\frac{\partial B_x}{\partial y}-\frac{\partial B_y}{\partial x}\right)\boldsymbol{e}_z$$

$$=\left(\frac{\partial^2 A_z}{\partial x\partial z}-\frac{\partial^2 A_x}{\partial z^2}-\frac{\partial^2 A_x}{\partial y^2}+\frac{\partial^2 A_y}{\partial x\partial y}\right)\boldsymbol{e}_x+\left(\frac{\partial^2 A_x}{\partial x\partial y}-\frac{\partial^2 A_y}{\partial x^2}-\frac{\partial^2 A_y}{\partial z^2}+\frac{\partial^2 A_z}{\partial z\partial y}\right)\boldsymbol{e}_y$$

$$+\left(\frac{\partial^2 A_y}{\partial y\partial z}-\frac{\partial^2 A_z}{\partial y^2}-\frac{\partial^2 A_z}{\partial x^2}+\frac{\partial^2 A_x}{\partial x\partial z}\right)\boldsymbol{e}_z$$

$$=-\left(\frac{\partial^2 A_x}{\partial z^2}+\frac{\partial^2 A_x}{\partial y^2}\right)\boldsymbol{e}_x+\frac{\partial}{\partial x}\left(\frac{\partial A_z}{\partial z}+\frac{\partial A_y}{\partial y}\right)\boldsymbol{e}_x-\left(\frac{\partial^2 A_y}{\partial x^2}+\frac{\partial^2 A_y}{\partial z^2}\right)\boldsymbol{e}_y$$

$$+\frac{\partial}{\partial y}\left(\frac{\partial A_x}{\partial x}+\frac{\partial A_z}{\partial z}\right)\boldsymbol{e}_y-\left(\frac{\partial^2 A_z}{\partial y^2}+\frac{\partial^2 A_z}{\partial x^2}\right)\boldsymbol{e}_z+\frac{\partial}{\partial z}\left(\frac{\partial A_y}{\partial y}+\frac{\partial A_x}{\partial x}\right)\boldsymbol{e}_z$$

$$\nabla^2 A_x=\left(\frac{\partial^2}{\partial x^2}+\frac{\partial^2}{\partial y^2}+\frac{\partial^2}{\partial z^2}\right)A_x$$

$$\nabla^2 A_x-\frac{\partial^2 A_x}{\partial x^2}=\frac{\partial^2 A_x}{\partial y^2}+\frac{\partial^2 A_x}{\partial z^2}$$

同理，有

$$\nabla^2 A_y=\left(\frac{\partial^2}{\partial x^2}+\frac{\partial^2}{\partial y^2}+\frac{\partial^2}{\partial z^2}\right)A_y,\qquad \nabla^2 A_y-\frac{\partial^2 A_y}{\partial y^2}=\frac{\partial^2 A_y}{\partial x^2}+\frac{\partial^2 A_y}{\partial z^2}$$

$$\nabla^2 A_z=\left(\frac{\partial^2}{\partial x^2}+\frac{\partial^2}{\partial y^2}+\frac{\partial^2}{\partial z^2}\right)A_z,\qquad \nabla^2 A_z-\frac{\partial^2 A_z}{\partial z^2}=\frac{\partial^2 A_z}{\partial y^2}+\frac{\partial^2 A_z}{\partial x^2}$$

所以

$$\nabla\times\nabla\times\boldsymbol{A}=-\left(\nabla^2 A_x-\frac{\partial^2 A_x}{\partial x^2}\right)\boldsymbol{e}_x+\frac{\partial}{\partial x}\left(\frac{\partial A_z}{\partial z}+\frac{\partial A_y}{\partial y}\right)\boldsymbol{e}_x-\left(\nabla^2 A_y-\frac{\partial^2 A_y}{\partial y^2}\right)\boldsymbol{e}_y$$

$$+\frac{\partial}{\partial y}\left(\frac{\partial A_x}{\partial x}+\frac{\partial A_z}{\partial z}\right)\boldsymbol{e}_y-\left(\nabla^2 A_z-\frac{\partial^2 A_z}{\partial z^2}\right)\boldsymbol{e}_z+\frac{\partial}{\partial z}\left(\frac{\partial A_y}{\partial y}+\frac{\partial A_x}{\partial x}\right)\boldsymbol{e}_z$$

又因为

$$\nabla\cdot\boldsymbol{A}=\frac{\partial A_x}{\partial x}+\frac{\partial A_y}{\partial y}+\frac{\partial A_z}{\partial z},\qquad \nabla\cdot\boldsymbol{A}-\frac{\partial A_x}{\partial x}=\frac{\partial A_y}{\partial y}+\frac{\partial A_z}{\partial z}$$

$$\nabla\cdot\boldsymbol{A}=\frac{\partial A_x}{\partial x}+\frac{\partial A_y}{\partial y}+\frac{\partial A_z}{\partial z},\qquad \nabla\cdot\boldsymbol{A}-\frac{\partial A_y}{\partial y}=\frac{\partial A_x}{\partial x}+\frac{\partial A_z}{\partial z}$$

$$\nabla\cdot\boldsymbol{A}=\frac{\partial A_x}{\partial x}+\frac{\partial A_y}{\partial y}+\frac{\partial A_z}{\partial z},\qquad \nabla\cdot\boldsymbol{A}-\frac{\partial A_z}{\partial z}=\frac{\partial A_y}{\partial y}+\frac{\partial A_x}{\partial x}$$

所以

$$\nabla\times\nabla\times\boldsymbol{A}=-\left(\nabla^2 A_x-\frac{\partial^2 A_x}{\partial x^2}\right)\boldsymbol{e}_x+\frac{\partial}{\partial x}\left(\nabla\cdot\boldsymbol{A}-\frac{\partial A_x}{\partial x}\right)\boldsymbol{e}_x$$

$$-\left(\nabla^2 A_y-\frac{\partial^2 A_y}{\partial y^2}\right)\boldsymbol{e}_y+\frac{\partial}{\partial y}\left(\nabla\cdot\boldsymbol{A}-\frac{\partial A_y}{\partial y}\right)\boldsymbol{e}_y$$

$$-\left(\nabla^2 A_z-\frac{\partial^2 A_z}{\partial z^2}\right)\boldsymbol{e}_z+\frac{\partial}{\partial z}\left(\nabla\cdot\boldsymbol{A}-\frac{\partial A_z}{\partial z}\right)\boldsymbol{e}_z$$

$$\nabla\times\nabla\times\boldsymbol{A}=-(\nabla^2A_x)\boldsymbol{e}_x+\frac{\partial^2A_x}{\partial x^2}\boldsymbol{e}_x+\frac{\partial}{\partial x}(\nabla\cdot\boldsymbol{A})\boldsymbol{e}_x-\frac{\partial^2A_x}{\partial x^2}\boldsymbol{e}_x$$
$$-(\nabla^2A_y)\boldsymbol{e}_y+\frac{\partial^2A_y}{\partial y^2}\boldsymbol{e}_y+\frac{\partial}{\partial y}(\nabla\cdot\boldsymbol{A})\boldsymbol{e}_y-\frac{\partial^2A_y}{\partial y^2}\boldsymbol{e}_y$$
$$-(\nabla^2A_z)\boldsymbol{e}_z+\frac{\partial^2A_z}{\partial z^2}\boldsymbol{e}_z+\frac{\partial}{\partial z}(\nabla\cdot\boldsymbol{A})\boldsymbol{e}_z-\frac{\partial^2A_z}{\partial z^2}\boldsymbol{e}_z$$
$$\nabla\times\nabla\times\boldsymbol{A}=-\nabla^2\boldsymbol{A}+\nabla\nabla\cdot\boldsymbol{A}=\nabla\nabla\cdot\boldsymbol{A}-\nabla^2\boldsymbol{A}$$

证明完毕。

三、习题及参考答案

1-1 矢径 $\boldsymbol{r}=x\boldsymbol{e}_x+y\boldsymbol{e}_y+z\boldsymbol{e}_z$ 与各坐标轴正向的夹角为 α、β、γ，请用坐标 (x, y, z) 来表示 α、β、γ，并证明：

$$\cos^2\alpha+\cos^2\beta+\cos^2\gamma=1$$

解： 由于

$$\cos\alpha=\frac{x}{\sqrt{x^2+y^2+z^2}},\ \cos\beta=\frac{y}{\sqrt{x^2+y^2+z^2}},\ \cos\gamma=\frac{z}{\sqrt{x^2+y^2+z^2}}$$

所以

$$\cos^2\alpha+\cos^2\beta+\cos^2\gamma=\frac{x^2+y^2+z^2}{(\sqrt{x^2+y^2+z^2})^2}=1$$

1-2 已知 $\boldsymbol{A}=\boldsymbol{e}_x-9\boldsymbol{e}_y-\boldsymbol{e}_z$，$\boldsymbol{B}=2\boldsymbol{e}_x-4\boldsymbol{e}_y+3\boldsymbol{e}_z$，求：

(1) $\boldsymbol{A}+\boldsymbol{B}$

(2) $\boldsymbol{A}-\boldsymbol{B}$

(3) $\boldsymbol{A}\cdot\boldsymbol{B}$

(4) $\boldsymbol{A}\times\boldsymbol{B}$

解：

(1) $\boldsymbol{A}+\boldsymbol{B}=3\boldsymbol{e}_x-13\boldsymbol{e}_y+2\boldsymbol{e}_z$

(2) $\boldsymbol{A}-\boldsymbol{B}=-\boldsymbol{e}_x-5\boldsymbol{e}_y-4\boldsymbol{e}_z$

(3) $\boldsymbol{A}\cdot\boldsymbol{B}=2+36-3=35$

(4) $\boldsymbol{A}\times\boldsymbol{B}=\begin{vmatrix}\boldsymbol{e}_x & \boldsymbol{e}_y & \boldsymbol{e}_z\\ 1 & -9 & -1\\ 2 & -4 & 3\end{vmatrix}=-31\boldsymbol{e}_x-5\boldsymbol{e}_y+14\boldsymbol{e}_z$

1-3 已知 $\boldsymbol{A}=\boldsymbol{e}_x+b\boldsymbol{e}_y+c\boldsymbol{e}_z$，$\boldsymbol{B}=-\boldsymbol{e}_x+3\boldsymbol{e}_y+8\boldsymbol{e}_z$，若使 $\boldsymbol{A}\perp\boldsymbol{B}$ 及 $\boldsymbol{A}\parallel\boldsymbol{B}$，则 b 和 c 各为多少？

解：

(1) 若使 $\boldsymbol{A}\perp\boldsymbol{B}$，则要求 $\boldsymbol{A}\cdot\boldsymbol{B}=0$，即

$$-1+3b+8c=0$$

$$3b+8c-1=0$$

满足该方程的全部 b、c 即为所求。

(2) 若使 $\boldsymbol{A}\parallel\boldsymbol{B}$，则要求 $\boldsymbol{A}\times\boldsymbol{B}=\boldsymbol{0}$，即

$$\boldsymbol{A}\times\boldsymbol{B}=\begin{vmatrix}\boldsymbol{e}_x & \boldsymbol{e}_y & \boldsymbol{e}_z\\ 1 & b & c\\ -1 & 3 & 8\end{vmatrix}=(8b-3c)\boldsymbol{e}_x-(8+c)\boldsymbol{e}_y+(3+b)\boldsymbol{e}_z=\boldsymbol{0}$$

解之有

$$b=-3,\ c=-8$$

1-4 已知 $\boldsymbol{A}=12\boldsymbol{e}_x+9\boldsymbol{e}_y+\boldsymbol{e}_z$，$\boldsymbol{B}=a\boldsymbol{e}_x+b\boldsymbol{e}_y$，若 $\boldsymbol{B}\perp\boldsymbol{A}$ 及 $\boldsymbol{B}$ 的模为1，试确定 a、b。

解： 由于 $\boldsymbol{B}\perp\boldsymbol{A}$，$|\boldsymbol{B}|=1$，即

$$\boldsymbol{A}\cdot\boldsymbol{B}=12a+9b=0,\quad a^2+b^2=1$$

解之有

$$a=\pm\frac{3}{5},\quad b=\mp\frac{4}{5}$$

即

$$\begin{cases}a=\dfrac{3}{5}\\ b=-\dfrac{4}{5}\end{cases},\quad\begin{cases}a=-\dfrac{3}{5}\\ b=\dfrac{4}{5}\end{cases}$$

1-5 求函数 $\varphi=xy^2+z^2-xyz$ 在点(1，1，2)处沿方向角 $\alpha=\dfrac{\pi}{3}$、$\beta=\dfrac{\pi}{4}$、$\gamma=\dfrac{\pi}{3}$ 的方向的方向导数。

解： 由于

$$\left.\frac{\partial\varphi}{\partial x}\right|_M=(y^2-yz)\,|_{(1,1,2)}=-1$$

$$\left.\frac{\partial\varphi}{\partial y}\right|_M=(2xy-xz)\,|_{(1,1,2)}=0$$

$$\left.\frac{\partial\varphi}{\partial z}\right|_M=(2z-xy)\,|_{(1,1,2)}=3$$

$$\cos\alpha=\frac{1}{2},\quad\cos\beta=\frac{\sqrt{2}}{2},\quad\cos\gamma=\frac{1}{2}$$

所以

$$\left.\frac{\partial\varphi}{\partial l}\right|_M=\frac{\partial\varphi}{\partial x}\cos\alpha+\frac{\partial\varphi}{\partial y}\cos\beta+\frac{\partial\varphi}{\partial z}\cos\gamma=1$$

1-6 求函数 $\varphi=xyz$ 在点(5，1，2)处沿着点(5，1，2)到点(9，4，19)的方向的方向导数。

解： 指定方向 $\boldsymbol{l}$ 的方向矢量为

$$\boldsymbol{l}=(9-5)\boldsymbol{e}_x+(4-1)\boldsymbol{e}_y+(19-2)\boldsymbol{e}_z=4\boldsymbol{e}_x+3\boldsymbol{e}_y+17\boldsymbol{e}_z$$

其单位矢量为

$$\boldsymbol{l}^{\circ}=\cos\alpha\boldsymbol{e}_x+\cos\beta\boldsymbol{e}_y+\cos\gamma\boldsymbol{e}_z=\frac{4}{\sqrt{314}}\boldsymbol{e}_x+\frac{3}{\sqrt{314}}\boldsymbol{e}_y+\frac{17}{\sqrt{314}}\boldsymbol{e}_z$$

$$\left.\frac{\partial\varphi}{\partial x}\right|_M=yz\,|_{(5,1,2)}=2,\quad\left.\frac{\partial\varphi}{\partial y}\right|_M=xz\,|_{(5,1,2)}=10,\quad\left.\frac{\partial\varphi}{\partial z}\right|_M=xy\,|_{(5,1,2)}=5$$

所求方向导数为

$$\left.\frac{\partial\varphi}{\partial l}\right|_M=\frac{\partial\varphi}{\partial x}\cos\alpha+\frac{\partial\varphi}{\partial y}\cos\beta+\frac{\partial\varphi}{\partial z}\cos\gamma=\nabla\varphi\cdot\boldsymbol{l}^{\circ}=\frac{123}{\sqrt{314}}$$

1-7　已知 $\varphi=x^2+2y^2+3z^2+xy+3x-2y-6z$，求在点(0,0,0)和点(1,1,1)处的梯度。

解： 由于

$$\nabla\varphi=(2x+y+3)\boldsymbol{e}_x+(4y+x-2)\boldsymbol{e}_y+(6z-6)\boldsymbol{e}_z$$

所以

$$\nabla\varphi\,|_{(0,0,0)}=3\boldsymbol{e}_x-2\boldsymbol{e}_y-6\boldsymbol{e}_z$$

$$\nabla\varphi\,|_{(1,1,1)}=6\boldsymbol{e}_x+3\boldsymbol{e}_y$$

1-8　u、v 都是 x、y、z 的函数，u、v 各偏导数都存在且连续，证明：

(1) $\text{grad}(u+v)=\text{grad}u+\text{grad}v$

(2) $\text{grad}(uv)=v\,\text{grad}u+u\,\text{grad}v$

(3) $\text{grad}(u^2)=2u\,\text{grad}u$

证明：(1) 由于

$$\begin{aligned}\nabla(u+v)&=\left(\frac{\partial u}{\partial x}+\frac{\partial v}{\partial x}\right)\boldsymbol{e}_x+\left(\frac{\partial u}{\partial y}+\frac{\partial v}{\partial y}\right)\boldsymbol{e}_y+\left(\frac{\partial u}{\partial z}+\frac{\partial v}{\partial z}\right)\boldsymbol{e}_z\\&=\frac{\partial u}{\partial x}\boldsymbol{e}_x+\frac{\partial u}{\partial y}\boldsymbol{e}_y+\frac{\partial u}{\partial z}\boldsymbol{e}_z+\frac{\partial v}{\partial x}\boldsymbol{e}_x+\frac{\partial v}{\partial y}\boldsymbol{e}_y+\frac{\partial v}{\partial z}\boldsymbol{e}_z\\&=\nabla u+\nabla v\end{aligned}$$

所以

$$\text{grad}(u+v)=\text{grad}u+\text{grad}v$$

(2) 由于

$$\begin{aligned}\nabla(uv)&=\frac{\partial}{\partial x}(uv)\boldsymbol{e}_x+\frac{\partial}{\partial y}(uv)\boldsymbol{e}_y+\frac{\partial}{\partial z}(uv)\boldsymbol{e}_z\\&=\left(v\frac{\partial u}{\partial x}+u\frac{\partial v}{\partial x}\right)\boldsymbol{e}_x+\left(v\frac{\partial u}{\partial y}+u\frac{\partial v}{\partial y}\right)\boldsymbol{e}_y+\left(v\frac{\partial u}{\partial z}+u\frac{\partial v}{\partial z}\right)\boldsymbol{e}_z\\&=v\left(\frac{\partial u}{\partial x}\boldsymbol{e}_x+\frac{\partial u}{\partial y}\boldsymbol{e}_y+\frac{\partial u}{\partial z}\boldsymbol{e}_z\right)+u\left(\frac{\partial v}{\partial x}\boldsymbol{e}_x+\frac{\partial v}{\partial y}\boldsymbol{e}_y+\frac{\partial v}{\partial z}\boldsymbol{e}_z\right)\\&=v\nabla u+u\nabla v\end{aligned}$$

所以

$$\text{grad}(uv)=v\,\text{grad}u+u\,\text{grad}v$$

(3) 由于

$$\nabla u^2 = \frac{\partial(u^2)}{\partial x}\boldsymbol{e}_x + \frac{\partial(u^2)}{\partial y}\boldsymbol{e}_y + \frac{\partial(u^2)}{\partial z}\boldsymbol{e}_z$$

$$= 2u\frac{\partial u}{\partial x}\boldsymbol{e}_x + 2u\frac{\partial u}{\partial y}\boldsymbol{e}_y + 2u\frac{\partial u}{\partial z}\boldsymbol{e}_z$$

$$= 2u\nabla u$$

所以

$$\text{grad}u^2 = 2u\ \text{grad}u$$

1－9 证明：

(1) $\nabla\cdot(\boldsymbol{A}+\boldsymbol{B}) = \nabla\cdot\boldsymbol{A}+\nabla\cdot\boldsymbol{B}$

(2) $\nabla\cdot(\varphi\boldsymbol{A}) = \varphi\nabla\cdot\boldsymbol{A}+\boldsymbol{A}\cdot\nabla\varphi$

证明：设

$$\boldsymbol{A} = A_x\boldsymbol{e}_x + A_y\boldsymbol{e}_y + A_z\boldsymbol{e}_z\ \boldsymbol{B} = B_x\boldsymbol{e}_x + B_y\boldsymbol{e}_y + B_z\boldsymbol{e}_z$$

(1) 因为

$$\nabla\cdot(\boldsymbol{A}+\boldsymbol{B}) = \left(\frac{\partial}{\partial x}\boldsymbol{e}_x + \frac{\partial}{\partial y}\boldsymbol{e}_y + \frac{\partial}{\partial z}\boldsymbol{e}_z\right)\cdot[(A_x+B_x)\boldsymbol{e}_x + (A_y+B_y)\boldsymbol{e}_y + (A_z+B_z)\boldsymbol{e}_z]$$

$$= \frac{\partial(A_x+B_x)}{\partial x} + \frac{\partial(A_y+B_y)}{\partial y} + \frac{\partial(A_z+B_z)}{\partial z}$$

$$= \frac{\partial A_x}{\partial x} + \frac{\partial A_y}{\partial y} + \frac{\partial A_z}{\partial z} + \frac{\partial B_x}{\partial x} + \frac{\partial B_y}{\partial y} + \frac{\partial B_z}{\partial z}$$

$$= \left(\frac{\partial}{\partial x}\boldsymbol{e}_x + \frac{\partial}{\partial y}\boldsymbol{e}_y + \frac{\partial}{\partial z}\boldsymbol{e}_z\right)\cdot(A_x\boldsymbol{e}_x + A_y\boldsymbol{e}_y + A_z\boldsymbol{e}_z)$$

$$+ \left(\frac{\partial}{\partial x}\boldsymbol{e}_x + \frac{\partial}{\partial y}\boldsymbol{e}_y + \frac{\partial}{\partial z}\boldsymbol{e}_z\right)(B_x\boldsymbol{e}_x + B_y\boldsymbol{e}_y + B_z\boldsymbol{e}_z)$$

$$= \nabla\cdot\boldsymbol{A}+\nabla\cdot\boldsymbol{B}$$

所以

$$\nabla\cdot(\boldsymbol{A}+\boldsymbol{B}) = \nabla\cdot\boldsymbol{A}+\nabla\cdot\boldsymbol{B}$$

(2) 因为

$$\nabla\cdot(\varphi\boldsymbol{A}) = \left(\frac{\partial}{\partial x}\boldsymbol{e}_x + \frac{\partial}{\partial y}\boldsymbol{e}_y + \frac{\partial}{\partial z}\boldsymbol{e}_z\right)\cdot(\varphi A_x\boldsymbol{e}_x + \varphi A_y\boldsymbol{e}_y + \varphi A_z\boldsymbol{e}_z)$$

$$= \frac{\partial(\varphi A_x)}{\partial x} + \frac{\partial(\varphi A_y)}{\partial y} + \frac{\partial(\varphi A_z)}{\partial z}$$

$$= \varphi\frac{\partial A_x}{\partial x} + A_x\frac{\partial\varphi}{\partial x} + \varphi\frac{\partial A_y}{\partial y} + A_y\frac{\partial\varphi}{\partial y} + \varphi\frac{\partial A_z}{\partial z} + A_z\frac{\partial\varphi}{\partial z}$$

$$= \varphi\left(\frac{\partial A_x}{\partial x} + \frac{\partial A_y}{\partial y} + \frac{\partial A_z}{\partial z}\right) + (A_x\boldsymbol{e}_x + A_y\boldsymbol{e}_y + A_z\boldsymbol{e}_z)$$

$$\cdot\left(\frac{\partial\varphi}{\partial x}\boldsymbol{e}_x + \frac{\partial\varphi}{\partial y}\boldsymbol{e}_y + \frac{\partial\varphi}{\partial z}\boldsymbol{e}_z\right)$$

$$= \varphi\nabla\cdot\boldsymbol{A}+\boldsymbol{A}\cdot\nabla\varphi$$

所以

$$\nabla \cdot (\varphi \boldsymbol{A}) = \varphi \nabla \cdot \boldsymbol{A} + \boldsymbol{A} \cdot \nabla \varphi$$

1-10　已知 $\boldsymbol{r} = x\boldsymbol{e}_x + y\boldsymbol{e}_y + z\boldsymbol{e}_z$，$r = (x^2 + y^2 + z^2)^{1/2}$，试证：

(1) $\nabla \cdot \left(\dfrac{\boldsymbol{r}}{r^3}\right) = 0$

(2) $\nabla \cdot (\boldsymbol{r} r^n) = (n+3) r^n$

证明：(1) 因为

$$\begin{aligned}\nabla \cdot \left(\frac{\boldsymbol{r}}{r^3}\right) &= \left(\frac{\partial}{\partial x}\boldsymbol{e}_x + \frac{\partial}{\partial y}\boldsymbol{e}_y + \frac{\partial}{\partial z}\boldsymbol{e}_z\right) \cdot \frac{x\boldsymbol{e}_x + y\boldsymbol{e}_y + z\boldsymbol{e}_z}{(x^2+y^2+z^2)^{3/2}} \\ &= \frac{\partial}{\partial x}\left[\frac{x}{(x^2+y^2+z^2)^{3/2}}\right] + \frac{\partial}{\partial y}\left[\frac{y}{(x^2+y^2+z^2)^{3/2}}\right] + \frac{\partial}{\partial z}\left[\frac{z}{(x^2+y^2+z^2)^{3/2}}\right] \\ &= \frac{x^2+y^2+z^2-3x^2}{(x^2+y^2+z^2)^{5/2}} + \frac{x^2+y^2+z^2-3y^2}{(x^2+y^2+z^2)^{5/2}} + \frac{x^2+y^2+z^2-3z^2}{(x^2+y^2+z^2)^{5/2}} \\ &= \frac{3(x^2+y^2+z^2) - 3(x^2+y^2+z^2)}{(x^2+y^2+z^2)^{5/2}} = 0\end{aligned}$$

所以

$$\nabla \cdot \left(\frac{\boldsymbol{r}}{r^3}\right) = 0$$

(2) 因为

$$\nabla \cdot (\boldsymbol{r} r^n) = r^n \nabla \cdot \boldsymbol{r} + \boldsymbol{r} \cdot \nabla r^n$$

而

$$\nabla \cdot \boldsymbol{r} = \left(\frac{\partial}{\partial x}\boldsymbol{e}_x + \frac{\partial}{\partial y}\boldsymbol{e}_y + \frac{\partial}{\partial z}\boldsymbol{e}_z\right) \cdot (x\boldsymbol{e}_x + y\boldsymbol{e}_y + z\boldsymbol{e}_z) = 3$$

$$\begin{aligned}\nabla r^n &= n r^{n-1} \nabla \boldsymbol{r} = n r^{n-1}\left(\frac{\partial r}{\partial x}\boldsymbol{e}_x + \frac{\partial r}{\partial y}\boldsymbol{e}_y + \frac{\partial r}{\partial z}\boldsymbol{e}_z\right) \\ &= n r^{n-1}\left(\frac{x}{r}\boldsymbol{e}_x + \frac{y}{r}\boldsymbol{e}_y + \frac{z}{r}\boldsymbol{e}_z\right) = n r^{n-2}\boldsymbol{r}\end{aligned}$$

所以

$$\nabla \cdot (\boldsymbol{r} r^n) = 3r^n + n r^{n-2}\boldsymbol{r} \cdot \boldsymbol{r} = (3+n) r^n$$

1-11　应用散度定理计算下述积分：

$$I = \oiint_S [xz^2\boldsymbol{e}_x + (x^2 y - z^3)\boldsymbol{e}_y + (2xy + y^2 z)\boldsymbol{e}_z] \cdot \mathrm{d}\boldsymbol{S}$$

S 是 $z = 0$ 和 $z = (a^2 - x^2 - y^2)^{1/2}$ 所围成的半球区域的外表面。

解：设

$$\boldsymbol{A} = xz^2\boldsymbol{e}_x + (x^2 y - z^3)\boldsymbol{e}_y + (2xy + y^2 z)\boldsymbol{e}_z$$

则由散度定理

$$\oiint_S \boldsymbol{A} \cdot \mathrm{d}\boldsymbol{S} = \iiint_\Omega \nabla \cdot \boldsymbol{A} \mathrm{d}V$$

可得

$$I=\iiint_{\Omega}\nabla\cdot\boldsymbol{A}\mathrm{d}V=\iiint_{\Omega}(z^2+x^2+y^2)\mathrm{d}V=\iiint_{\Omega}r^2\mathrm{d}V$$

$$=\int_0^{2\pi}\int_0^{\frac{\pi}{2}}\int_0^a r^4\sin\theta\,\mathrm{d}r\,\mathrm{d}\theta\,\mathrm{d}\varphi=\int_0^{2\pi}\mathrm{d}\varphi\int_0^{\frac{\pi}{2}}\sin\theta\,\mathrm{d}\theta\int_0^a r^4\,\mathrm{d}r=\frac{2}{5}\pi a^5$$

1-12 证明：

(1) $\nabla\times(c\boldsymbol{A})=c\nabla\times\boldsymbol{A}$（$c$ 为常数）

(2) $\nabla\times(\varphi\boldsymbol{A})=\varphi\nabla\times\boldsymbol{A}+\nabla\varphi\times\boldsymbol{A}$

证明：设

$$\boldsymbol{A}=A_x\boldsymbol{e}_x+A_y\boldsymbol{e}_y+A_z\boldsymbol{e}_z$$

(1) 因为

$$\nabla\times(c\boldsymbol{A})=\begin{vmatrix}\boldsymbol{e}_x & \boldsymbol{e}_y & \boldsymbol{e}_z\\ \dfrac{\partial}{\partial x} & \dfrac{\partial}{\partial y} & \dfrac{\partial}{\partial z}\\ cA_x & cA_y & cA_z\end{vmatrix}$$

$$=c\left(\frac{\partial A_z}{\partial y}-\frac{\partial A_y}{\partial z}\right)\boldsymbol{e}_x-c\left(\frac{\partial A_z}{\partial x}-\frac{\partial A_x}{\partial z}\right)\boldsymbol{e}_y+c\left(\frac{\partial A_y}{\partial x}-\frac{\partial A_x}{\partial y}\right)\boldsymbol{e}_z$$

$$=c\begin{vmatrix}\boldsymbol{e}_x & \boldsymbol{e}_y & \boldsymbol{e}_z\\ \dfrac{\partial}{\partial x} & \dfrac{\partial}{\partial y} & \dfrac{\partial}{\partial z}\\ A_x & A_y & A_z\end{vmatrix}=c\nabla\times\boldsymbol{A}$$

所以

$$\nabla\times(c\boldsymbol{A})=c\nabla\times\boldsymbol{A}$$

(2) 因为

$$\nabla\times(\varphi\boldsymbol{A})=\begin{vmatrix}\boldsymbol{e}_x & \boldsymbol{e}_y & \boldsymbol{e}_z\\ \dfrac{\partial}{\partial x} & \dfrac{\partial}{\partial y} & \dfrac{\partial}{\partial z}\\ \varphi A_x & \varphi A_y & \varphi A_z\end{vmatrix}$$

$$=\left[\frac{\partial(\varphi A_z)}{\partial y}-\frac{\partial(\varphi A_y)}{\partial z}\right]\boldsymbol{e}_x-\left[\frac{\partial(\varphi A_z)}{\partial x}-\frac{\partial(\varphi A_x)}{\partial z}\right]\boldsymbol{e}_y+\left[\frac{\partial(\varphi A_y)}{\partial x}-\frac{\partial(\varphi A_x)}{\partial y}\right]\boldsymbol{e}_z$$

$$=\varphi\left(\frac{\partial A_z}{\partial y}-\frac{\partial A_y}{\partial z}\right)\boldsymbol{e}_x+\left(A_z\frac{\partial\varphi}{\partial y}-A_y\frac{\partial\varphi}{\partial z}\right)\boldsymbol{e}_x-\varphi\left(\frac{\partial A_z}{\partial x}-\frac{\partial A_x}{\partial z}\right)\boldsymbol{e}_y$$

$$-\left(A_z\frac{\partial\varphi}{\partial x}-A_x\frac{\partial\varphi}{\partial z}\right)\boldsymbol{e}_y+\varphi\left(\frac{\partial A_y}{\partial x}-\frac{\partial A_x}{\partial y}\right)\boldsymbol{e}_z+\left(A_y\frac{\partial\varphi}{\partial x}-A_x\frac{\partial\varphi}{\partial y}\right)\boldsymbol{e}_z$$

$$=\varphi\begin{vmatrix}\boldsymbol{e}_x & \boldsymbol{e}_y & \boldsymbol{e}_z\\ \dfrac{\partial}{\partial x} & \dfrac{\partial}{\partial y} & \dfrac{\partial}{\partial z}\\ A_x & A_y & A_z\end{vmatrix}+\begin{vmatrix}\boldsymbol{e}_x & \boldsymbol{e}_y & \boldsymbol{e}_z\\ \dfrac{\partial\varphi}{\partial x} & \dfrac{\partial\varphi}{\partial y} & \dfrac{\partial\varphi}{\partial z}\\ A_x & A_y & A_z\end{vmatrix}=\varphi\nabla\times\boldsymbol{A}+\nabla\varphi\times\boldsymbol{A}$$

所以

$$\nabla\times(\varphi\boldsymbol{A})=\varphi\nabla\times\boldsymbol{A}+\nabla\varphi\times\boldsymbol{A}$$

1－13　证明：

$$\nabla\cdot(\boldsymbol{A}\times\boldsymbol{B})=\boldsymbol{B}\cdot(\nabla\times\boldsymbol{A})-\boldsymbol{A}\cdot(\nabla\times\boldsymbol{B})$$

证明：设

$$\boldsymbol{A}=A_x\boldsymbol{e}_x+A_y\boldsymbol{e}_y+A_z\boldsymbol{e}_z$$

$$\boldsymbol{B}=B_x\boldsymbol{e}_x+B_y\boldsymbol{e}_y+B_z\boldsymbol{e}_z$$

因为

$$\boldsymbol{A}\times\boldsymbol{B}=\begin{vmatrix}\boldsymbol{e}_x & \boldsymbol{e}_y & \boldsymbol{e}_z\\ A_x & A_y & A_z\\ B_x & B_y & B_z\end{vmatrix}$$

$$=(A_yB_z-A_zB_y)\boldsymbol{e}_x-(A_xB_z-A_zB_x)\boldsymbol{e}_y+(A_xB_y-A_yB_x)\boldsymbol{e}_z$$

$$\begin{aligned}
&\nabla\cdot(\boldsymbol{A}\times\boldsymbol{B})\\
&=\frac{\partial}{\partial x}(A_yB_z-A_zB_y)-\frac{\partial}{\partial y}(A_xB_z-A_zB_x)+\frac{\partial}{\partial z}(A_xB_y-A_yB_x)\\
&=B_z\frac{\partial A_y}{\partial x}-B_y\frac{\partial A_z}{\partial x}+A_y\frac{\partial B_z}{\partial x}-A_z\frac{\partial B_y}{\partial x}-\left(B_z\frac{\partial A_x}{\partial y}-B_x\frac{\partial A_z}{\partial y}\right)\\
&\quad-\left(A_x\frac{\partial B_z}{\partial y}-A_z\frac{\partial B_x}{\partial y}\right)+B_y\frac{\partial A_x}{\partial z}-B_x\frac{\partial A_y}{\partial z}+A_x\frac{\partial B_y}{\partial z}-A_y\frac{\partial B_x}{\partial z}\\
&=B_x\left(\frac{\partial A_z}{\partial y}-\frac{\partial A_y}{\partial z}\right)-B_y\left(\frac{\partial A_z}{\partial x}-\frac{\partial A_x}{\partial z}\right)+B_z\left(\frac{\partial A_y}{\partial x}-\frac{\partial A_x}{\partial y}\right)\\
&\quad-A_x\left(\frac{\partial B_z}{\partial y}-\frac{\partial B_y}{\partial x}\right)+A_y\left(\frac{\partial B_z}{\partial x}-\frac{\partial B_x}{\partial z}\right)-A_z\left(\frac{\partial B_y}{\partial x}-\frac{\partial B_x}{\partial y}\right)\\
&=(B_x\boldsymbol{e}_x+B_y\boldsymbol{e}_y+B_z\boldsymbol{e}_z)\cdot\left[\left(\frac{\partial A_z}{\partial y}-\frac{\partial A_y}{\partial z}\right)\boldsymbol{e}_x-\left(\frac{\partial A_z}{\partial x}-\frac{\partial A_x}{\partial z}\right)\boldsymbol{e}_y+\left(\frac{\partial A_y}{\partial x}-\frac{\partial A_x}{\partial y}\right)\boldsymbol{e}_z\right]\\
&\quad-(A_x\boldsymbol{e}_x+A_y\boldsymbol{e}_y+A_z\boldsymbol{e}_z)\cdot\left[\left(\frac{\partial B_z}{\partial y}-\frac{\partial B_y}{\partial x}\right)\boldsymbol{e}_x-\left(\frac{\partial B_z}{\partial x}-\frac{\partial B_x}{\partial z}\right)\boldsymbol{e}_y+\left(\frac{\partial B_y}{\partial x}-\frac{\partial B_x}{\partial y}\right)\boldsymbol{e}_z\right]\\
&=\boldsymbol{B}\cdot\nabla\times\boldsymbol{A}-\boldsymbol{A}\cdot\nabla\times\boldsymbol{B}
\end{aligned}$$

所以

$$\nabla\cdot(\boldsymbol{A}\times\boldsymbol{B})=\boldsymbol{B}\cdot\nabla\times\boldsymbol{A}-\boldsymbol{A}\cdot\nabla\times\boldsymbol{B}$$

1－14　已知 $\boldsymbol{r}=x\boldsymbol{e}_x+y\boldsymbol{e}_y+z\boldsymbol{e}_z$，$r=(x^2+y^2+z^2)^{1/2}$，试证：

(1) $\nabla\times\boldsymbol{r}=\boldsymbol{0}$

(2) $\nabla\times\left(\dfrac{\boldsymbol{r}}{r}\right)=\boldsymbol{0}$

(3) $\nabla\times\left[\dfrac{\boldsymbol{r}}{r}f(r)\right]=\boldsymbol{0}$　($f(r)$ 是 r 的函数)

证明：(1) 因为

$$\nabla\times\boldsymbol{r}=\begin{vmatrix}\boldsymbol{e}_x & \boldsymbol{e}_y & \boldsymbol{e}_z\\ \dfrac{\partial}{\partial x} & \dfrac{\partial}{\partial y} & \dfrac{\partial}{\partial z}\\ x & y & z\end{vmatrix}$$
$$=(0-0)\boldsymbol{e}_x-(0-0)\boldsymbol{e}_y+(0-0)\boldsymbol{e}_z$$
$$=\boldsymbol{0}$$

所以

$$\nabla\times\boldsymbol{r}=\boldsymbol{0}$$

(2) 根据 1-12 题(2)可知

$$\nabla\times\left(\frac{\boldsymbol{r}}{r}\right)=\frac{1}{r}\nabla\times\boldsymbol{r}+\nabla\frac{1}{r}\times\boldsymbol{r}$$

而

$$\nabla\frac{1}{r}=\nabla\left(\frac{1}{\sqrt{x^2+y^2+z^2}}\right)=-\frac{x\boldsymbol{e}_x+y\boldsymbol{e}_y+z\boldsymbol{e}_z}{\left(\sqrt{x^2+y^2+z^2}\right)^3}=-\frac{\boldsymbol{r}}{r^3}$$

所以

$$\nabla\times\frac{\boldsymbol{r}}{r}=\frac{1}{r}\nabla\times\boldsymbol{r}-\frac{1}{r^3}\boldsymbol{r}\times\boldsymbol{r}=\boldsymbol{0}$$

(3) 因为

$$\nabla\times\left[\frac{\boldsymbol{r}}{r}f(r)\right]=\frac{f(r)}{r}\nabla\times\boldsymbol{r}+\nabla\left(\frac{f(r)}{r}\right)\times\boldsymbol{r}$$

而

$$\nabla\left(\frac{f(r)}{r}\right)=\frac{r\nabla f(f)-f(r)\nabla r}{r^2}=\frac{f'(r)}{r^2}\boldsymbol{r}-\frac{f(r)}{r^3}\boldsymbol{r}$$

所以

$$\nabla\times\left[\frac{\boldsymbol{r}}{r}f(r)\right]=\frac{f(r)}{r}\nabla\times\boldsymbol{r}+\frac{f'(r)}{r^2}\boldsymbol{r}\times\boldsymbol{r}-\frac{f(r)}{r^3}\boldsymbol{r}\times\boldsymbol{r}=\boldsymbol{0}$$

即

$$\nabla\times\left[\frac{\boldsymbol{r}}{r}f(r)\right]=\boldsymbol{0}$$

1-15 设 $\boldsymbol{E}(x, y, z, t)$ 和 $\boldsymbol{H}(x, y, z, t)$ 是具有二阶连续偏导数的两个矢量函数，它们又满足如下方程：

$$\nabla\cdot\boldsymbol{E}=0,\quad \nabla\times\boldsymbol{E}=-\frac{1}{c}\frac{\partial\boldsymbol{H}}{\partial t}$$

$$\nabla\cdot\boldsymbol{H}=0,\quad \nabla\times\boldsymbol{H}=\frac{1}{c}\frac{\partial\boldsymbol{E}}{\partial t}$$

试证明 $\boldsymbol{E}$ 和 $\boldsymbol{H}$ 均满足：

$$\nabla^2\boldsymbol{A}=\frac{1}{c^2}\frac{\partial^2\boldsymbol{A}}{\partial t^2}\quad(\boldsymbol{A}\text{ 等于 }\boldsymbol{E}\text{ 或 }\boldsymbol{H})$$

证明：设

$$\boldsymbol{E}=E_x\boldsymbol{e}_x+E_y\boldsymbol{e}_y+E_z\boldsymbol{e}_z$$

$$\boldsymbol{H}=H_x\boldsymbol{e}_x+H_y\boldsymbol{e}_y+H_z\boldsymbol{e}_z$$

根据矢量恒等式

$$\nabla\times\nabla\times\boldsymbol{E}=\nabla(\nabla\cdot\boldsymbol{E})-\nabla^2\boldsymbol{E}$$

即

$$\nabla^2\boldsymbol{E}=\nabla(\nabla\cdot\boldsymbol{E})-\nabla\times\nabla\times\boldsymbol{E}$$

而

$$\nabla\cdot\boldsymbol{E}=0$$

$$\nabla\times\boldsymbol{E}=-\frac{1}{c}\frac{\partial\boldsymbol{H}}{\partial t}$$

$$\nabla\times\nabla\times\boldsymbol{E}=-\frac{1}{c}\frac{\partial}{\partial t}\nabla\times\boldsymbol{H}=-\frac{1}{c^2}\frac{\partial^2\boldsymbol{E}}{\partial t^2}$$

所以

$$\nabla^2\boldsymbol{E}=\frac{1}{c^2}\frac{\partial^2\boldsymbol{E}}{\partial t^2}$$

同理可得

$$\nabla^2\boldsymbol{H}=\frac{1}{c^2}\frac{\partial^2\boldsymbol{H}}{\partial t^2}$$

1-16　试证明：

$$\nabla^2(uv)=u\nabla^2v+v\nabla^2u+2\nabla u\cdot\nabla v$$

证明：根据1-8题(2)的证明可知

$$\nabla(uv)=v\nabla u+u\nabla v$$

而

$$\nabla^2(uv)=\nabla\cdot\nabla(uv)=\nabla\cdot(v\nabla u)+\nabla\cdot(u\nabla v)$$

根据1-9题(2)的证明可知

$$\nabla\cdot(v\nabla u)=v\nabla\cdot\nabla u+\nabla v\cdot\nabla u=v\nabla^2u+\nabla u\cdot\nabla v$$

$$\nabla\cdot(u\nabla v)=u\nabla\cdot\nabla v+\nabla v\cdot\nabla u=u\nabla^2v+\nabla u\cdot\nabla v$$

所以

$$\nabla^2(uv)=u\nabla^2v+v\nabla^2u+2\nabla u\cdot\nabla v$$

1-17　试证明下列函数满足拉普拉斯方程：

(1) $\varphi(x, y, z)=\sin\alpha x\ \sin\beta y\,\mathrm{e}^{-\gamma z}(\gamma^2=\alpha^2+\beta^2)$

(2) $\varphi(\rho, \phi, z)=\rho^{-n}\cos n\phi$

(3) $\varphi(r, \theta, \phi)=r\cos\theta$

证明：(1) 因为

$$\frac{\partial\varphi}{\partial x}=\alpha\cos\alpha x\ \sin\beta y\,\mathrm{e}^{-\gamma z},\qquad \frac{\partial^2\varphi}{\partial x^2}=-\alpha^2\sin\alpha x\ \sin\beta y\,\mathrm{e}^{-\gamma z}$$

$$\frac{\partial\varphi}{\partial y}=\beta\sin\alpha x\ \cos\beta y\,e^{-\gamma z},\quad \frac{\partial^2\varphi}{\partial y^2}=-\beta^2\sin\alpha x\ \sin\beta y\,e^{-\gamma z}$$

$$\frac{\partial\varphi}{\partial z}=-\gamma\sin\alpha x\ \sin\beta y\,e^{-\gamma z},\quad \frac{\partial^2\varphi}{\partial z^2}=-\gamma^2\sin\alpha x\ \sin\beta y\,e^{-\gamma z}$$

所以

$$\frac{\partial^2\varphi}{\partial x^2}+\frac{\partial^2\varphi}{\partial y^2}+\frac{\partial^2\varphi}{\partial z^2}=-(\alpha^2+\beta^2)\sin\alpha x\ \sin\beta y\,e^{-\gamma z}+(\alpha^2+\beta^2)\sin\alpha x\ \sin\beta y\,e^{-\gamma z}$$

$$=0$$

即

$$\nabla^2\varphi=0$$

满足拉普拉斯方程。

（2）因为

$$\frac{\partial\varphi}{\partial\rho}=-n\rho^{-n-1}\cos n\phi,\quad \frac{\partial^2\varphi}{\partial\rho^2}=n(n+1)\rho^{-n-2}\cos n\phi$$

$$\frac{\partial\varphi}{\partial\phi}=-n\rho^{-n}\sin n\phi,\quad \frac{\partial^2\varphi}{\partial\phi^2}=-n^2\rho^{-n}\cos n\phi$$

$$\frac{\partial\varphi}{\partial z}=0,\quad \frac{\partial^2\varphi}{\partial z^2}=0$$

而在柱坐标系下，有

$$\nabla^2\varphi=\frac{1}{\rho}\left[\frac{\partial}{\partial\rho}\left(\rho\frac{\partial\varphi}{\partial\rho}\right)+\frac{\partial}{\partial\phi}\left(\frac{1}{\rho}\frac{\partial\varphi}{\partial\phi}\right)+\frac{\partial}{\partial z}\left(\rho\frac{\partial\varphi}{\partial z}\right)\right]$$

$$=\frac{\partial^2\varphi}{\partial\rho^2}+\frac{1}{\rho}\frac{\partial\varphi}{\partial\rho}+\frac{1}{\rho^2}\frac{\partial^2\varphi}{\partial\phi^2}+\frac{\partial^2\varphi}{\partial z^2}$$

将上述所求各项代入得

$$\nabla^2\varphi=(n^2+n)\rho^{-n-2}\cos n\phi-n\rho^{-n-2}\cos n\phi-n^2\rho^{-n-2}\cos n\phi=0$$

所以

$$\nabla^2\varphi=0$$

满足拉普拉斯方程。

（3）因为

$$\frac{\partial\varphi}{\partial r}=\cos\theta,\quad \frac{\partial^2\varphi}{\partial r^2}=0$$

$$\frac{\partial\varphi}{\partial\theta}=-r\sin\theta,\quad \frac{\partial^2\varphi}{\partial\theta^2}=-r\cos\theta$$

$$\frac{\partial\varphi}{\partial\phi}=0,\quad \frac{\partial^2\varphi}{\partial\phi^2}=0$$

而在球坐标系下，有

$$\nabla^2\varphi=\frac{1}{r^2\sin\theta}\left[r^2\sin\theta\frac{\partial^2\varphi}{\partial r^2}+2r\sin\theta\frac{\partial\varphi}{\partial r}+\sin\theta\frac{\partial^2\varphi}{\partial\theta^2}+\cos\theta\frac{\partial\varphi}{\partial\theta}+\frac{1}{\sin\theta}\frac{\partial^2\varphi}{\partial\phi^2}\right]$$

将所求上述各量代入得

$$\nabla^2\varphi=\frac{1}{r^2\sin\theta}[2r\sin\theta\cos\theta-r\sin\theta\cos\theta-r\sin\theta\cos\theta]=0$$

所以

$$\nabla^2\varphi=0$$

满足拉普拉斯方程。

1-18 试求 $\nabla\cdot\boldsymbol{A}$ 和 $\nabla\times\boldsymbol{A}$:

(1) $\boldsymbol{A}=xy^2z^3\boldsymbol{e}_x+x^3z\boldsymbol{e}_y+x^2y^2\boldsymbol{e}_z$

(2) $\boldsymbol{A}(\rho,\phi,z)=\rho^2\cos\phi\boldsymbol{e}_\rho+\rho^2\sin\phi\boldsymbol{e}_z$

(3) $\boldsymbol{A}(r,\theta,\phi)=r\sin\theta\boldsymbol{e}_r+\frac{1}{r}\sin\theta\boldsymbol{e}_\theta+\frac{1}{r^2}\cos\theta\boldsymbol{e}_\phi$

解: (1)

$$\nabla\cdot\boldsymbol{A}=y^2z^3+0+0=y^2z^3$$

$$\nabla\times\boldsymbol{A}=\begin{vmatrix}\boldsymbol{e}_x & \boldsymbol{e}_y & \boldsymbol{e}_z\\ \dfrac{\partial}{\partial x} & \dfrac{\partial}{\partial y} & \dfrac{\partial}{\partial z}\\ xy^2z^3 & x^3z & x^2y^2\end{vmatrix}$$

$$=(2x^2y-x^3)\boldsymbol{e}_x-(2xy^2-3xy^2z^2)\boldsymbol{e}_y+(3x^2z-2xyz^3)\boldsymbol{e}_z$$

(2)

$$\nabla\cdot\boldsymbol{A}=\frac{1}{\rho}\left[\frac{\partial}{\partial\rho}(\rho A_\rho)+\frac{\partial A_\phi}{\partial\phi}+\frac{\partial(\rho A_z)}{\partial z}\right]$$

$$=\frac{1}{\rho}\left[\frac{\partial}{\partial\rho}(\rho^3\cos\phi)+\frac{\partial}{\partial z}(\rho^3\sin\phi)\right]$$

$$=3\rho\cos\phi$$

$$\nabla\times\boldsymbol{A}=\frac{1}{\rho}\begin{vmatrix}\boldsymbol{e}_\rho & \rho\boldsymbol{e}_\phi & \boldsymbol{e}_z\\ \dfrac{\partial}{\partial\rho} & \dfrac{\partial}{\partial\phi} & \dfrac{\partial}{\partial z}\\ A_\rho & \rho A_\phi & A_z\end{vmatrix}=\frac{1}{\rho}\begin{vmatrix}\boldsymbol{e}_\rho & \rho\boldsymbol{e}_\phi & \boldsymbol{e}_z\\ \dfrac{\partial}{\partial\rho} & \dfrac{\partial}{\partial\phi} & \dfrac{\partial}{\partial z}\\ \rho^2\cos\phi & 0 & \rho^2\sin\phi\end{vmatrix}$$

$$=\rho\cos\phi\boldsymbol{e}_\rho-2\rho\sin\phi\boldsymbol{e}_\phi+\rho\sin\phi\boldsymbol{e}_z$$

(3)

$$\nabla\cdot\boldsymbol{A}=\frac{1}{r^2\sin\theta}\left[\sin\theta\frac{\partial(r^2A_r)}{\partial r}+r\frac{\partial(\sin\theta A_\theta)}{\partial\theta}+r\frac{\partial A_\phi}{\partial\phi}\right]$$

$$=\frac{1}{r^2\sin\theta}\left[\sin\theta\frac{\partial(r^3\sin\theta)}{\partial r}+r\frac{\partial\left(\dfrac{\sin^2\theta}{r}\right)}{\partial\theta}+r\frac{\partial\left(\dfrac{\cos\theta}{r^2}\right)}{\partial\phi}\right]$$

$$=\frac{1}{r^2\sin\theta}[3r^2\sin^2\theta+2\sin\theta\cos\theta]$$

$$=3\sin\theta+\frac{2}{r^2}\cos\theta$$

$$\nabla\times\boldsymbol{A}=\frac{1}{r^2\sin\theta}\begin{vmatrix}\boldsymbol{e}_r & r\boldsymbol{e}_\theta & r\sin\theta\boldsymbol{e}_\phi\\ \dfrac{\partial}{\partial r} & \dfrac{\partial}{\partial\theta} & \dfrac{\partial}{\partial\phi}\\ A_r & rA_\theta & r\sin\theta A_\phi\end{vmatrix}$$

$$=\frac{1}{r^2\sin\theta}\begin{vmatrix}\boldsymbol{e}_r & r\boldsymbol{e}_\theta & r\sin\theta\boldsymbol{e}_\phi\\ \dfrac{\partial}{\partial r} & \dfrac{\partial}{\partial\theta} & \dfrac{\partial}{\partial\phi}\\ r\sin\theta & \sin\theta & \dfrac{1}{r}\sin\theta\cos\theta\end{vmatrix}$$

$$=\frac{\cos2\theta}{r^3\sin\theta}\boldsymbol{e}_r+\frac{\cos\theta}{r^3}\boldsymbol{e}_\theta-\cos\theta\boldsymbol{e}_\phi$$

1-19 设 $\varphi(r,\theta,\phi)=\dfrac{1}{r}\mathrm{e}^{-kr}$（$k$ 为常数），试证明：

$$\nabla^2\varphi=k^2\frac{\mathrm{e}^{-kr}}{r}$$

证明：在球坐标系中，有

$$\nabla^2\varphi=\frac{1}{r^2\sin\theta}\left[\sin\theta\frac{\partial}{\partial r}\left(r^2\frac{\partial\varphi}{\partial r}\right)+\frac{\partial}{\partial\theta}\left(\sin\theta\frac{\partial\varphi}{\partial\theta}\right)+\frac{1}{\sin\theta}\frac{\partial^2\varphi}{\partial\phi^2}\right]$$

将 $\varphi=\dfrac{\mathrm{e}^{-kr}}{r}$ 代入可得

$$\nabla^2\varphi=\frac{1}{r^2}\frac{\mathrm{d}}{\mathrm{d}r}\left(r^2\frac{\mathrm{d}\varphi}{\mathrm{d}r}\right)=\frac{1}{r^2}\frac{\mathrm{d}}{\mathrm{d}r}\left[-(kr+1)\mathrm{e}^{-kr}\right]$$

$$=\frac{1}{r^2}k^2r\mathrm{e}^{-kr}=k^2\frac{\mathrm{e}^{-kr}}{r}$$

所以

$$\nabla^2\varphi=k^2\frac{\mathrm{e}^{-kr}}{r}$$

第二章　静　电　场

一、基本内容与公式

1. 在均匀介质中点电荷及分布电荷的电场和电位。

点电荷：

$$\boldsymbol{E}(\boldsymbol{r})=\frac{q}{4\pi\varepsilon}\frac{\boldsymbol{r}-\boldsymbol{r}'}{|\boldsymbol{r}-\boldsymbol{r}'|^3}$$

$$\varphi(\boldsymbol{r})=\frac{q}{4\pi\varepsilon|\boldsymbol{r}-\boldsymbol{r}'|}$$

体电荷：

$$\boldsymbol{E}(\boldsymbol{r})=\frac{1}{4\pi\varepsilon}\int_V\frac{\rho(\boldsymbol{r}')(\boldsymbol{r}-\boldsymbol{r}')}{|\boldsymbol{r}-\boldsymbol{r}'|^3}\mathrm{d}V'$$

$$\varphi(\boldsymbol{r})=\frac{1}{4\pi\varepsilon}\int_V\frac{\rho(\boldsymbol{r}')}{|\boldsymbol{r}-\boldsymbol{r}'|}\mathrm{d}V'$$

面电荷：

$$\boldsymbol{E}(\boldsymbol{r})=\frac{1}{4\pi\varepsilon}\int_S\frac{\rho_S(\boldsymbol{r}')(\boldsymbol{r}-\boldsymbol{r}')}{|\boldsymbol{r}-\boldsymbol{r}'|^3}\mathrm{d}S'$$

$$\varphi(\boldsymbol{r})=\frac{1}{4\pi\varepsilon}\int_S\frac{\rho_S(\boldsymbol{r}')}{|\boldsymbol{r}-\boldsymbol{r}'|}\mathrm{d}S'$$

线电荷：

$$\boldsymbol{E}(\boldsymbol{r})=\frac{1}{4\pi\varepsilon}\int_l\frac{\rho_l(\boldsymbol{r}')(\boldsymbol{r}-\boldsymbol{r}')}{|\boldsymbol{r}-\boldsymbol{r}'|^3}\mathrm{d}l'$$

$$\varphi(\boldsymbol{r})=\frac{1}{4\pi\varepsilon}\int_l\frac{\rho_l(\boldsymbol{r}')}{|\boldsymbol{r}-\boldsymbol{r}'|}\mathrm{d}l'$$

2. 真空中静电场的基本方程。

积分形式：

$$\oint_S\boldsymbol{E}\cdot\mathrm{d}\boldsymbol{S}=\frac{q}{\varepsilon_0}$$

$$\oint_l\boldsymbol{E}\cdot\mathrm{d}\boldsymbol{l}=0$$

微分形式：

$$\nabla \cdot \boldsymbol{E} = \frac{\rho}{\varepsilon_0}$$

$$\nabla \times \boldsymbol{E} = 0$$

3. 静电场是有势场，可以用电位 φ 的负梯度表示，即 $\boldsymbol{E} = -\nabla\varphi$。

电位 φ 的微分方程为

$$\nabla^2 \varphi = -\frac{\rho}{\varepsilon}$$

或

$$\nabla^2 \varphi = 0$$

4. 用极化强度 $\boldsymbol{P}$ 描述介质的极化程度。

电位移矢量定义为

$$\boldsymbol{D} = \varepsilon_0 \boldsymbol{E} + \boldsymbol{P}$$

对于各向同性介质：

$$\boldsymbol{D} = \varepsilon_0 \varepsilon_r \boldsymbol{E} = \varepsilon \boldsymbol{E}$$

介质中，高斯定理为

$$\oint_S \boldsymbol{D} \cdot \mathrm{d}\boldsymbol{S} = q$$

与其相应的微分形式为

$$\nabla \cdot \boldsymbol{D} = \rho$$

5. 在不同介质界面上，边界条件为

$$D_{2n} - D_{1n} = \rho_S \quad 或 \quad D_{2n} = D_{1n} \quad (\rho_S = 0)$$

$$E_{2t} = E_{1t}$$

边界条件用电位表示为

$$-\varepsilon_2 \frac{\partial \varphi_2}{\partial n} + \varepsilon_1 \frac{\partial \varphi_1}{\partial n} = \rho_S \quad 或 \quad \varepsilon_2 \frac{\partial \varphi_2}{\partial n} = \varepsilon_1 \frac{\partial \varphi_1}{\partial n} \quad (\rho_S = 0)$$

$$\varphi_2 = \varphi_1$$

6. 在线性介质中，多导体系统之间存在电位系数、电容系数和部分电容。这些量只与导体的形状、大小、相对位置及介质特性有关，而与导体所带电量和导体的电位无关。

7. 静电场的能量存在于场中：

$$W_e = \int_V \frac{1}{2} \boldsymbol{D} \cdot \boldsymbol{E} \mathrm{d}V = \int_V w_e \, \mathrm{d}V$$

8. 带电体受到的电场力可以用虚位移法计算：

$$\boldsymbol{F} = -\nabla W_e \big|_q$$

或

$$\boldsymbol{F} = \nabla W_e \big|_\varphi$$

二、例题示范

例 2-1　求均匀带电的无限大带电平面产生的电场。

解：计算给定电荷的电场强度一般通过以下几种方法：一是应用叠加原理求解；二是当电荷对称分布时，用高斯定理求电场强度；三是在电位分布已知的情况下，用 $\boldsymbol{E}=-\nabla\varphi$ 计算。

(1) 用叠加原理计算。选取带电平面与 xoy 面重合，考虑到电荷分布的对称性，将场点选在 z 轴上。

场点：

$$\boldsymbol{r}=z\boldsymbol{e}_z$$

源点：

$$\boldsymbol{r}'=x'\boldsymbol{e}_x+y'\boldsymbol{e}_y=r'\cos\phi'\boldsymbol{e}_x+r'\sin\phi'\boldsymbol{e}_y$$

$$\mathrm{d}S'=r'\mathrm{d}r'\mathrm{d}\phi'$$

$$\begin{aligned}\boldsymbol{E}(\boldsymbol{r})&=\frac{1}{4\pi\varepsilon_0}\int_S\frac{\rho_S(\boldsymbol{r}')(\boldsymbol{r}-\boldsymbol{r}')}{|\boldsymbol{r}-\boldsymbol{r}'|^3}\mathrm{d}S'\\&=\frac{\rho_S}{4\pi\varepsilon_0}\int_0^{\infty}\int_0^{2\pi}\frac{z\boldsymbol{e}_z-r'\cos\phi'\boldsymbol{e}_x-r'\sin\phi'\boldsymbol{e}_y}{(r'^2+z^2)^{3/2}}r'\,\mathrm{d}\phi'\,\mathrm{d}r'\end{aligned}$$

上式积分以后，只有 z 分量，即

$$\boldsymbol{E}=\pm\frac{\rho_S}{2\varepsilon_0}\boldsymbol{e}_z$$

式中，$z>0$ 处取“+”，$z<0$ 处取“−”。

(2) 用高斯定理计算。由电荷分布的对称性可以知道，电场强度仅仅有 z 分量，而且关于导体板上下对称。取图 2-1 所示的柱面为高斯面，在高斯面上，利用高斯定理

$$\oint_S\boldsymbol{D}\cdot\mathrm{d}\boldsymbol{S}=\varepsilon_0 2ES=q,\quad q=S\rho_S$$

所以，$E=\dfrac{\rho_S}{2\varepsilon_0}$；电场强度的方向，在导体板上方向上，在导体板下方向下。

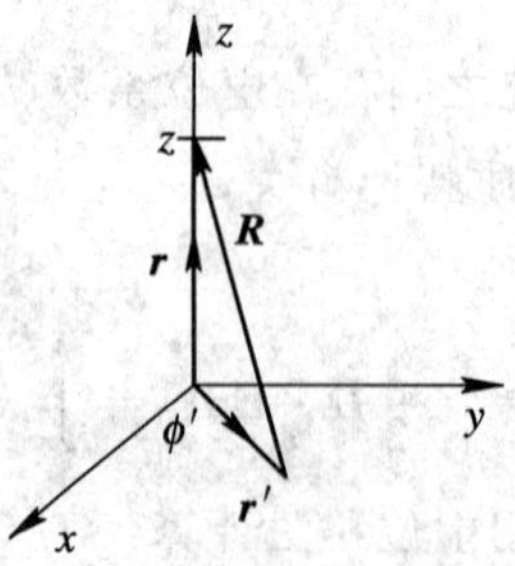

图 2-1　例 2-1 用图

例 2-2　均匀带电导体球的半径为 a，电量为 q，求球内、外的电场。

解：用高斯定理计算。由对称性可以知道，在距球心为 r 的球面上，电场强度的大小相

等，方向沿半径方向。

对球外，取半径为 r 的球面作为高斯面，利用高斯定理计算：

$$\oint_S \boldsymbol{D}\cdot \mathrm{d}\boldsymbol{S} = \varepsilon_0 E_r 4\pi r^2 = q,\quad E_r = \frac{q}{4\pi\varepsilon_0 r^2}$$

对球内，也取球面作为高斯面，同样利用高斯定理计算：

$$\oint_S \boldsymbol{D}\cdot \mathrm{d}\boldsymbol{S} = \varepsilon_0 E_r 4\pi r^2 = 0,\quad E_r = 0$$

例 2-3　求上题的电位分布。

解： 求电位分布一般可以由分布电荷电位的公式通过积分得出；也可以先计算电场强度，再由电场强度的线积分求出；或者解电位所满足的泊松方程求电位。该例求解用图见图 2-2。

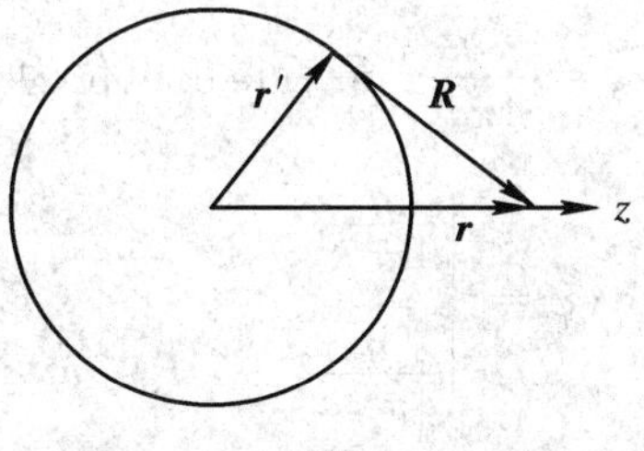

图 2-2　例 2-3 用图

(1) 使用电场强度的线积分计算。球内、外的电场强度用高斯定理在上题中已经得到，当观察点位于球面以外时，即 $r > a$ 时，有

$$\varphi(r) = \int_r^\infty E\mathrm{d}r = \int_r^\infty \frac{q}{4\pi\varepsilon_0 r^2}\mathrm{d}r = \frac{q}{4\pi\varepsilon_0 r}$$

当观察点位于球面上或球面以内时，即 $r \leqslant a$ 时，因为球内的电场强度为零，球内是等位区，故

$$\varphi(r) = \int_a^\infty E\mathrm{d}r = \int_a^\infty \frac{q}{4\pi\varepsilon_0 r^2}\mathrm{d}r = \frac{q}{4\pi\varepsilon_0 a}$$

(2) 使用分布电荷的电位公式计算。面电荷产生的电位为

$$\varphi(\boldsymbol{r}) = \frac{1}{4\pi\varepsilon_0}\int_S \frac{\rho_S(\boldsymbol{r}')}{|\boldsymbol{r}-\boldsymbol{r}'|}\mathrm{d}S'$$

由于电荷分布对称，故而将观察点选为

$$r = (0,\ 0,\ z)$$

源点：

$$r' = (a\sin\theta\cos\phi,\ a\sin\theta\sin\phi,\ a\cos\theta)$$

$$|r - r'|^2 = a^2\sin^2\theta + (z - a\cos\theta)^2 = z^2 - 2az\cos\theta + a^2$$

$$\mathrm{d}S' = a^2\sin\theta\,\mathrm{d}\theta\,\mathrm{d}\phi$$

将其代入电位表达式，并先对 ϕ 积分，有

$$\varphi(\boldsymbol{r})=\frac{1}{4\pi\varepsilon_0}\int_S\frac{\rho_S(\boldsymbol{r}')}{|\boldsymbol{r}-\boldsymbol{r}'|}\mathrm{d}S'=\frac{a^2\rho_S}{2\varepsilon_0}\int_0^\pi\frac{\sin\theta\,\mathrm{d}\theta}{\sqrt{z^2+a^2-2az\cos\theta}}$$

$$=\frac{a^2\rho_S}{2\varepsilon_0}\int_1^{-1}\frac{-\mathrm{d}(\cos\theta)}{\sqrt{z^2+a^2-2az\cos\theta}}$$

$$\int_1^{-1}\frac{-\mathrm{d}(\cos\theta)}{\sqrt{z^2+a^2-2az\cos\theta}}=\int_{-1}^{1}\frac{\mathrm{d}u}{\sqrt{z^2+a^2-2azu}}=\frac{-1}{az}\sqrt{z^2+a^2-2azu}\Big|_{-1}^{1}$$

$$=\frac{-1}{za}(|z-a|-|z+a|)$$

$$=\begin{cases}\dfrac{2}{z}, & z\geqslant a\\[2mm] \dfrac{2}{a}, & z\leqslant a\end{cases}$$

利用这个积分结果，并注意到 $\rho_S=\dfrac{q}{4\pi a^2}$，最后得出电位为

$$\varphi=\begin{cases}\dfrac{q}{4\pi\varepsilon_0 r}, & r\geqslant a\\[2mm] \dfrac{q}{4\pi\varepsilon_0 a}, & r\leqslant a\end{cases}$$

(3) 使用解电位方程的方法计算。由于电荷对称分布，因而电位仅仅是坐标 r 的函数，球外电位满足方程：

$$\nabla^2\varphi=\frac{1}{r^2}\frac{\mathrm{d}}{\mathrm{d}r}\left(r^2\frac{\mathrm{d}\varphi}{\mathrm{d}r}\right)=0$$

其解为

$$\varphi=\frac{C_1}{r}+C_2$$

当 $r\to\infty$ 时，$\varphi\to 0$，由此确定出 $C_2=0$。常数 C_1 由球面上的边界条件确定。在球面 $r=a$ 上，有

$$\rho_S=\frac{q}{4\pi a^2}=\varepsilon_0 E_r=-\varepsilon_0\frac{\mathrm{d}\varphi}{\mathrm{d}r}=\varepsilon_0\frac{C_1}{a^2}$$

从而有

$$C_1=\frac{q}{4\pi\varepsilon_0}$$

所以，球外电位 $\varphi=\dfrac{q}{4\pi\varepsilon_0 r}$。至于球内电位，因为其为一个常数，所以可较容易地得出其为 $\dfrac{q}{4\pi\varepsilon_0 a}$。

例 2-4　已知空气填充的平板电容器内的电位分布为 $\varphi=ax^2+b$，求与其相应的电场及其电荷分布。

解：由电位分布求解电场强度和电荷分布，一般用关系式 $\boldsymbol{E}=-\nabla\varphi$，$\rho=\nabla\cdot(\varepsilon_0\boldsymbol{E})$，

可得到

$$\boldsymbol{E}=-\nabla(ax^2+b)=-2ax\boldsymbol{e}_x$$

$$\rho=\nabla\cdot(\varepsilon_0\boldsymbol{E})=-2a\varepsilon_0$$

例 2-5　已知在半径为 a 的球形体积内、外的电场强度为

$$E_r=\begin{cases}r^3+Ar^2, & r\leqslant a\\(a^5+Aa^4)r^{-2}, & r>a\end{cases}$$

式中的 A 为常数，求产生此电场的电荷密度。设球内、外的介质均为空气。

解：由公式 $\rho=\nabla\cdot(\varepsilon_0\boldsymbol{E})$ 及其球坐标散度运算公式，得到

球内：

$$\rho=\varepsilon_0\frac{1}{r^2}\frac{\mathrm{d}}{\mathrm{d}r}(r^2E_r)=5\varepsilon_0r^2+4\varepsilon_0Ar$$

球外：

$$\rho=\varepsilon_0\frac{1}{r^2}\frac{\mathrm{d}}{\mathrm{d}r}(r^2E_r)=0$$

例 2-6　总量为 q 的电荷均匀分布在半径为 a，介电常数为 ε 的球体内，球外为空气，求静电能量。

解：用高斯定理可以计算出球内、外的电场为

$$\boldsymbol{E}_1=\frac{\rho r}{3\varepsilon}\boldsymbol{e}_r=\frac{qr}{4\pi\varepsilon a^3}\boldsymbol{e}_r,\quad \boldsymbol{E}_2=\frac{q}{4\pi\varepsilon_0r^2}\boldsymbol{e}_r$$

静电能量为

$$\begin{aligned}W_e&=\int\frac{1}{2}\boldsymbol{D}\cdot\boldsymbol{E}\,\mathrm{d}V=\int\frac{1}{2}\varepsilon E_1^2\,\mathrm{d}V+\int\frac{1}{2}\varepsilon_0E_2^2\,\mathrm{d}V\\&=\int_0^a\frac{1}{2}\varepsilon\left(\frac{qr}{4\pi\varepsilon a^3}\right)^2 4\pi r^2\,\mathrm{d}r+\int_a^\infty\frac{1}{2}\varepsilon_0\left(\frac{q}{4\pi\varepsilon_0r^2}\right)^2 4\pi r^2\,\mathrm{d}r\\&=\frac{q^2}{40\pi\varepsilon a}+\frac{q^2}{8\pi\varepsilon_0a}\end{aligned}$$

静电能量也可以用电位能公式 $W_e=\int\frac{1}{2}\varphi\rho\,\mathrm{d}V$ 计算。由电场强度的线积分可得出球内、外的电位为

$$\varphi_1=\int_r^\infty E\,\mathrm{d}r=\int_r^a E_1\mathrm{d}r+\int_a^\infty E_2\,\mathrm{d}r=\frac{q}{8\pi\varepsilon a^3}(a^2-r^2)+\frac{q}{4\pi\varepsilon_0a}$$

$$\varphi_2=\int_r^\infty E\,\mathrm{d}r=\int_a^\infty E_2\,\mathrm{d}r=\frac{q}{4\pi\varepsilon_0r}$$

$$\begin{aligned}W_e&=\int\frac{1}{2}\varphi\rho\,\mathrm{d}V=\int_0^a\frac{1}{2}\left[\frac{q}{8\pi\varepsilon a^3}(a^2-r^2)+\frac{q}{4\pi\varepsilon_0a}\right]\frac{3q}{4\pi a^3}4\pi r^2\,\mathrm{d}r\\&=\frac{q^2}{40\pi\varepsilon a}+\frac{q^2}{8\pi\varepsilon_0a}\end{aligned}$$

例 2-7　一个平板电容器中间填充介质的相对介电常数为 $\varepsilon_r=\dfrac{x+d}{d}$，其中 d 是极板

之间的距离，两个极板位于 $x=0$ 和 $x=d$ 处，极板的面积为 S，求电容器的电容量。

解：设正、负极板分别带电 Q 和 $-Q$，根据对称性，由高斯定理得出电容器内的电位移矢量为

$$\boldsymbol{D}=\boldsymbol{e}_x\rho_S=\boldsymbol{e}_x\frac{Q}{S}$$

电场强度为

$$\boldsymbol{E}=\boldsymbol{e}_x\frac{Q}{\varepsilon_0\varepsilon_r S}=\boldsymbol{e}_x\frac{Qd}{\varepsilon_0 S(x+d)}$$

两个极板之间的电位差为

$$U=\int_0^d E\,\mathrm{d}x=\int_0^d\frac{Qd}{\varepsilon_0 S(x+d)}\,\mathrm{d}x=\frac{Qd}{\varepsilon_0 S}\ln 2$$

电容器的电容量为

$$C=\frac{Q}{U}=\frac{\varepsilon_0 S}{d\ \ln 2}$$

例 2-8　平板电容器的极板面积为 S，极板之间的距离是 d，当极板间的电压为 U 时，求正极板单位面积上受到的电场力。

解：为了用虚位移原理计算电场力，假设负极板位于 $x=0$ 处，正极板位于 x 处。平板电容器的电容量为

$$C=\frac{\varepsilon S}{x}$$

能量为

$$W_e=\frac{1}{2}CU^2=\frac{\varepsilon SU^2}{2x}$$

当电位不变时，电场力为

$$F=\frac{\mathrm{d}W_e}{\mathrm{d}x}=-\frac{\varepsilon SU^2}{2x^2}$$

在 $x=d$ 时：

$$F=-\frac{\varepsilon SU^2}{2d^2}$$

单位面积受到的电场力为 $-\dfrac{\varepsilon U^2}{2d^2}$，负号表示是引力。

也可以用电荷不变的虚位移公式计算。如果在极板的位移过程中，电荷不变，则静电能量为

$$W_e=\frac{Q^2}{2C}=\frac{Q^2x}{2\varepsilon S}$$

在电荷不变情形下，电场力为

$$F=-\frac{\mathrm{d}W_e}{\mathrm{d}x}=-\frac{Q^2}{2\varepsilon S}$$

最后，将关系式 $Q = CU = \dfrac{\varepsilon SU}{d}$ 代入。可以看出，假定电荷不变情形下的结果与假定单位不变情形下的结果相同。

三、习题及参考答案

2-1　总量为 q 的电荷均匀分布于球体中，分别求球内、外的电场强度。

解：设球体的半径为 a，用高斯定理计算球内、外的电场。由电荷分布可知，电场强度是球对称的，在距离球心为 r 的球面上，电场强度大小相等，方向沿半径方向。

在球外，$r > a$，取半径为 r 的球面作为高斯面，利用高斯定理计算：

$$\oint_S \boldsymbol{D} \cdot \mathrm{d}\boldsymbol{S} = \varepsilon_0 E_r 4\pi r^2 = q$$

$$E_r = \frac{q}{4\pi\varepsilon_0 r^2}$$

对球内，$r < a$，也取球面作为高斯面，同样利用高斯定理计算：

$$\oint_S \boldsymbol{D} \cdot \mathrm{d}\boldsymbol{S} = \varepsilon_0 E_r 4\pi r^2 = q'$$

$$q' = \frac{4}{3}\pi r^3 \rho = \frac{4}{3}\pi r^3 \frac{q}{\frac{4}{3}\pi a^3} = \frac{r^3 q}{a^3}$$

$$E_r = \frac{rq}{4\pi\varepsilon_0 a^3}$$

2-2　半径分别为 a、$b(a > b)$，球心距为 $c(c < a-b)$ 的两球面间有密度为 ρ 的均匀体电荷分布，如图 2-3 所示，求半径为 b 的球面内任一点的电场强度。

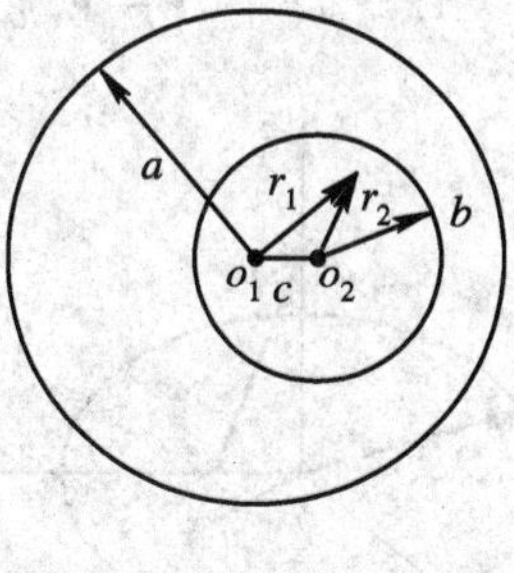

图 2-3　题 2-2 用图

解：为了使用高斯定理，在半径为 b 的空腔内分别加上密度为 $+\rho$ 和 $-\rho$ 的体电荷，这样，任一点的电场就相当于带正电的大球体和一个带负电的小球体共同产生。正、负带电体所产生的场分别由高斯定理计算。

正电荷在空腔内产生的电场为

$$\boldsymbol{E}_1 = \frac{\rho r_1}{3\varepsilon_0}\boldsymbol{e}_{r_1}$$

负电荷在空腔内产生的电场为

$$\boldsymbol{E}_2 = -\frac{\rho r_2}{3\varepsilon_0}\boldsymbol{e}_{r_2}$$

单位向量 $\boldsymbol{e}_{r_1}$、$\boldsymbol{e}_{r_2}$ 分别以大、小球体的球心为球面坐标的原点。考虑到

$$r_1\boldsymbol{e}_{r_1} - r_2\boldsymbol{e}_{r_2} = c\boldsymbol{e}_x = \boldsymbol{c}$$

最后得到空腔内的电场为

$$\boldsymbol{E} = \frac{\rho c}{3\varepsilon_0}\boldsymbol{e}_x$$

2-3　一个半径为 a 的均匀带电圆柱(无限长)的电荷密度是 ρ，求圆柱体内、外的电场强度。

解： 因为电荷分布是柱对称的，因而选取圆柱坐标系求解。在半径为 r 的柱面上，电场强度大小相等，方向沿半径方向。计算柱内电场时，取半径为 r、高度为 1 的圆柱面为高斯面。在此柱面上，使用高斯定理，有

$$\oint_S \boldsymbol{D}\cdot \mathrm{d}\boldsymbol{S} = \varepsilon_0 E 2\pi r l = q,\quad q = \rho\pi r^2 l,\quad E = \frac{r\rho}{2\varepsilon_0}$$

计算柱外电场时，取通过柱外待计算点的半径为 r、高度为 1 的圆柱面为高斯面。对此柱面使用高斯定理，有

$$\oint_S \boldsymbol{D}\cdot \mathrm{d}\boldsymbol{S} = \varepsilon_0 E 2\pi r l = q,\quad q = \rho\pi a^2 l,\quad E = \frac{\rho a^2}{2r\varepsilon_0}$$

2-4　一个半径为 a 的均匀带电圆盘，电荷面密度为 ρ_{S0}，求轴线上任一点的电场强度。

解： 求解该题用图见图 2-4。由面电荷的电场强度计算公式

$$\boldsymbol{E}(\boldsymbol{r}) = \frac{1}{4\pi\varepsilon_0}\int_S \frac{\rho_S(\boldsymbol{r}')(\boldsymbol{r}-\boldsymbol{r}')}{|\boldsymbol{r}-\boldsymbol{r}'|^3}\mathrm{d}S'$$

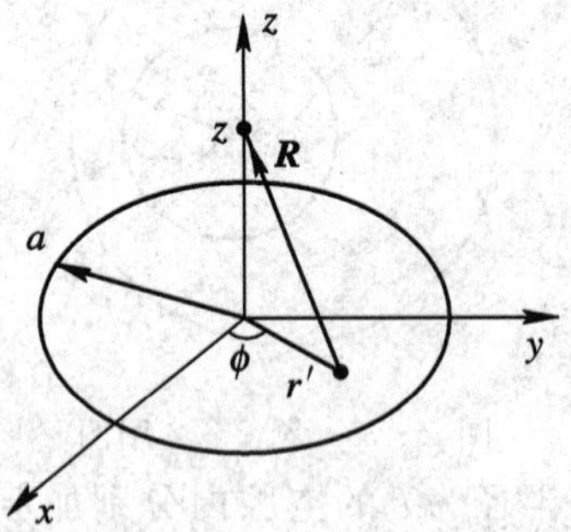

图 2-4　题 2-4 用图

及其电荷的对称关系，可知电场仅有 z 分量。代入场点：

$$\boldsymbol{r} = z\boldsymbol{e}_z$$

源点：

$$\boldsymbol{r}' = \boldsymbol{e}_x r'\cos\phi + \boldsymbol{e}_y r'\sin\phi$$

$$dS' = r'dr'd\phi$$

得到电场的 z 向分量为

$$E = \frac{\rho_{S0}}{4\pi\varepsilon_0}\int_0^{2\pi} d\phi \int_0^a \frac{zr'dr'}{(z^2 + r'^2)^{3/2}} = \frac{\rho_{S0}}{2\varepsilon_0}\left[1 - \frac{z}{(a^2 + z^2)^{1/2}}\right]$$

上述结果适用于场点位于 $z > 0$ 时。当场点位于 $z < 0$ 时，电场的 z 向分量为

$$E = -\frac{\rho_{S0}}{2\varepsilon_0}\left(1 - \frac{|z|}{(a^2 + z^2)^{1/2}}\right)$$

2－5　已知半径为 a 的球内、外电场分布为

$$\boldsymbol{E} = \begin{cases} E_0\left(\dfrac{a}{r}\right)^2 \boldsymbol{e}_r, & r > a \\ E_0\left(\dfrac{r}{a}\right)\boldsymbol{e}_r, & r < a \end{cases}$$

求电荷密度。

解：从电场分布计算电荷分布，应使用高斯定理的微分形式：

$$\nabla \cdot \boldsymbol{D} = \rho$$

用球坐标中的散度公式，并注意电场仅仅有半径方向的分量，得出

$r < a$ 时：　$$\rho = \varepsilon_0 \nabla \cdot \boldsymbol{E} = \varepsilon_0 \frac{1}{r^2}\frac{\partial}{\partial r}(r^2 E_r) = \frac{3\varepsilon_0}{a}E_0$$

$r > a$ 时：　$$\rho = \varepsilon_0 \nabla \cdot \boldsymbol{E} = \varepsilon_0 \frac{1}{r^2}\frac{\partial}{\partial r}(r^2 E_r) = 0$$

2－6　求习题 2－1 的电位分布。

解：均匀带电球体在球外的电场为

$$E_r = \frac{q}{4\pi\varepsilon_0 r^2}$$

球内电场为

$$E_r = \frac{rq}{4\pi\varepsilon_0 a^3}$$

球外电位（$r > a$）为

$$\varphi = \int_r^\infty E\,dr = \int_r^\infty \frac{q}{4\pi\varepsilon_0 r^2}dr = \frac{q}{4\pi\varepsilon_0 r}$$

球内电位（$r \leqslant a$）为

$$\varphi = \int_r^\infty E\,dr = \int_r^a \frac{rq}{4\pi\varepsilon_0 a^3}dr + \int_a^\infty \frac{q}{4\pi\varepsilon_0 r^2} = \frac{q}{4\pi\varepsilon_0 a^3}\left(\frac{a^2}{2} - \frac{r^2}{2}\right) + \frac{q}{4\pi\varepsilon_0 a}$$

$$= \frac{q}{8\pi\varepsilon_0 a^3}(3a^2 - r^2)$$

2－7　电荷分布如图 2－5 所示，试证明，在 $r \gg l$ 处的电场为

$$E = \frac{3ql^2}{2\pi\varepsilon_0 r^4}$$

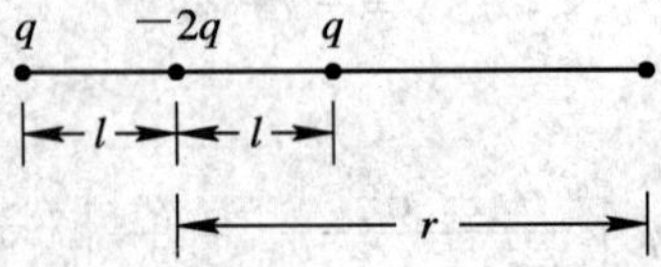

图 2-5　题 2-7 用图

证明： 用点电荷电场强度的公式及叠加原理，有

$$E=\frac{1}{4\pi\varepsilon_0}\left(\frac{q}{(r+l)^2}-\frac{2q}{r^2}+\frac{q}{(r-l)^2}\right)$$

当 $r\gg l$ 时：

$$\frac{1}{(r+l)^2}=\frac{1}{r^2}\frac{1}{\left(1+\dfrac{l}{r}\right)^2}\approx\frac{1}{r^2}\left(1-2\frac{l}{r}+3\frac{l^2}{r^2}-\cdots\right)$$

$$\frac{1}{(r-l)^2}=\frac{1}{r^2}\frac{1}{\left(1-\dfrac{l}{r}\right)^2}\approx\frac{1}{r^2}\left(1+2\frac{l}{r}+3\frac{l^2}{r^2}+\cdots\right)$$

将以上结果代入电场强度表达式，并忽略高阶小量，得出

$$E=\frac{3ql^2}{2\pi\varepsilon_0 r^4}$$

2-8　真空中有两个点电荷，一个电荷 $-q$ 位于原点，另一个电荷 $q/2$ 位于 $(a, 0, 0)$ 处，求电位为零的等位面方程。

解： 由点电荷产生的电位公式得电位为零的等位面为

$$\frac{-q}{4\pi\varepsilon_0 r}+\frac{\dfrac{q}{2}}{4\pi\varepsilon_0 r_1}=0$$

其中：

$$r=(x^2+y^2+z^2)^{\frac{1}{2}},\quad r_1=[(x-a)^2+y^2+z^2]^{\frac{1}{2}}$$

等位面方程简化为

$$2r_1=r$$

即

$$4[(x-a)^2+y^2+z^2]=x^2+y^2+z^2$$

此方程可以改写为

$$\left(x-\frac{4a}{3}\right)^2+y^2+z^2=\left(\frac{2a}{3}\right)^2$$

这是球心在 $\left(\dfrac{4a}{3}, 0, 0\right)$、半径为 $\dfrac{2a}{3}$ 的球面。

2-9　一个圆柱形极化介质的极化强度沿其轴向方向，介质柱的高度为 L，半径为 a，且均匀极化，求束缚体电荷及束缚面电荷分布。

解： 选取圆柱坐标系计算，并假设极化强度沿 z 方向，$\boldsymbol{P}=P_0\boldsymbol{e}_z$，如图 2-6 所示。由于

均匀极化，束缚体电荷为

$$\rho = -\nabla \cdot \boldsymbol{P} = 0$$

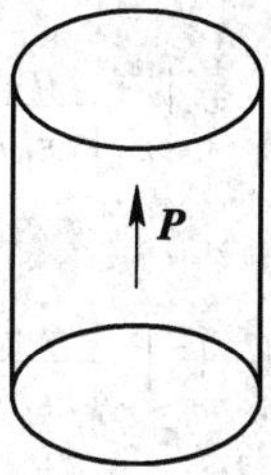

图 2-6　题 2-9 用图

在圆柱的侧面，注意介质的外法向沿半径方向 $\boldsymbol{n} = \boldsymbol{e}_r$，极化强度在 z 方向，故

$$\rho_{SP} = \boldsymbol{P} \cdot \boldsymbol{e}_r = 0$$

在圆柱的顶面，外法向为 $\boldsymbol{n} = \boldsymbol{e}_z$，故

$$\rho_{SP} = \boldsymbol{P} \cdot \boldsymbol{e}_z = P_0$$

在圆柱的底面，外法向为 $\boldsymbol{n} = -\boldsymbol{e}_z$，故

$$\rho_{SP} = \boldsymbol{P} \cdot (-\boldsymbol{e}_z) = -P_0$$

2-10　假设 $x < 0$ 的区域为空气，$x > 0$ 的区域为电介质，电介质的介电常数为 $3\varepsilon_0$。如果空气中的电场强度 $\boldsymbol{E}_1 = 3\boldsymbol{e}_x + 4\boldsymbol{e}_y + 5\boldsymbol{e}_z$(V/m)，求电介质中的电场强度 $\boldsymbol{E}_2$。

解： 在电介质与空气的界面上没有自由电荷，因而电场强度的切向分量连续，电位移矢量的法向分量连续。在空气中，由电场强度的切向分量 $\boldsymbol{E}_{1t} = 4\boldsymbol{e}_y + 5\boldsymbol{e}_z$，可以得出介质中电场强度的切向分量 $\boldsymbol{E}_{2t} = 4\boldsymbol{e}_y + 5\boldsymbol{e}_z$；对于法向分量，用 $D_{1n} = D_{2n}$，即 $\varepsilon_0 E_{1x} = \varepsilon E_{2x}$，并注意 $E_{1x} = 3$，$\varepsilon = 3\varepsilon_0$，得出 $E_{2x} = 1$。将所得到的切向分量和法向分量叠加，得介质中的电场为

$$\boldsymbol{E}_2 = \boldsymbol{e}_x + 4\boldsymbol{e}_y + 5\boldsymbol{e}_z \text{(V/m)}$$

2-11　一个半径为 a 的导体球表面套一层厚度为 $b-a$ 的电介质，电介质的介电常数为 ε。假设导体球带电 q，求任意点的电位。

解： 计算电位可以由电场强度的线积分进行，也可以通过解电位微分方程进行。

(1) 用电场强度的线积分计算。在导体球的内部，电场强度为零。对于电介质和空气中的电场分布，用高斯定理计算。在电介质或空气中，取球面为高斯面，由 $\int_S \boldsymbol{D} \cdot \mathrm{d}\boldsymbol{S} = 4\pi r^2 D_r = q$ 得出

$$D_r = \frac{q}{4\pi r^2}$$

在介质($a < r < b$) 中，电场为

$$E_r = \frac{q}{4\pi\varepsilon r^2}$$

在空气($r > b$) 中，电场为

$$E_r = \frac{q}{4\pi\varepsilon_0 r^2}$$

于是，在空气($r > b$) 中的电位为

$$\varphi = \int_r^\infty E\ \mathrm{d}r = \int_r^\infty \frac{q}{4\pi\varepsilon_0 r^2}\mathrm{d}r = \frac{q}{4\pi\varepsilon_0 r}$$

在介质($a < r < b$) 中的电位为

$$\varphi = \int_r^\infty E\ \mathrm{d}r = \int_b^\infty \frac{q}{4\pi\varepsilon_0 r^2}\mathrm{d}r + \int_r^b \frac{q}{4\pi\varepsilon r^2} = \frac{q}{4\pi\varepsilon_0 b} + \frac{q}{4\pi\varepsilon}\left(\frac{1}{r} - \frac{1}{b}\right)$$

导体内的电位为常数，其值为

$$\frac{q}{4\pi\varepsilon_0 b} + \frac{q}{4\pi\varepsilon}\left(\frac{1}{a} - \frac{1}{b}\right)$$

(2) 用直接积分法求解。由电荷分布的对称性，可以得出电位仅仅是半径 r 的函数。这样，电位的泊松方程就简化为一个变量的常微分方程。设空气中的电位为 φ_1，介质中的电位为 φ_2。

当 $r > b$ 时：

$$\nabla^2\varphi_1 = \frac{1}{r^2}\frac{\mathrm{d}}{\mathrm{d}r}\left(r^2\frac{\mathrm{d}\varphi_1}{\mathrm{d}r}\right) = 0$$

当 $a < r < b$ 时：

$$\nabla^2\varphi_2 = \frac{1}{r^2}\frac{\mathrm{d}}{\mathrm{d}r}\left(r^2\frac{\mathrm{d}\varphi_2}{\mathrm{d}r}\right) = 0$$

解以上方程，得

$$\varphi_1 = \frac{C_1}{r} + C_2, \quad \varphi_2 = \frac{C_3}{r} + C_4$$

四个常数由边界条件确定。当观察点在无穷远处时，电位为零，故 $C_2 = 0$。在导体面($r = a$) 上，有均匀分布的面电荷 $\rho_S = \frac{q}{4\pi a^2}$，由

$$\rho_S = D_n = -\varepsilon\frac{\partial\varphi_2}{\partial r}\bigg|_{r=a}$$

得到 $C_3 = \frac{q}{4\pi\varepsilon}$。其余两个常数由介质与空气的界面边界条件确定，即在 $r = b$ 处，有

$$\varphi_1 = \varphi_2, \quad \varepsilon_0\frac{\partial\varphi_1}{\partial r} = \varepsilon\frac{\partial\varphi_2}{\partial r}$$

即

$$\frac{C_1}{b} = \frac{C_3}{b} + C_4, \quad \varepsilon_0\frac{C_1}{b^2} = \varepsilon\frac{C_3}{b^2}$$

代入 $C_3 = \frac{q}{4\pi\varepsilon}$，得

$$C_1 = \frac{q}{4\pi\varepsilon_0}, \quad C_4 = \frac{q}{4\pi\varepsilon_0 b} - \frac{q}{4\pi\varepsilon b}$$

最后得到电位：

当 $r > b$ 时，电位为

$$\varphi = \frac{q}{4\pi\varepsilon_0 r}$$

当 $a < r < b$ 时，电位为

$$\varphi = \frac{q}{4\pi\varepsilon_0 b} + \frac{q}{4\pi\varepsilon}\left(\frac{1}{r} - \frac{1}{b}\right)$$

2 - 12　证明极化介质中，束缚电荷体密度与自由电荷体密度的关系为

$$\rho_{\mathrm{p}} = -\frac{\varepsilon - \varepsilon_0}{\varepsilon}\rho$$

证明：由方程 $\nabla \cdot \boldsymbol{D} = \rho$，$\nabla \cdot \boldsymbol{P} = -\rho_{\mathrm{p}}$ 及 $\boldsymbol{D} = \varepsilon\boldsymbol{E} = \varepsilon_0\boldsymbol{E} + \boldsymbol{P}$，得到

$$\rho_{\mathrm{p}} = -\nabla \cdot \boldsymbol{P} = -\nabla \cdot (\boldsymbol{D} - \varepsilon_0\boldsymbol{E}) = -\nabla \cdot \left(\boldsymbol{D} - \frac{\varepsilon}{\varepsilon}\varepsilon_0\boldsymbol{E}\right)$$

$$= -\nabla \cdot \left(\boldsymbol{D} - \frac{\varepsilon_0}{\varepsilon}\boldsymbol{D}\right) = -\frac{\varepsilon - \varepsilon_0}{\varepsilon}\nabla \cdot \boldsymbol{D} = -\frac{\varepsilon - \varepsilon_0}{\varepsilon}\rho$$

2 - 13　同轴线内、外导体的半径分别为 a 和 b，证明其所储存的电能有一半是在半径为 $c = \sqrt{ab}$ 的圆柱内。

证明：设内、外导体单位长度带电分别为 $+\rho_l$ 和 $-\rho_l$，则同轴线内、外导体之间的电场为

$$E = \frac{\rho_l}{2\pi\varepsilon\rho}$$

如果将同轴线内单位长度储存的电场能量记为 W，而将从 a 到 c 单位长度的储能记为 W_1，即

$$W = \int_a^b \frac{1}{2}\varepsilon E^2 2\pi\rho\,\mathrm{d}\rho = \frac{\rho_l^2}{4\pi\varepsilon}\ln\frac{b}{a},\quad W_1 = \int_a^c \frac{1}{2}\varepsilon E^2 2\pi\rho\,\mathrm{d}\rho = \frac{\rho_l^2}{4\pi\varepsilon}\ln\frac{c}{a}$$

令 $W_1 = \frac{1}{2}W$，得

$$c^2 = ab,\ c = \sqrt{ab}$$

即以 c 为半径的圆柱内的静电能量是整个能量的一半。

2 - 14　将两个半径为 a 的雨滴当作导体球，当它们带电后，电势为 U_0。当此两雨滴并在一起(仍为球形)后，求其电位。

解：设单个雨滴所带电荷为 q，则由导体球的电荷、电位关系得

$$U_0 = \frac{q}{4\pi\varepsilon_0 a}$$

将两个雨滴合并以后，电量和体积均变为原来的二倍，半径变为 b，且 $b = \sqrt[3]{2}a$，电位为

$$U = \frac{2q}{4\pi\varepsilon_0 b} = \frac{2q}{4\pi\varepsilon_0 2^{\frac{1}{3}} a} = \frac{2^{\frac{2}{3}} q}{4\pi\varepsilon_0 a} = 2^{\frac{2}{3}} U_0 \approx 1.587 U_0$$

2-15　真空中有两个导体球的半径都是a，两球心之间的距离为d，且$d\gg a$，计算两个导体球之间的电容量。

解：因为球心间距远大于导体球的半径，球面的电荷可以看作是均匀分布。由电位系数的定义可得

$$p_{11}=p_{22}=\frac{1}{4\pi\varepsilon_0 a},\quad p_{12}=p_{21}=\frac{1}{4\pi\varepsilon_0 d}$$

让第一个导体带电q，第二个导体带电$-q$，则

$$\varphi_1=p_{11}q-p_{12}q=\frac{q}{4\pi\varepsilon_0 a}-\frac{q}{4\pi\varepsilon_0 d},\quad \varphi_2=p_{21}q-p_{22}q=\frac{q}{4\pi\varepsilon_0 d}-\frac{q}{4\pi\varepsilon_0 a}$$

由

$$C=\frac{q}{U}=\frac{q}{\varphi_1-\varphi_2}$$

化简后得

$$C=\frac{2\pi\varepsilon_0 ad}{d-a}$$

2-16　四个完全相同的导体球置于正方形的四个顶点，并按照顺时针方向排序，如图2-7所示。若给球1带电q，然后用细导线依次将它与球2、3、4接触，每次接触均达到平衡为止。证明最后球4和球1上的电荷为

$$q_4=\frac{q}{8}\frac{p_{11}-p_{24}}{p_{11}-p_{14}},\quad q_1=\frac{q}{8}\frac{p_{11}-2p_{14}+p_{24}}{p_{11}-p_{14}}$$

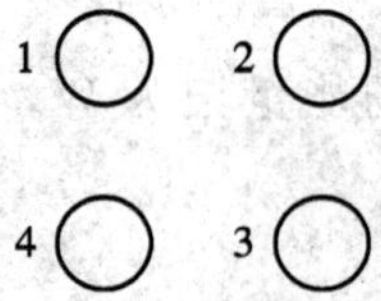

图2-7　题2-16用图

证明：由导体球排列的位置可以知道，电位系数有以下的性质：

$$p_{11}=p_{22}=p_{33}=p_{44},\quad p_{12}=p_{23}=p_{34}=p_{14},\quad p_{24}=p_{13}$$

设第一次球1和球2达到平衡时，球1带电q_1，球2带电q_2，则

$$\varphi_1=p_{11}q_1+p_{12}q_2,\quad \varphi_2=p_{21}q_1+p_{22}q_2=p_{12}q_1+p_{11}q_2$$

再由$\varphi_1=\varphi_2$和$q=q_1+q_2$，可以解出

$$q_1=\frac{q}{2},\quad q_2=\frac{q}{2}$$

当球1和球3接触并且平衡以后，球1带电q_1'，球3带电q_3，则

$$\varphi_1'=p_{11}q_1'+p_{12}q_2+p_{13}q_3=p_{11}q_1'+p_{14}q_2+p_{24}q_3$$
$$\varphi_3=p_{31}q_1'+p_{32}q_2+p_{33}q_3=p_{24}q_1'+p_{14}q_2+p_{33}q_3$$

再由$\varphi_1'=\varphi_3$和$\frac{q}{2}=q_1'+q_3$，$q_2=\frac{q}{2}$，可以解出

$$q_1' = \frac{q}{4}, \quad q_3 = \frac{q}{4}$$

当球 1 和球 4 接触并且平衡以后，球 1 带电 q_1''，球 4 带电 q_4，则

$$\varphi_1'' = p_{11}q_1'' + p_{12}q_2 + p_{13}q_3 + p_{14}q_4 = p_{11}q_1'' + p_{14}q_2 + p_{24}q_3 + p_{14}q_4$$

$$\varphi_4 = p_{41}q_1'' + p_{42}q_2 + p_{43}q_3 + p_{44}q_4 = p_{14}q_1'' + p_{24}q_2 + p_{14}q_3 + p_{11}q_4$$

再由 $\varphi_1'' = \varphi_4$ 和 $\frac{q}{4} = q_1'' + q_4$，$q_2 = \frac{q}{2}$，$q_3 = \frac{q}{4}$，可以解出

$$q_4 = \frac{q}{8}\frac{p_{11} - p_{24}}{p_{11} - p_{14}}, \quad q_1'' = \frac{q}{8}\frac{p_{11} - 2p_{14} + p_{24}}{p_{11} - p_{14}}$$

2 - 17　间距为 d 的两平行金属板，竖直地插入介电常数为 ε 的液体内，板间加电压 U。试证明，两板间的液面升高为

$$h = \frac{1}{2\rho g}(\varepsilon - \varepsilon_0)\left(\frac{U}{d}\right)^2$$

式中：ρ 为液体密度；g 为重力加速度。

证明：设在液体以上部分电容器的高度是 H，液面升高 h，极板的宽为 l，如图 2 - 8 所示，仅仅考虑这部分极板间的电场能量。

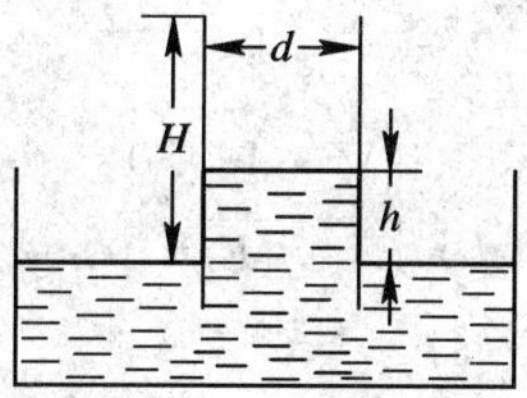

图 2 - 8　题 2 - 17 用图

液体以上部分的电容量为

$$C = \frac{\varepsilon h l}{d} + \frac{\varepsilon_0 (H - h) l}{d}$$

能量为

$$W_e = \frac{1}{2}CU^2 = \frac{1}{2d}U^2[\varepsilon h l + \varepsilon_0 (H - h) l]$$

将 h 看成虚位移时的坐标，当电压不变时，液体受到的电场力为

$$F = \frac{\partial W_e}{\partial h} = \frac{1}{2d}U^2(\varepsilon - \varepsilon_0) l$$

电场力的方向与 h 增加的方向一致。令电场力与液体的重量相等，$F = \rho g d h l$，可以确定液体上升的高度为

$$h = \frac{1}{2\rho g}(\varepsilon - \varepsilon_0)\left(\frac{U}{d}\right)^2$$

第三章　恒定电流的电场和磁场

一、基本内容与公式

1. 恒定电流的电场和电荷分布不随时间变化，其基本方程为

$$\begin{cases} \oint_S \boldsymbol{J} \cdot \mathrm{d}\boldsymbol{S} = 0 \\ \oint_l \boldsymbol{E} \cdot \mathrm{d}\boldsymbol{l} = 0 \end{cases}$$

微分形式为

$$\begin{cases} \nabla \cdot \boldsymbol{J} = 0 \\ \nabla \times \boldsymbol{E} = 0 \end{cases}$$

欧姆定律的微分形式：

$$\boldsymbol{J} = \sigma \boldsymbol{E}$$

焦耳定律的微分形式：

$$p = \boldsymbol{E} \cdot \boldsymbol{J}$$

均匀导体中电位满足拉普拉斯方程，即

$$\nabla^2 \varphi = 0$$

不同导体界面上的边界条件为

$$\begin{cases} J_{2n} = J_{1n} \\ E_{2t} = E_{1t} \end{cases}$$

或

$$\begin{cases} \sigma^2 \dfrac{\partial \varphi_2}{\partial n} = \sigma_1 \dfrac{\partial \varphi_1}{\partial n} \\ \varphi_2 = \varphi_1 \end{cases}$$

2. 导体中的恒定电场和介质中的静电场两者的方程和边界条件有相似的形式。两个场的场量间有一一对应的关系。当二者边界条件相同时，它们的解也有相同的形式。

3. 均匀介质中线电流或分布电流产生的磁感应强度为

线电流：

$$\boldsymbol{B}_l(\boldsymbol{r}) = \frac{\mu}{4\pi}\oint_l \frac{\boldsymbol{I}\times(\boldsymbol{r}-\boldsymbol{r}')}{|\boldsymbol{r}-\boldsymbol{r}'|^3}\mathrm{d}l'$$

体电流：

$$\boldsymbol{B}_V(\boldsymbol{r}) = \frac{\mu}{4\pi}\int_V \frac{\boldsymbol{J}(\boldsymbol{r}')\times(\boldsymbol{r}-\boldsymbol{r}')}{|\boldsymbol{r}-\boldsymbol{r}'|^3}\mathrm{d}V'$$

面电流：

$$\boldsymbol{B}_S(\boldsymbol{r}) = \frac{\mu}{4\pi}\int_S \frac{\boldsymbol{J}_S(\boldsymbol{r}')\times(\boldsymbol{r}-\boldsymbol{r}')}{|\boldsymbol{r}-\boldsymbol{r}'|^3}\mathrm{d}S'$$

4. 真空中恒定磁场的基本方程。

积分形式：

$$\begin{cases}\oint_l \boldsymbol{B}\cdot\mathrm{d}\boldsymbol{l} = \mu_0\boldsymbol{I} \\ \oint_S \boldsymbol{B}\cdot\mathrm{d}\boldsymbol{S} = 0\end{cases}$$

微分形式：

$$\begin{cases}\nabla\times\boldsymbol{B} = \mu_0\boldsymbol{J} \\ \nabla\cdot\boldsymbol{B} = 0\end{cases}$$

5. 介质在磁场中要产生磁化，用磁化强度 $\boldsymbol{M}$ 描述磁化程度。磁场强度定义为 $\boldsymbol{H} = (\boldsymbol{B}/\mu_0) - \boldsymbol{M}$，对于各向同性介质，$\boldsymbol{B} = \mu_0\mu_r\boldsymbol{H} = \mu\boldsymbol{H}$。在介质中安培环路定律为 $\oint_l \boldsymbol{H}\cdot\mathrm{d}\boldsymbol{l} = I$，其微分形式是 $\nabla\times\boldsymbol{H} = \boldsymbol{J}$。

6. 由 $\nabla\cdot\boldsymbol{B} = 0$ 引入磁矢位 $\boldsymbol{A}$，且 $\boldsymbol{B} = \nabla\times\boldsymbol{A}$。在选取 $\nabla\cdot\boldsymbol{A} = 0$ 的前提下，磁矢位 $\boldsymbol{A}$ 满足泊松方程或拉普拉斯方程：

$$\nabla^2\boldsymbol{A} = -\mu\boldsymbol{J}$$

或

$$\nabla^2\boldsymbol{A} = 0$$

由线电流或分布电流可以通过积分计算磁矢位：

线电流：

$$\boldsymbol{A}_l(\boldsymbol{r}) = \frac{\mu}{4\pi}\int_l \frac{\boldsymbol{I}}{|\boldsymbol{r}-\boldsymbol{r}'|}\mathrm{d}l'$$

面电流：

$$\boldsymbol{A}_S(\boldsymbol{r}) = \frac{\mu}{4\pi}\int_S \frac{\boldsymbol{J}_S(\boldsymbol{r}')}{|\boldsymbol{r}-\boldsymbol{r}'|}\mathrm{d}S'$$

体电流：

$$\boldsymbol{A}_V(\boldsymbol{r}) = \frac{\mu}{4\pi}\int_V \frac{\boldsymbol{J}(\boldsymbol{r}')}{|\boldsymbol{r}-\boldsymbol{r}'|}\mathrm{d}V'$$

7. 恒定磁场的边界条件：

$$\boldsymbol{n}\times(\boldsymbol{H}_2-\boldsymbol{H}_1)=\boldsymbol{J}_S$$

$$\boldsymbol{n}\cdot(\boldsymbol{B}_2-\boldsymbol{B}_1)=0$$

8. 在线性介质中，一个回路的磁链与引起这个磁链的电流成正比，其比值为电感。电感分为自感和互感。电感仅仅与回路的形状、大小、相对位置及介质特性有关，与磁链和电流无关。

9. 磁场能量存在于场中，能量为

$$W_{\mathrm{m}}=\int_V\frac{1}{2}\boldsymbol{B}\cdot\boldsymbol{H}\mathrm{d}V$$

磁场能量密度为

$$w_{\mathrm{m}}=\frac{1}{2}\boldsymbol{B}\cdot\boldsymbol{H}$$

10. 磁场力可以由虚位移法计算：

$$\boldsymbol{F}=-\nabla W_{\mathrm{m}}\big|_{\Psi}$$

或

$$\boldsymbol{F}=\nabla W_{\mathrm{m}}\big|_{I}$$

二、例题示范

例 3-1　平行板电容器的极板面积为 S，其间填充厚度分别为 d_1 和 d_2 的漏电媒质，电导率分别为 σ_1 和 σ_2，如图 3-1 所示。当极板间加电压 U_0 时，求各个区域的电场强度，并求漏电电阻。

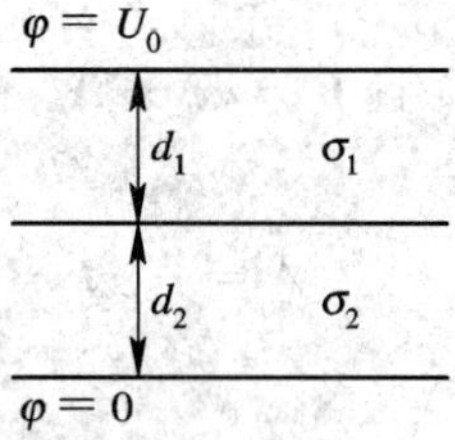

图 3-1　例 3-1 用图

解： 不考虑边缘效应，设极板间的漏电电流为 I。由于是稳恒电流分布，两个媒质中的电流密度相同，即 $J_1=J_2=J=\dfrac{I}{S}$，电场强度在每一区域分别为常数，即 $E_1=\dfrac{J_1}{\sigma_1}$，$E_2=\dfrac{J_2}{\sigma_2}$，故电压为

$$U_0=\int E\mathrm{d}l=E_1d_1+E_2d_2=\frac{I}{S}\left(\frac{d_1}{\sigma_1}+\frac{d_2}{\sigma_2}\right)$$

即

$$I=\frac{SU_0}{\dfrac{d_1}{\sigma_1}+\dfrac{d_2}{\sigma_2}}$$

将其代入到电场强度的表示式，有

$$E_1=\frac{U_0\sigma_2}{\sigma_2 d_1+\sigma_1 d_2},\quad E_2=\frac{U_0\sigma_1}{\sigma_2 d_1+\sigma_1 d_2}$$

漏电阻为

$$R=\frac{U_0}{I}=\frac{1}{S}\left(\frac{d_1}{\sigma_1}+\frac{d_2}{\sigma_2}\right)$$

例 3-2　一个同心球电容器的内导体的半径为 a，外导体的内半径为 c，其间填充两种漏电介质，电导率分别为 σ_1 和 σ_2，分界面半径为 b，如图 3-2 所示。求两个极板间的绝缘电阻。

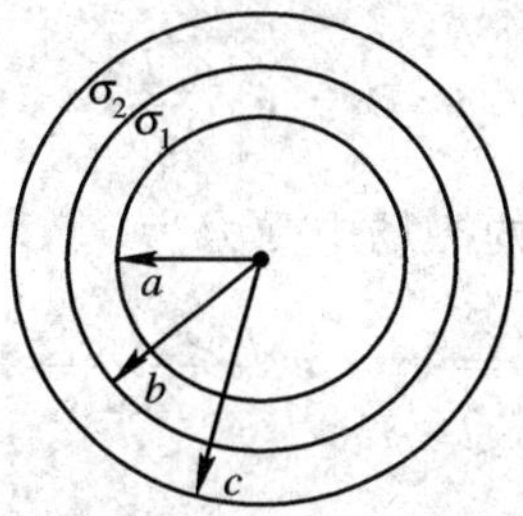

图 3-2　例 3-2 用图

解：设漏电流为 I，则在半径为 r 的球面上，漏电流均匀分布，即

$$J=\frac{I}{4\pi r^2}$$

各个区域的电场强度为

$$E_1=\frac{J_1}{\sigma_1}=\frac{I}{4\pi\sigma_1 r^2}\quad (a<r<b)$$

$$E_2=\frac{J_2}{\sigma_2}=\frac{I}{4\pi\sigma_2 r^2}\quad (b<r<c)$$

极板之间的电压为

$$U=\int_a^c E\,\mathrm{d}r=\int_a^b E_1\,\mathrm{d}r+\int_b^c E_2\,\mathrm{d}r=\frac{I}{4\pi\sigma_1}\left(\frac{1}{a}-\frac{1}{b}\right)+\frac{I}{4\pi\sigma_2}\left(\frac{1}{b}-\frac{1}{c}\right)$$

绝缘电阻为

$$R=\frac{U}{I}=\frac{1}{4\pi\sigma_1}\left(\frac{1}{a}-\frac{1}{b}\right)+\frac{1}{4\pi\sigma_2}\left(\frac{1}{b}-\frac{1}{c}\right)$$

绝缘电阻也可以用电阻的串、并联直接计算。半径为 r、厚度为 $\mathrm{d}r$ 的球壳的电阻为

$$\mathrm{d}R=\frac{\mathrm{d}r}{4\pi\sigma r^2}$$

故

$$R=\int\mathrm{d}R=\int_a^b\frac{\mathrm{d}r}{4\pi\sigma_1 r^2}+\int_b^c\frac{\mathrm{d}r}{4\pi\sigma_2 r^2}=\frac{1}{4\pi\sigma_1}\left(\frac{1}{a}-\frac{1}{b}\right)+\frac{1}{4\pi\sigma_2}\left(\frac{1}{b}-\frac{1}{c}\right)$$

例 3-3　两个平行无限长直导线的距离为 a，分别载有电流 I_1 和 I_2，如图 3-3 所示。

求单位长度受力。

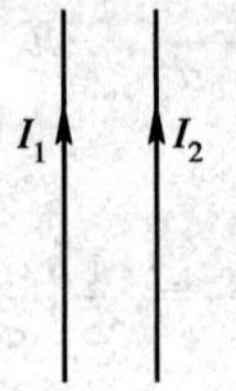

图 3-3　例 3-3 用图

解：设两个导线的电流方向相同，导线 1 与 z 轴重合，由其在导线 2 处产生的磁感应强度为

$$\boldsymbol{B} = \boldsymbol{e}_\phi \frac{\mu_0 I_1}{2\pi a}$$

导线 2 上的电流元 $I_2 \mathrm{d}\boldsymbol{l}_2$ 在导线 1 的磁场中受力为

$$\mathrm{d}\boldsymbol{F} = I_2 \mathrm{d}\boldsymbol{l}_2 \times \boldsymbol{B} = \boldsymbol{e}_\phi \times \boldsymbol{e}_z \frac{\mu_0 I_1 I_2 \mathrm{d}l_2}{2\pi a} = -\boldsymbol{e}_r \frac{\mu_0 I_1 I_2 \mathrm{d}l_2}{2\pi a}$$

导线 2 单位长度受力为

$$\boldsymbol{F} = -\boldsymbol{e}_r \frac{\mu_0 I_1 I_2}{2\pi a}$$

负号表示同向电流为吸引力。如果电流方向相反，则为斥力。

例 3-4　已知在半径为 a 的圆柱区域内部有沿轴向方向的电流，其电流密度为

$$\boldsymbol{J} = \boldsymbol{e}_z \frac{J_0 r}{a}$$

求柱内、外的磁感应强度。

解：取圆柱坐标。由电流分布的对称性，可判断出磁场仅仅有圆周方向的分量，且其只是半径的函数。用安培环路定律计算空间各处的磁场。

当待计算的点位于柱内($r < a$)时，选取安培回路为中心且在 z 轴半径为 r 的圆(回路所在的平面垂直于 z 轴)，于是

$$\oint \boldsymbol{B} \cdot \mathrm{d}\boldsymbol{l} = 2\pi r B = \mu_0 \int J 2\pi r \, \mathrm{d}r = \int_0^r \mu_0 J_0 \frac{r}{a} 2\pi r \, \mathrm{d}r$$

$$B = \frac{\mu_0 J_0}{3a} r^3$$

当待计算的点位于柱外($r > a$)时，也选圆形回路，于是

$$\oint \boldsymbol{B} \cdot \mathrm{d}\boldsymbol{l} = 2\pi r B = \mu_0 \int_0^a \frac{\mu_0 J_0 r}{a} 2\pi r \, \mathrm{d}r$$

$$B = \frac{\mu_0 J_0}{3r} a^3$$

例 3-5　判断矢量函数 $\boldsymbol{B} = -A_y \boldsymbol{e}_x + A_x \boldsymbol{e}_y$ 是否可能是某区域的磁感应强度。如果是，求相应的电流分布。

解： 由恒定磁场的基本方程 $\nabla \cdot \boldsymbol{B} = 0$ 可知，给定的矢量函数可以是磁感应强度。由公式 $\nabla \times \boldsymbol{B} = \mu_0 \boldsymbol{J}$，得与其相应的电流分布为

$$\boldsymbol{J} = \frac{1}{\mu_0}\nabla \times \boldsymbol{B} = \frac{1}{\mu_0}\begin{vmatrix} \boldsymbol{e}_x & \boldsymbol{e}_y & \boldsymbol{e}_z \\ \dfrac{\partial}{\partial x} & \dfrac{\partial}{\partial y} & \dfrac{\partial}{\partial z} \\ -A_y & A_x & 0 \end{vmatrix} = \frac{2A}{\mu_0}\boldsymbol{e}_z$$

例 3-6　一个半径为 a 的导体球带电 Q，如导体球以角速度 ω 绕一直径旋转，求它的磁矩。

解： 设导体球绕 z 轴转动，导体球的电荷分布在表面上，面密度为 $\rho_S = \dfrac{Q}{4\pi a^2}$，球面上一点的线速度为 $v = \omega a\ \sin\theta$，面电流的密度为 $J_S = \rho_S v$。将球面上的电流看成为一系列圆环电流的叠加，圆环半径是 $a\ \sin\theta$，圆环电流为 $J_S \mathrm{d}l = J_S a\ \mathrm{d}\theta$，因而磁矩为

$$m = \int J_S \pi (a\ \sin\theta)^2 a\ \mathrm{d}\theta = \int_0^\pi \rho_S \omega a\ \sin\theta \pi (a\ \sin\theta)^2 a\ \mathrm{d}\theta$$
$$= \frac{4}{3}\omega \rho_S \pi a^4 = \frac{1}{3}\omega Q a^2$$

例 3-7　将一个极细的圆柱形铁杆和一个很薄的圆铁盘放在磁场 $\boldsymbol{B}_0$ 中，使它们的轴与 $\boldsymbol{B}_0$ 平行，如图 3-4 所示。求两个样品内部的磁场强度和磁感应强度（设铁的磁导率为 μ，外部空间的磁导率为 μ_0）。

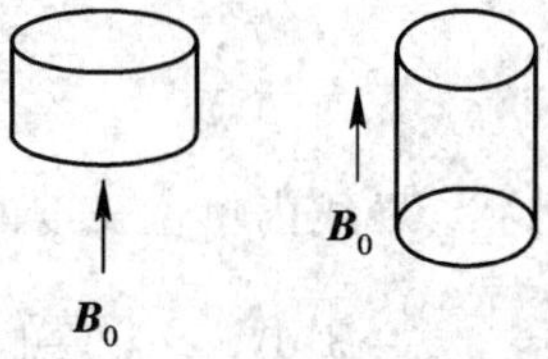

图 3-4　例 3-7 用图

解： 使用恒定磁场的边界条件。对于细圆柱形铁杆，侧面沿 $\boldsymbol{B}_0$ 方向，由边界条件 $H_{1t} = H_{2t}$，可得铁杆内的 $\boldsymbol{H} = \boldsymbol{H}_0$，这样，铁杆内的磁感应强度为

$$\boldsymbol{B} = \mu \boldsymbol{H} = \mu \boldsymbol{H}_0 = \frac{\mu}{\mu_0}\boldsymbol{B}_0$$

对于薄圆盘，圆盘端面的法向沿 $\boldsymbol{B}_0$ 的方向，由边界条件 $B_{1n} = B_{2n}$，可得圆盘内部的磁感应强度 $\boldsymbol{B} = \boldsymbol{B}_0$，这样，圆盘内的磁场强度为

$$\boldsymbol{H} = \frac{1}{\mu}\boldsymbol{B} = \frac{1}{\mu}\boldsymbol{B}_0$$

例 3-8　如图 3-5 所示，求半径为 a 的圆形直导线单位长度的内自感。

解： 设导线内的电流均匀分布，电流为 I。注意到电流分布的对称性，导线内部的磁感应强度可以用安培环路定律求出：

$$\oint \boldsymbol{B} \cdot \mathrm{d}\boldsymbol{l} = 2\pi r B = \mu_0 I' = \mu_0 \pi r^2 J = \mu_0 I \frac{r^2}{a^2}$$

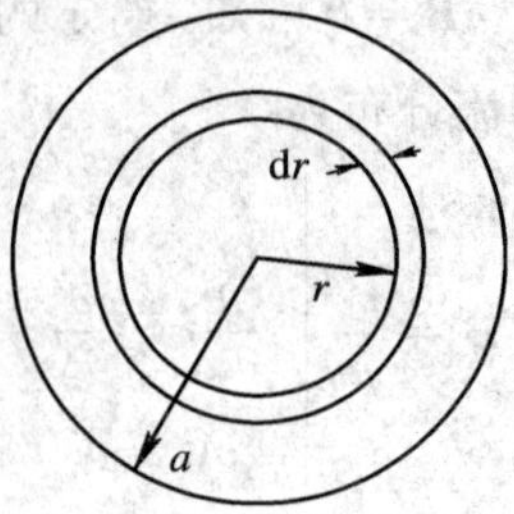

图 3-5　例 3-8 用图

$$B = \frac{\mu_0 Ir}{2\pi a^2}$$

通过 $\mathrm{d}r$ 处沿轴线方向单位长度的磁通量为

$$\mathrm{d}\Phi = \boldsymbol{B} \cdot \mathrm{d}\boldsymbol{S} = \frac{\mu_0 Ir}{2\pi a^2}\mathrm{d}r$$

该磁通仅仅交链半径 r 内的电流 I'，相对于导线内的总电流 I，相当于交链的匝数为

$$N = \frac{I'}{I} = \frac{r^2}{a^2}$$

从而内磁链为

$$\Psi = \int N\mathrm{d}\Phi = \int_0^a \frac{\mu_0 Ir}{2\pi a^2}\frac{r^2}{a^2}\mathrm{d}r = \frac{\mu_0 I}{8\pi}$$

单位长度的内自感为

$$L_{\mathrm{i}} = \frac{\mu_0}{8\pi}$$

也可以通过磁场能量计算内自感。导线内单位长度的磁场能量为

$$W_{\mathrm{m}} = \int \frac{1}{2}\mu_0 H^2\,\mathrm{d}V = \int \frac{1}{2\mu_0}B^2\,\mathrm{d}V = \int_0^a \frac{\mu_0}{2}\left(\frac{Ir}{2\pi a^2}\right)^2 2\pi r\,\mathrm{d}r = \frac{\mu_0 I^2}{16\pi}$$

由关系式 $W_{\mathrm{m}} = \frac{1}{2}LI^2$，得单位长度的内自感为

$$L_{\mathrm{i}} = \frac{\mu_0}{8\pi}$$

例 3-9　一个无限长的直导线与直角三角形导线框在同一个平面内，导线框的一个直角边与直导线平行，如图 3-6 所示。求直导线与导线框间的互感。

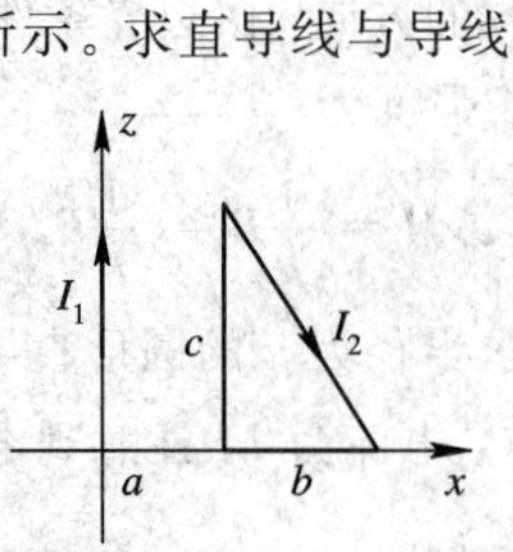

图 3-6　例 3-9 用图

解: 设直导线与坐标 z 轴重合，其上的电流为 I_1。由直导线产生的磁感应强度为

$$B=\frac{\mu_0 I_1}{2\pi x}$$

由图中的几何关系得三角形斜边的方程为

$$z=\frac{c}{b}(a+b-x),\ \mathrm{d}S=z\mathrm{d}x$$

直导线在三角形导线框中产生的磁通量为

$$\Phi=\int B\mathrm{d}S=\int_a^{a+b}\frac{\mu_0 I_1}{2\pi x}\frac{c}{b}(a+b-x)\mathrm{d}x=\frac{\mu_0 I_1 c}{2\pi}\left(\frac{a+b}{b}\ln\frac{a+b}{b}-1\right)$$

$$M=\frac{\mu_0 c}{2\pi}\left(\frac{a+b}{b}\ln\frac{a+b}{b}-1\right)$$

当三角形导线框上电流的参考方向反向时，互感前应加上一个负号。

例 3-10　如图 3-7 所示，直导线与矩形导线框共面，求导线框受到的作用力。

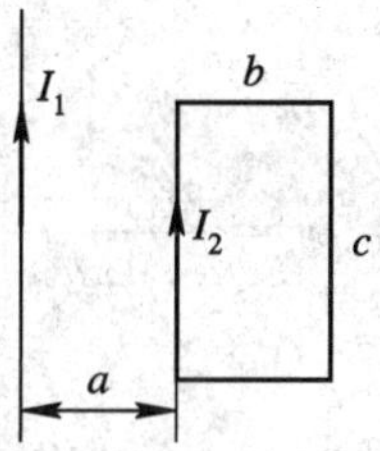

图 3-7　例 3-10 用图

解: 直导线产生的磁场为

$$\boldsymbol{B}=\frac{\mu_0 I_1}{2\pi x}\boldsymbol{e}_y$$

矩形导线框受到的作用力为

$$\boldsymbol{F}=\oint I_2\,\mathrm{d}\boldsymbol{l}_2\times\boldsymbol{B}$$

注意到矩形的上、下两个边受力大小相等，方向相反，两者相互抵消，故仅需计算左、右两个边受力：

$$\boldsymbol{F}=-\boldsymbol{e}_x\frac{\mu_0 I_1 I_2 c}{2\pi}\left(\frac{1}{a}-\frac{1}{a+b}\right)$$

以下用虚位移法计算。可以求出直导线和矩形线框间的互感为

$$M=\frac{\mu_0 c}{2\pi}\ln\frac{a+b}{a}$$

磁相互作用的能量为

$$W=MI_1 I_2=I_1 I_2\frac{\mu_0 c}{2\pi}\ln\frac{a+b}{a}$$

将直导线与矩形线框之间的距离 a 看成是虚位移时的坐标变量，用电流不变情形下的虚位移公式，得线框在变量 a 增加的方向上的受力为

$$F=\frac{\partial W}{\partial a}\bigg|_I=I_1I_2\frac{\mu_0 c}{2\pi}\left(\frac{1}{a+b}-\frac{1}{a}\right)=-I_1I_2\frac{\mu_0 c}{2\pi}\left(\frac{1}{a}-\frac{1}{a+b}\right)$$

负号说明线框受到吸引力。

三、习题及参考答案

3-1 一个半径为 a 的球内均匀分布着总量为 q 的电荷，若其以角速度 ω 绕一直径匀速旋转，求球内的电流密度。

解： 选取球坐标系。设转轴和直角坐标系的 z 轴重合，球内某一点的坐标为 (r, θ, ϕ)，则该点的线速度为

$$\boldsymbol{v}=\omega\boldsymbol{e}_z\times\boldsymbol{z}=\omega r\ \sin\theta\boldsymbol{e}_\phi$$

电荷密度为

$$\rho=\frac{q}{\frac{4}{3}\pi a^3}$$

电流密度为

$$\boldsymbol{J}=\rho\boldsymbol{v}=\frac{3q\omega r\ \sin\theta}{4\pi a^3}\boldsymbol{e}_\phi$$

注意到球面坐标的有向面积元为

$$\mathrm{d}\boldsymbol{S}=\boldsymbol{e}_r r^2\ \sin\theta\ \mathrm{d}\theta\ \mathrm{d}\phi+\boldsymbol{e}_\theta r\ \sin\theta\ \mathrm{d}r\ \mathrm{d}\phi+\boldsymbol{e}_\phi r\ \mathrm{d}r\ \mathrm{d}\theta$$

可以得到总电流为

$$I=\iint_S\boldsymbol{J}\cdot\mathrm{d}\boldsymbol{S}=\int_0^\pi\int_0^a Jr\ \mathrm{d}r\ \mathrm{d}\theta=\frac{q\omega}{2\pi}$$

总电流也可以通过电流强度的定义计算。因为球体转动一周的时间为 $T=\frac{2\pi}{\omega}$，所以

$$I=\frac{q}{T}=\frac{q\omega}{2\pi}$$

3-2 球形电容器内、外极板的半径分别为 a、b，其间媒质的电导率为 σ，当外加电压为 U_0 时，计算功率损耗并求电阻。

解： 设内、外极板之间的总电流为 I。由对称性，可以得到极板间的电流密度为

$$\boldsymbol{J}=\frac{I}{4\pi r^2}\boldsymbol{e}_r$$

$$\boldsymbol{E}=\frac{I}{4\pi\sigma r^2}\boldsymbol{e}_r$$

$$U_0=\int_a^b E\ \mathrm{d}r=\frac{I}{4\pi\sigma}\left(\frac{1}{a}-\frac{1}{b}\right)$$

从而

$$I=\frac{4\pi\sigma U_0}{\frac{1}{a}-\frac{1}{b}},\quad \boldsymbol{J}=\frac{\sigma U_0}{\left(\frac{1}{a}-\frac{1}{b}\right)r^2}\boldsymbol{e}_r$$

单位体积内功率损耗为

$$p=\frac{J^2}{\sigma}=\sigma\left[\frac{U_0}{\left(\frac{1}{a}-\frac{1}{b}\right)r^2}\right]^2$$

总功率损耗为

$$P=\int_a^b p4\pi r^2\,\mathrm{d}r=\frac{4\pi\sigma U_0^2}{\left(\frac{1}{a}-\frac{1}{b}\right)^2}\int_a^b\frac{\mathrm{d}r}{r^2}$$

$$=\frac{4\pi\sigma U_0^2}{\frac{1}{a}-\frac{1}{b}}$$

由 $P=\frac{U_0^2}{R}$，得

$$R=\frac{1}{4\pi\sigma}\left(\frac{1}{a}-\frac{1}{b}\right)$$

3-3　一个半径为 a 的导体球作为电极深埋地下，土壤的电导率为 σ，略去地面的影响，求电极的接地电阻。

解：当不考虑地面影响时，这个问题就相当于计算位于无限大均匀导电媒质中的导体球的恒定电流问题。设导体球的电流为 I，则任意点的电流密度为

$$\boldsymbol{J}=\boldsymbol{e}_r\frac{I}{4\pi r^2},\quad \boldsymbol{E}=\boldsymbol{e}_r\frac{I}{4\pi\sigma r^2}$$

导体球面的电位为(选取无穷远处为电位零点)

$$U=\int_a^\infty\frac{I}{4\pi\sigma r^2}\,\mathrm{d}r=\frac{I}{4\pi\sigma a}$$

接地电阻为

$$R=\frac{U}{I}=\frac{1}{4\pi\sigma a}$$

3-4　在无界非均匀导电媒质(电导率和介电常数均是坐标的函数)中，若有恒定电流存在，证明媒质中的自由电荷密度为

$$\rho=\boldsymbol{E}\cdot\left(\nabla\varepsilon-\frac{\varepsilon}{\sigma}\nabla\sigma\right)$$

证明：由方程 $\nabla\cdot\boldsymbol{J}=0$ 得

$$\nabla\cdot\boldsymbol{J}=\nabla\cdot(\sigma\boldsymbol{E})=\boldsymbol{E}\cdot\nabla\sigma+\sigma\nabla\cdot\boldsymbol{E}=0$$

即

$$\nabla\cdot\boldsymbol{E}=-\frac{\nabla\sigma}{\sigma}\cdot\boldsymbol{E}$$

故有

$$\rho=\nabla\cdot\boldsymbol{D}=\nabla\cdot(\varepsilon\boldsymbol{E})=\boldsymbol{E}\cdot\nabla\varepsilon+\varepsilon\nabla\cdot\boldsymbol{E}$$

$$=\boldsymbol{E}\cdot\nabla\varepsilon-\varepsilon\frac{\nabla\sigma}{\sigma}\cdot\boldsymbol{E}$$

$$= \boldsymbol{E} \cdot \left(\nabla \varepsilon - \frac{\varepsilon}{\sigma} \nabla \sigma \right)$$

3-5　如图 3-8 所示，平板电容器间由两种媒质完全填充，厚度分别为 d_1 和 d_2，介电常数分别为 ε_1 和 ε_2，电导率分别为 σ_1 和 σ_2，求当外加电压 U_0 时，分界面上的自由电荷面密度。

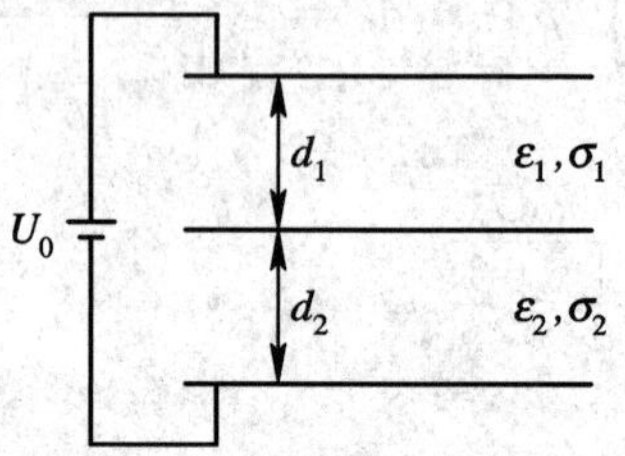

图 3-8　题 3-5 用图

解： 设电容器极板之间的电流密度为 J，则

$$J = \sigma_1 E_1 = \sigma_2 E_2$$

$$E_1 = \frac{J}{\sigma_1}, \quad E_2 = \frac{J}{\sigma_2}$$

于是

$$U_0 = \frac{J d_1}{\sigma_1} + \frac{J d_2}{\sigma_2}$$

即

$$J = \frac{U_0}{\dfrac{d_1}{\sigma_1} + \dfrac{d_2}{\sigma_2}}$$

分界面上的自由面电荷密度为

$$\rho_S = D_{2n} - D_{1n} = \varepsilon_2 E_2 - \varepsilon_1 E_1 = \left(\frac{\varepsilon_2}{\sigma_2} - \frac{\varepsilon_1}{\sigma_1} \right) J$$

$$= \left(\frac{\varepsilon_2}{\sigma_2} - \frac{\varepsilon_1}{\sigma_1} \right) \frac{U_0}{\dfrac{d_1}{\sigma_1} + \dfrac{d_2}{\sigma_2}}$$

3-6　内、外导体半径分别为 a、c 的同轴线，其间填充两种漏电媒质，电导率分别为 $\sigma_1 (a < r < b)$ 和 $\sigma_2 (b < r < c)$，求单位长度的漏电电阻。

解： 设每单位长度从内导体流向外导体的电流 I，则电流密度为

$$\boldsymbol{J} = \boldsymbol{e}_r \frac{I}{2\pi r}$$

各区域的电场为

$$\boldsymbol{E}_1 = \boldsymbol{e}_r \frac{I}{2\pi \sigma_1 r} \quad (a < r < b)$$

$$\boldsymbol{E}_2 = \boldsymbol{e}_r \frac{I}{2\pi \sigma_2 r} \quad (b < r < c)$$

内、外导体间的电压为

$$U_0 = \int_a^c E \cdot \mathrm{d}r = \int_a^b \frac{I\ \mathrm{d}r}{2\pi\sigma_1 r} + \int_b^c \frac{I\ \mathrm{d}r}{2\pi\sigma_2 r} = \frac{I}{2\pi\sigma_1}\ln\frac{b}{a} + \frac{I}{2\pi\sigma_2}\ln\frac{c}{b}$$

因而，单位长度的漏电电阻为

$$R = \frac{U}{I} = \frac{1}{2\pi\sigma_1}\ln\frac{b}{a} + \frac{1}{2\pi\sigma_2}\ln\frac{c}{b}$$

3-7　一个半径为 10 cm 的半球形接地器，电极平面与地面重合，如图 3-9 所示。若土壤的电导率为 0.01 S/m，求当电极通过的电流为 100 A 时，土壤损耗的功率。

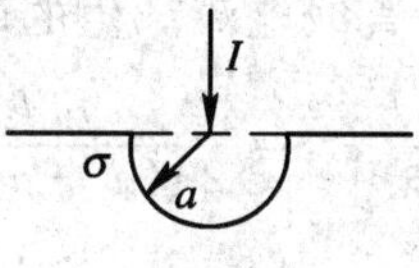

图 3-9　题 3-7 用图

解： 半球形接地器的电导为

$$G = 2\pi\sigma a$$

接地电阻为

$$R = \frac{1}{G} = \frac{1}{2\pi\sigma a}$$

土壤损耗的功率为

$$P = I^2 R = \frac{I^2}{2\pi\sigma a} = \frac{100^2}{2\pi \times 0.01 \times 0.1} \approx 1.59 \times 10^6\ \mathrm{W}$$

3-8　一个正 n 边形(边长为 a) 线圈中通过的电流为 I，试证此线圈中心的磁感应强度为

$$B = \frac{\mu_0 nI}{2\pi a}\tan\frac{\pi}{n}$$

解： 先计算有限长度的直导线在线圈中心产生的磁场。使用公式

$$B = \frac{\mu_0 I}{4\pi r}(\sin\alpha_1 - \sin\alpha_2)$$

并注意到

$$\alpha_1 = -\alpha_2 = \frac{2\pi}{2n} = \frac{\pi}{n}$$

设正多边形的外接圆半径是 a。由于

$$\frac{r}{a} = \cos\frac{\pi}{n}$$

所以，中心点的磁感应强度为

$$B = \frac{\mu_0 nI}{2\pi a}\tan\frac{\pi}{n}$$

3-9　求载流为 I、半径为 a 的圆形导线中心的磁感应强度。

解： 电流元 $I\mathrm{d}\boldsymbol{l}$ 在中心处产生的磁场为

$$\mathrm{d}\boldsymbol{B} = \frac{\mu_0}{4\pi}\frac{I\mathrm{d}\boldsymbol{l}\times\boldsymbol{e}_r}{r^2}$$

各电流元在中心处产生的磁场在同一方向，并注意 $\oint\frac{\mathrm{d}l}{r^2}=\frac{2\pi}{a}$，所以，圆心处的磁场为 $\frac{\mu_0 I}{2a}$。

3-10　一个载流 I_1 的长直导线和一个载流 I_2 的圆环(半径为 a)在同一平面内，圆心与导线的距离是 d，证明两电流之间的相互作用力为 $\mu_0 I_1 I_2\left(\frac{d}{\sqrt{d^2-a^2}}-1\right)$。

解： 选取图 3-10 所示的坐标。直线电流产生的磁感应强度为

$$\boldsymbol{B}_1 = \frac{\mu_0 I_1}{2\pi r}\boldsymbol{e}_\phi = \frac{\mu_0 I_1}{2\pi(d+a\cos\theta)}\boldsymbol{e}_\phi$$

$$\boldsymbol{F} = \oint I_2\mathrm{d}\boldsymbol{l}_2\times\boldsymbol{B}_1$$

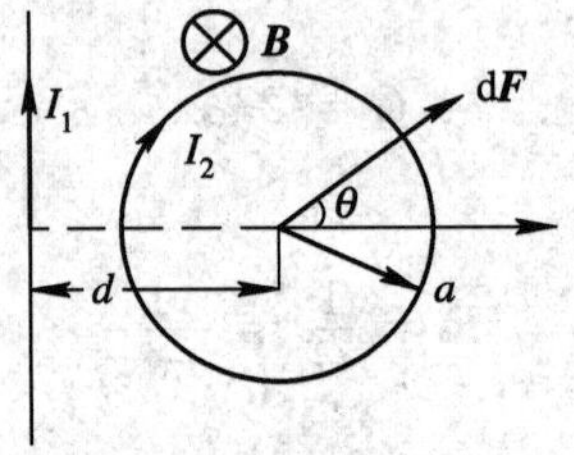

图 3-10　题 3-10 用图

由对称性可以知道，圆电流环受到的总作用力仅仅有水平分量，$\mathrm{d}\boldsymbol{l}_2\times\boldsymbol{e}_\phi$ 的水平分量为 $a\cos\theta\,\mathrm{d}\theta$，再考虑到圆环上、下对称，得

$$F = \frac{\mu_0 I_1 I_2}{2\pi}\int_0^\pi 2\frac{a\cos\theta}{d+a\cos\theta}\mathrm{d}\theta = \frac{-\mu_0 I_1 I_2}{\pi}\int_0^\pi\left(\frac{d}{d+a\cos\theta}-1\right)\mathrm{d}\theta$$

使用公式

$$\int_0^\pi\frac{\mathrm{d}\theta}{d+a\cos\theta} = \frac{\pi}{\sqrt{d^2-a^2}}$$

最后得出二回路之间的作用力为 $-\mu_0 I_1 I_2\left(\frac{d}{\sqrt{d^2-a^2}}-1\right)$(负号表示吸引力)。

3-11　内、外半径分别为 a、b 的无限长空心圆柱中均匀分布着轴向电流 I，求柱内、外的磁感应强度。

解： 使用圆柱坐标系。电流密度沿轴线方向为

$$J = \begin{cases} 0, & r<a \\ \dfrac{I}{\pi(b^2-a^2)}, & a<r<b \\ 0, & b<r \end{cases}$$

由电流的对称性，可以知道磁场只有圆周分量。用安培环路定律计算不同区域的磁场。当

$r<a$ 时，磁场为零。当 $a<r<b$ 时，选取安培回路为半径等于 r 且与导电圆柱的轴线同心的圆。该回路包围的电流为

$$I' = J\pi(r^2-a^2) = \frac{I(r^2-a^2)}{b^2-a^2}$$

由 $\oint \boldsymbol{B}\cdot \mathrm{d}\boldsymbol{l} = 2\pi rB = \mu_0 I'$，得

$$B = \frac{\mu_0 I(r^2-a^2)}{2\pi r(b^2-a^2)}$$

当 $r>b$ 时，回路内包围的总电流为 I，于是 $B=\dfrac{\mu_0 I}{2\pi r}$。

3－12　两个半径都为 a 的圆柱体，轴间距为 d，$d<2a$（如图 3－11 所示）。除两柱重叠部分 R 外，柱间有大小相等、方向相反的电流，密度为 J，求区域 R 的 $\boldsymbol{B}$。

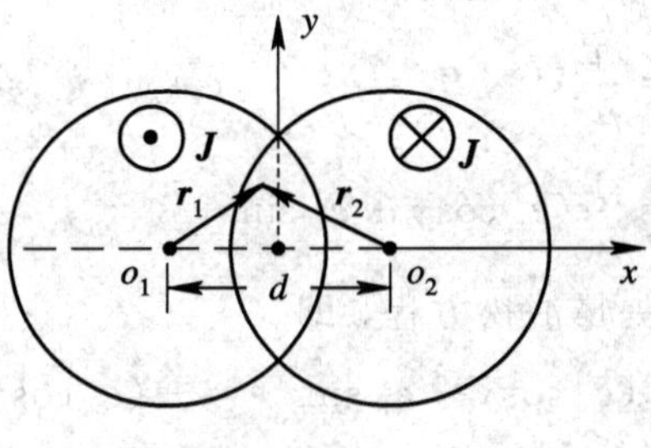

图 3－11　题 3－12 用图

解： 在重叠区域分别加上量值相等（密度为 J）、方向相反的电流分布，可以将原问题的电流分布化为一个圆柱体内均匀分布的正向电流，另一个圆柱体内均匀分布的反向电流。由其产生的磁场可以通过叠加原理计算。

由沿正方向的电流（左边圆柱）在重叠区域产生的磁感应强度为 B_1：

$$\oint B_1 \cdot \mathrm{d}\boldsymbol{l} = 2\pi r_1 B_1 = \mu_0 \pi r_1^2 J$$

$$B_1 = \frac{\mu_0 r_1 J}{2}$$

其方向为左边圆柱的圆周方向 $\boldsymbol{e}_{\phi1}$。

由沿负方向的电流（右边圆柱）在重叠区域产生的磁感应强度为 B_2：

$$B_2 = -\frac{\mu_0 r_2 J}{2}$$

其方向为右边圆柱的圆周方向 $\boldsymbol{e}_{\phi2}$。

注意：

$$\boldsymbol{e}_{\phi1} = \boldsymbol{e}_z \times \boldsymbol{e}_{\rho1},\quad \boldsymbol{e}_{\phi2} = \boldsymbol{e}_z \times \boldsymbol{e}_{\rho2}$$

$$\boldsymbol{B} = \boldsymbol{B}_1 + \boldsymbol{B}_2 = \frac{\mu_0 J}{2}\boldsymbol{e}_z \times (r_1\boldsymbol{e}_{\rho1} - r_2\boldsymbol{e}_{\rho2})$$

$$= \frac{\mu_0 J}{2}\boldsymbol{e}_z \times (d\boldsymbol{e}_x) = \frac{\mu_0 J}{2}\, d\boldsymbol{e}_y$$

3－13 证明矢位 $\boldsymbol{A}_1=\boldsymbol{e}_x\cos y+\boldsymbol{e}_y\sin x$ 和 $\boldsymbol{A}_2=\boldsymbol{e}_y(\sin x+x\sin y)$ 给出相同的磁场 $\boldsymbol{B}$，并证明它们具有相同的电流分布。它们是否均满足矢量泊松方程？为什么？

证明： 与给定矢位相应的磁场为

$$\boldsymbol{B}_1=\nabla\times\boldsymbol{A}_1=\begin{vmatrix}\boldsymbol{e}_x & \boldsymbol{e}_y & \boldsymbol{e}_z\\ \dfrac{\partial}{\partial x} & \dfrac{\partial}{\partial y} & \dfrac{\partial}{\partial z}\\ \cos y & \sin x & 0\end{vmatrix}=\boldsymbol{e}_z(\cos x+\sin y)$$

$$\boldsymbol{B}_2=\nabla\times\boldsymbol{A}_2=\begin{vmatrix}\boldsymbol{e}_x & \boldsymbol{e}_y & \boldsymbol{e}_z\\ \dfrac{\partial}{\partial x} & \dfrac{\partial}{\partial y} & \dfrac{\partial}{\partial z}\\ 0 & \sin x+x\sin y & 0\end{vmatrix}=\boldsymbol{e}_z(\cos x+\sin y)$$

所以，两者的磁场相同。与其相应的电流分布为

$$\boldsymbol{J}_1=\frac{1}{\mu_0}\nabla\times\boldsymbol{B}_1=\frac{1}{\mu_0}(\boldsymbol{e}_x\cos y+\boldsymbol{e}_y\sin x)$$

$$\boldsymbol{J}_2=\frac{1}{\mu_0}(\boldsymbol{e}_x\cos y+\boldsymbol{e}_y\sin x)$$

可以验证，矢位 $\boldsymbol{A}_1$ 满足矢量泊松方程，即

$$\begin{aligned}\nabla^2\boldsymbol{A}_1&=\nabla^2(\boldsymbol{e}_x\cos y+\boldsymbol{e}_y\sin x)=-(\boldsymbol{e}_x\cos y+\boldsymbol{e}_y\sin x)\\&=-\mu_0\boldsymbol{J}_1\end{aligned}$$

但是，矢位 $\boldsymbol{A}_2$ 不满足矢量泊松方程，即

$$\begin{aligned}\nabla^2\boldsymbol{A}_2&=\nabla^2[\boldsymbol{e}_y(\sin x+x\sin y)]=-\boldsymbol{e}_y(\sin x+x\sin y)\\&\neq-\mu_0\boldsymbol{J}_2\end{aligned}$$

这是由于 $\boldsymbol{A}_2$ 的散度不为零。当矢位不满足库仑规范时，矢位与电流的关系为

$$\nabla\times\nabla\times\boldsymbol{A}_2=-\nabla^2\boldsymbol{A}_2+\nabla(\nabla\cdot\boldsymbol{A}_2)=\mu_0\boldsymbol{J}_2$$

可以验证，对于矢位 $\boldsymbol{A}_2$，上式成立，即

$$\begin{aligned}-\nabla^2\boldsymbol{A}_2+\nabla(\nabla\cdot\boldsymbol{A}_2)&=\boldsymbol{e}_y(\sin x+x\sin y)+\nabla(x\cos y)\\&=\boldsymbol{e}_y(\sin x+x\sin y)+\boldsymbol{e}_x\cos y-\boldsymbol{e}_yx\sin y\\&=\boldsymbol{e}_y\sin x+\boldsymbol{e}_x\cos y=\mu_0\boldsymbol{J}_2\end{aligned}$$

3－14 半径为 a 的长圆柱面上有密度为 $\boldsymbol{J}_{S0}$ 的面电流，电流方向分别为沿圆周方向和沿轴线方向，分别求两种情况下柱内、外的 $\boldsymbol{B}$。

解：(1) 当面电流沿圆周方向时，由问题的对称性可以知道，磁感应强度仅仅是半径 r 的函数，而且只有轴向方向的分量，即

$$\boldsymbol{B}=\boldsymbol{e}_zB_z(r)$$

由于电流仅仅分布在圆柱面上，所以，在柱内或柱外，$\nabla\times\boldsymbol{B}=0$。将 $\boldsymbol{B}=\boldsymbol{e}_zB_z(r)$ 代入 $\nabla\times\boldsymbol{B}=0$，得

$$\nabla\times\boldsymbol{B}=-\boldsymbol{e}_\phi\frac{\partial B_z}{\partial r}=0$$

即磁场是与 r 无关的常量。在离柱面无穷远处的观察点，由于电流可以看成是一系列流向相反而强度相同的电流元之和，因此磁场为零。由于 $\boldsymbol{B}$ 与 r 无关，所以，在柱外的任一点处，磁场恒为零。

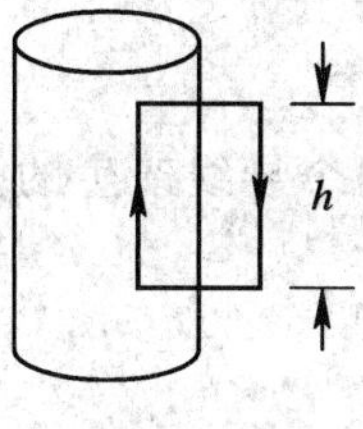

图 3-12　题 3-14 用图

为了计算柱内的磁场，选取安培回路为图 3-12 所示的矩形回路。此时

$$\oint_l \boldsymbol{B}\cdot \mathrm{d}\boldsymbol{l} = hB = h\mu_0 J_S$$

因而柱内任一点处，$\boldsymbol{B}=\boldsymbol{e}_z\mu_0 J_S$。

(2) 当面电流沿轴线方向时，由对称性可知，空间的磁场仅仅有圆周分量，且只是半径的函数。在柱内，选取安培回路为圆心在轴线并且位于圆周方向的圆。可以得出，柱内任一点的磁场为零。在柱外，选取圆形回路，$\oint_l \boldsymbol{B}\cdot \mathrm{d}\boldsymbol{l}=\mu_0 I$，与该回路交链的电流为 $2\pi a J_S$，$\oint_l \boldsymbol{B}\cdot \mathrm{d}\boldsymbol{l}=2\pi r B$，所以

$$\boldsymbol{B}=\boldsymbol{e}_\phi \mu_0 J_S \frac{a}{r}$$

3-15　一对无限长平行导线，相距 $2a$，线上载有大小相等、方向相反的电流 I(如图 3-13 所示)，求磁矢位 $\boldsymbol{A}$，并求 $\boldsymbol{B}$。

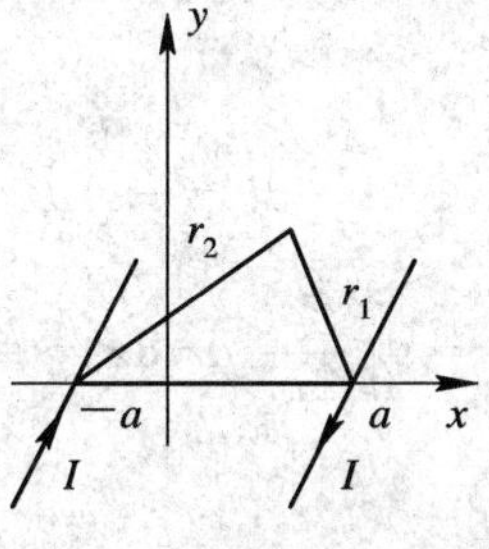

图 3-13　题 3-15 用图

解： 将两根导线产生的磁矢位看作是单个导线产生的磁矢位的叠加。对单个导线，先计算有限长度产生的磁矢位。设导线的长度为 1，导线 1 的磁矢位为(场点选在 xoy 平面)

$$A_1=\frac{\mu_0 I}{4\pi}\int_{-l/2}^{l/2}\frac{\mathrm{d}z}{(r_1^2+z^2)^{1/2}}$$

$$=\frac{\mu_0 I}{2\pi}\ln\frac{l/2+[(l/2)^2+r_1^2]^{1/2}}{r_1}$$

当 $l\to\infty$ 时，有

$$A_1=\frac{\mu_0 I}{2\pi}\ln\frac{l}{r_1}$$

同理，导线 2 产生的磁矢位为

$$A_2 = -\frac{\mu_0 I}{2\pi} \ln \frac{l}{r_2}$$

由两个导线产生的磁矢位为

$$\boldsymbol{A} = \boldsymbol{e}_z (A_1 + A_2) = \boldsymbol{e}_z \frac{\mu_0 I}{2\pi} \left(\ln \frac{l}{r_1} - \ln \frac{l}{r_2} \right)$$

$$= \boldsymbol{e}_z \frac{\mu_0 I}{2\pi} \ln \frac{r_2}{r_1} = \boldsymbol{e}_z \frac{\mu_0 I}{4\pi} \ln \frac{(x+a)^2 + y^2}{(x-a)^2 + y^2}$$

相应的磁场为

$$\boldsymbol{B} = \nabla \times \boldsymbol{A} = \boldsymbol{e}_x \frac{\partial A_z}{\partial y} - \boldsymbol{e}_y \frac{\partial A_z}{\partial y}$$

$$= \boldsymbol{e}_x \frac{\mu_0 I}{2\pi} \left[\frac{y}{(x+a)^2 + y^2} - \frac{y}{(x-a)^2 + y^2} \right] - \boldsymbol{e}_y \frac{\mu_0 I}{2\pi} \left[\frac{x+a}{(x+a)^2 + y^2} - \frac{x-a}{(x-a)^2 + y^2} \right]$$

3-16　由无限长载流直导线的 $\boldsymbol{B}$ 求矢位 $\boldsymbol{A}$(用 $\int_S \boldsymbol{B} \cdot d\boldsymbol{S} = \oint_C \boldsymbol{A} \cdot d\boldsymbol{l}$，并取 $r = r_0$ 处为磁矢位的参考零点)，并验证 $\nabla \times \boldsymbol{A} = \boldsymbol{B}$。

解： 设导线和 z 轴重合。由于电流只有 z 分量，磁矢位也只有 z 分量。用安培环路定律，可以得到直导线的磁场为

$$\boldsymbol{B} = \boldsymbol{e}_\phi \frac{\mu_0 I}{2\pi r}$$

选取矩形回路 C，如图 3-14 所示。在此回路上，注意到磁矢位的参考点。磁矢位的线积分为

$$\oint_C \boldsymbol{A} \cdot d\boldsymbol{l} = -A_z h$$

$$\int_S \boldsymbol{B} \cdot d\boldsymbol{S} = \iint \frac{\mu_0 I}{2\pi r} \, dr \, dz = \frac{\mu_0 I h}{2\pi} \ln \frac{r}{r_0}$$

由此得到

$$A_z(r) = -\frac{\mu_0 I}{2\pi} \ln \frac{r}{r_0}$$

可以验证：

$$\boldsymbol{B} = \nabla \times \boldsymbol{A} = -\boldsymbol{e}_\phi \frac{\partial A_z}{\partial r} = \boldsymbol{e}_\phi \frac{\mu_0 I}{2\pi r}$$

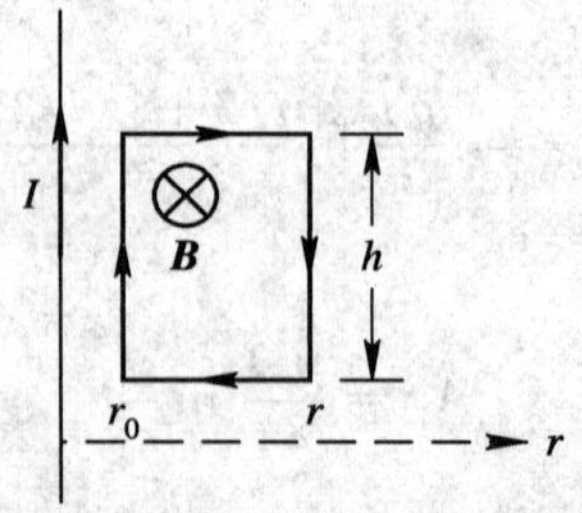

图 3-14　题 3-16 用图

3-17　证明 xoy 平面上半径为 a、圆心在原点的圆电流环(电流为 I)在 z 轴上的磁标位为

$$\varphi_m = \frac{I}{2}\left[1 - \frac{z}{(a^2+z^2)^{1/2}}\right]$$

证明： 整个圆形回路在轴线上产生的磁场，由于对称，仅仅有轴向分量。使用叠加原理，可以计算出轴线上任一点的磁场强度为

$$H = \frac{Ia^2}{2(a^2+z^2)^{3/2}}$$

由磁标位与磁场强度的关系式 $H = -\nabla\varphi_m$，可以得到磁标位为

$$\varphi_m = \int_z^{\infty} H\,dz = \int_z^{\infty}\frac{Ia^2}{2(a^2+z^2)^{3/2}}\,dz$$

$$= \frac{I}{2}\left[1 - \frac{z}{(a^2+z^2)^{1/2}}\right]$$

3-18　一个长为 L、半径为 a 的圆柱状磁介质沿轴向方向均匀磁化(磁化强度为 $\boldsymbol{M}_0$)，求它的磁矩。若 $L=10$ cm，$a=2$ cm，$M_0=2$ A/m，求出磁矩的值。

解： 均匀磁化介质内的磁化电流为零。在圆柱体的顶面与底面，有

$$\boldsymbol{J}_{mS} = \boldsymbol{M}\times\boldsymbol{n} = 0$$

在侧面，有

$$\boldsymbol{J}_{mS} = \boldsymbol{M}\times\boldsymbol{n} = M_0\boldsymbol{e}_z\times\boldsymbol{e}_r = M_0\boldsymbol{e}_\phi$$

侧面的总电流为

$$I = J_{mS}L = M_0 L$$

磁矩为

$$m = IS = I\pi a^2 = M_0 L\pi a^2$$

代入相关数值后得

$$m = M_0 L\pi a^2 = 2\times 0.1\times\pi\times 0.02^2 = 2.512\times 10^{-4}\ \text{A}\cdot\text{m}^2$$

3-19　球心在原点、半径为 a 的磁化介质球中，$\boldsymbol{M} = \boldsymbol{e}_z M_0\dfrac{z^2}{a^2}$($M_0$ 为常数)，求磁化电流的体密度和面密度。

解： 磁化电流的体密度为

$$\boldsymbol{J}_m = \nabla\times\boldsymbol{M} = 0$$

磁化电流的面密度为

$$\boldsymbol{J}_{mS} = \boldsymbol{M}\times\boldsymbol{n} = M_0\boldsymbol{e}_z\times\boldsymbol{e}_r = M_0\frac{z^2}{a^2}\sin\theta\boldsymbol{e}_\phi$$

注意，在球面上，有

$$z = a\cos\theta,\ \boldsymbol{J}_{mS} = M_0\cos^2\theta\sin\theta\boldsymbol{e}_\phi$$

3-20　证明磁介质内部的磁化电流是传导电流的(μ_r-1)倍。

证明： 由于

$$\boldsymbol{J}=\nabla\times\boldsymbol{H},\ \boldsymbol{J}_{\mathrm{m}}=\nabla\times\boldsymbol{M}$$

$$\boldsymbol{B}=\mu\boldsymbol{H}=\mu_0(\boldsymbol{H}+\boldsymbol{M}),\ \boldsymbol{M}=\left(\frac{\mu}{\mu_0}-1\right)\boldsymbol{H}=(\mu_{\mathrm{r}}-1)\boldsymbol{H}$$

因而

$$\boldsymbol{J}_{\mathrm{m}}=(\mu_{\mathrm{r}}-1)\boldsymbol{J}$$

3-21　已知内、外半径分别为 a、b 的无限长铁质圆柱壳(磁导率为 μ)沿轴向有恒定的传导电流 I，求磁感应强度和磁化电流。

解：考虑到问题的对称性，用安培环路定律可以得出各个区域的磁感应强度。

当 $r<a$ 时：

$$\boldsymbol{B}=0$$

当 $a<r<b$ 时：

$$\boldsymbol{B}=\frac{\mu I(r^2-a^2)}{2\pi r(b^2-a^2)}\boldsymbol{e}_\phi$$

当 $r>b$ 时：

$$\boldsymbol{B}=\frac{\mu_0 I}{2\pi r}\boldsymbol{e}_\phi$$

当 $a<r<b$ 时：

$$\boldsymbol{M}=(\mu_{\mathrm{r}}-1)\boldsymbol{H}=(\mu_{\mathrm{r}}-1)\frac{1}{\mu}\boldsymbol{B}=(\mu_{\mathrm{r}}-1)\frac{I(r^2-a^2)}{2\pi r(b^2-a^2)}\boldsymbol{e}_\phi$$

$$\boldsymbol{J}_{\mathrm{m}}=\nabla\times\boldsymbol{M}=\boldsymbol{e}_z\frac{1}{r}\frac{\partial(rM_\rho)}{\partial r}=\boldsymbol{e}_z\frac{(\mu_{\mathrm{r}}-1)I}{\pi(b^2-a^2)}$$

当 $r>b$ 时：

$$\boldsymbol{J}_{\mathrm{m}}=0$$

在 $r=a$ 处，磁化强度 $\boldsymbol{M}=0$，所以

$$\boldsymbol{J}_{\mathrm{mS}}=\boldsymbol{M}\times\boldsymbol{n}=\boldsymbol{M}\times(-\boldsymbol{e}_r)=0$$

在 $r=b$ 处，磁化强度 $\boldsymbol{M}=\dfrac{(\mu_{\mathrm{r}}-1)I}{2\pi b}\boldsymbol{e}_\phi$，所以

$$\boldsymbol{J}_{\mathrm{mS}}=\boldsymbol{M}\times\boldsymbol{n}=\boldsymbol{M}\times\boldsymbol{e}_r=-\frac{(\mu_{\mathrm{r}}-1)I}{2\pi b}\boldsymbol{e}_z$$

3-22　设 $x<0$ 的半空间充满磁导率为 μ 的均匀磁介质，$x>0$ 的空间为真空，线电流 I 沿 z 轴方向，如图 3-15 所示，求磁感应强度和磁场强度。

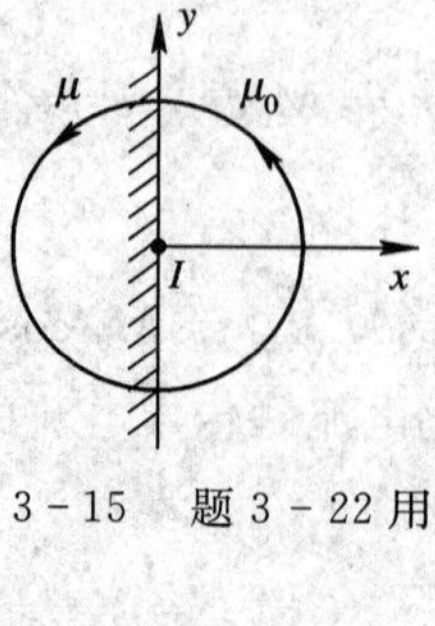

图 3-15　题 3-22 用图

解：由恒定磁场的边界条件，可以判断出，在磁介质和真空中，磁感应强度相同，而磁场强度不同。由问题的对称性，选取以 z 轴为轴线、半径为 r 的圆环为安培回路，有

$$\oint_l \boldsymbol{H} \cdot \mathrm{d}\boldsymbol{l} = \pi r H_1 + \pi r H_2 = I$$

注意到

$$H_1 = \frac{B_1}{\mu_1},\ H_2 = \frac{B_2}{\mu_2},\ B_1 = B_2 = B,\ \mu_1 = \mu_0,\ \mu_2 = \mu$$

因而得

$$B = \frac{\mu_0 \mu I}{\pi(\mu_0 + \mu) r}$$

其方向沿圆周方向。

3-23　已知在半径为 a 的无限长圆柱导体内有恒定电流 I 沿轴向方向。设导体的磁导率为 μ_1，其外充满磁导率为 μ_2 的均匀磁介质，求导体内、外的磁场强度、磁感应强度、磁化电流分布。

解：考虑到问题的对称性，在导体内、外分别选取与导体圆柱同轴的圆环作为安培回路，并注意电流在导体内是均匀分布的。

磁场强度如下。

$r \leqslant a$ 时：

$$\boldsymbol{H} = \boldsymbol{e}_\phi \frac{Ir}{2\pi a^2}$$

$r > a$ 时：

$$\boldsymbol{H} = \boldsymbol{e}_\phi \frac{I}{2\pi r}$$

磁感应强度如下。

$r \leqslant a$ 时：

$$\boldsymbol{B} = \boldsymbol{e}_\phi \frac{\mu_1 Ir}{2\pi a^2}$$

$r > a$ 时：

$$\boldsymbol{B} = \boldsymbol{e}_\phi \frac{\mu_2 I}{2\pi r}$$

为了计算磁化电流，需求出磁化强度。

$r \leqslant a$ 时：

$$\boldsymbol{M} = \boldsymbol{e}_\phi \left(\frac{\mu_1}{\mu_0} - 1\right) \frac{Ir}{2\pi a^2},\quad \boldsymbol{J}_\mathrm{m} = \nabla \times \boldsymbol{M} = -\boldsymbol{e}_z \left(\frac{\mu_1}{\mu_0} - 1\right) \frac{I}{\pi a^2}$$

$r > a$ 时：

$$\boldsymbol{M} = \boldsymbol{e}_\phi \left(\frac{\mu_2}{\mu_0} - 1\right) \frac{I}{2\pi r},\quad \boldsymbol{J}_\mathrm{m} = \nabla \times \boldsymbol{M} = 0$$

在 $r = a$ 的界面上计算磁化面电流时，可以理解为在两个磁介质之间有一个很薄的真

空层。这样，其磁化面电流就是两个磁介质的磁化面电流之和，即

$$\boldsymbol{J}_{mS}=\boldsymbol{M}_1\times\boldsymbol{n}_1+\boldsymbol{M}_2\times\boldsymbol{n}_2$$

这里的 $\boldsymbol{n}_1$、$\boldsymbol{n}_2$ 分别是从磁介质到真空的单位法向。如果取从介质 1 到介质 2 的单位法向是 $\boldsymbol{n}$，则有

$$\boldsymbol{J}_{mS}=\boldsymbol{M}_1\times\boldsymbol{n}-\boldsymbol{M}_2\times\boldsymbol{n}$$

代入界面两侧的磁化强度，并注意 $\boldsymbol{n}=\boldsymbol{e}_r$，得

$$\begin{aligned}\boldsymbol{J}_{mS}&=-\boldsymbol{e}_z\left(\frac{\mu_1}{\mu_0}-1\right)\frac{I}{2\pi a}+\boldsymbol{e}_z\left(\frac{\mu_2}{\mu_0}-1\right)\frac{I}{2\pi a}\\&=\boldsymbol{e}_z\left(\frac{\mu_2}{\mu_0}-\frac{\mu_1}{\mu_0}\right)\frac{I}{2\pi a}\end{aligned}$$

3-24 试证长直导线和其共面的正三角形之间的互感为

$$M=\frac{\mu_0}{\pi\sqrt{3}}\left[(a+b)\ln\left(1+\frac{a}{b}\right)-a\right]$$

其中 a 是三角形的高，b 是三角形平行于长直导线的边至直导线的距离(且该边距离直导线最近)。

证明：取如图 3-16 所示的坐标。直线电流 I 产生的磁场为

$$B=\frac{\mu_0 I}{2\pi x}$$

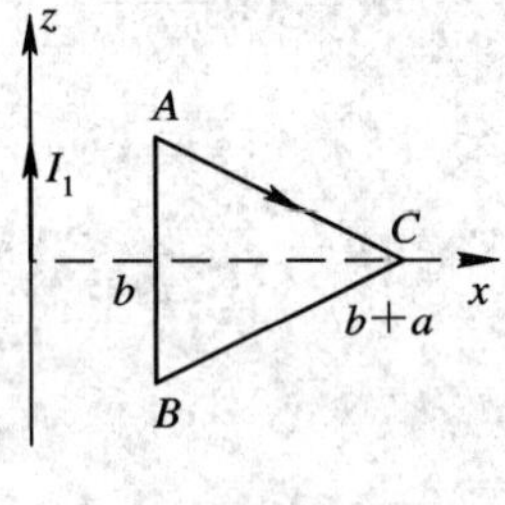

图 3-16 题 3-24 用图

由图 3-16 知道，三角形三个顶点的坐标分别为$A(b,\ a/\sqrt{3})$、$B(b,\ -a/\sqrt{3})$、$C(a+b,\ 0)$，直线 AC 的方程为

$$z=\frac{1}{\sqrt{3}}(a+b-x)$$

互感磁通为

$$\begin{aligned}\Psi&=\int B\ \mathrm{d}S=2\int_b^{a+b}\frac{\mu_0 I}{2\pi x}\frac{1}{\sqrt{3}}(a+b-x)\mathrm{d}x\\&=\frac{\mu_0 I}{\pi\sqrt{3}}\left[(a+b)\ln\left(1+\frac{a}{b}\right)-a\right]\end{aligned}$$

直线与矩形回路的互感为

$$M=\frac{\mu_0}{\pi\sqrt{3}}\left[(a+b)\ \ln\left(1+\frac{a}{b}\right)-a\right]$$

3－25　无限长的直导线附近有一矩形回路(二者不共面，如图 3－17 所示)，试证它们之间的互感为

$$M=-\frac{\mu_0 a}{2\pi}\ln\frac{R}{[2b(R^2-c^2)^{1/2}+b^2+R^2]^{1/2}}$$

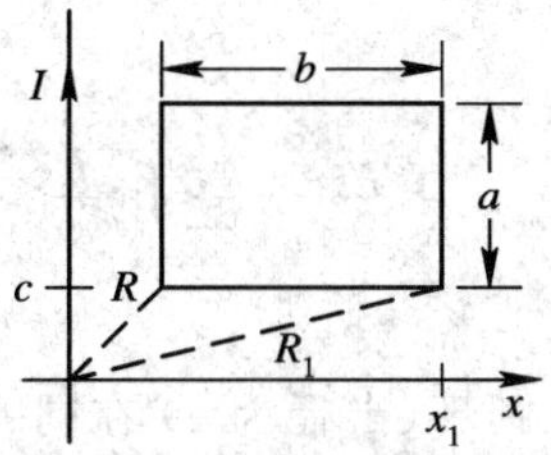

图 3－17　题 3－25 用图

证明：由图 3－17 得知

$x_1=\sqrt{R_1^2-C^2}$，$R=\sqrt{(x_1-b)^2+C^2}$，$R^2-C^2=(x_1-b)^2$，$x_1=b+\sqrt{R^2-C^2}$

$R_1^2=C^2+(b+\sqrt{R^2-C^2})^2$

$R_1=\sqrt{C^2+(b+\sqrt{R^2-C^2})^2}=\sqrt{b^2+R^2+2b\sqrt{R^2-C^2}}$

直线电流产生的直流磁场为

$$\boldsymbol{B}=\frac{\mu_0 I}{2\pi r}\boldsymbol{e}_\varphi$$

穿出矩形回路的磁通为

$$\psi=\iint_S \boldsymbol{B}\cdot \mathrm{d}\boldsymbol{S}=\int_R^{R_1}\frac{\mu_0 I}{2\pi r}a\ \mathrm{d}r=\frac{\mu_0 Ia}{2\pi}\ln\frac{R_1}{R}=-\frac{\mu_0 Ia}{2\pi}\ln\frac{R}{R_1}$$

$$=-\frac{\mu_0 Ia}{2\pi}\ln\frac{R}{\sqrt{b^2+R^2+2b\sqrt{R^2-C^2}}}$$

所以互感为

$$M=\frac{\psi}{I}=-\frac{\mu_0 a}{2\pi}\ln\frac{R}{\sqrt{b^2+R^2+2b\sqrt{R^2-C^2}}}$$

3－26　空气绝缘的同轴线，内导体的半径为 a，外导体的内半径为 b，通过的电流为 I。设外导体壳的厚度很薄，因而其储存的能量可以忽略不计。计算同轴线单位长度的储能，并由此求单位长度的自感。

解：设内导体的电流均匀分布，用安培环路定律可求出磁场。

$r<a$ 时：

$$H=\frac{Ir}{2\pi a^2}$$

$a<r<b$ 时：

$$H=\frac{I}{2\pi r}$$

单位长度的磁场能量为

$$W_m = \int_0^a \frac{1}{2}\mu_0 H^2 2\pi r \, dr + \int_a^b \frac{1}{2}\mu_0 H^2 2\pi r \, dr$$

$$= \frac{\mu_0 I^2}{16\pi} + \frac{\mu_0 I^2}{4\pi} \ln \frac{b}{a}$$

故得单位长度的自感为

$$L = \frac{\mu_0}{8\pi} + \frac{\mu_0}{2\pi} \ln \frac{b}{a}$$

其中第一项是内导体的内自感。

3 - 27 一个长直导线和一个圆环(半径为 a)在同一平面内，圆心与导线的距离是 d，证明它们之间互感为

$$M = \mu_0 \left(d - \sqrt{d^2 - a^2}\right)$$

证明：设直导线位于 z 轴上，由其产生的磁场为

$$B = \frac{\mu_0 I}{2\pi x} = \frac{\mu_0 I}{2\pi(d + r\cos\theta)}$$

其中各量的含义如图 3 - 18 所示。磁通量为

$$\Phi = \int B \, dS = \int_0^a \int_0^{2\pi} \frac{\mu_0 I}{2\pi(d + r\cos\theta)} r \, dr \, d\theta$$

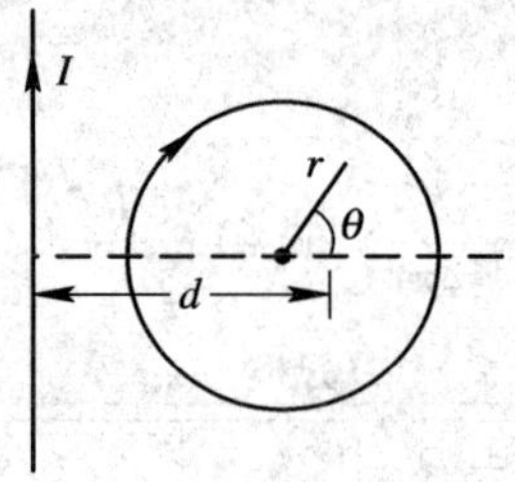

图 3 - 18 题 3 - 27 用图

上式先对 θ 积分，并用公式

$$\int_0^{2\pi} \frac{d\theta}{d + a\cos\theta} = \frac{2\pi}{\sqrt{d^2 - a^2}}$$

得

$$\Phi = \mu_0 I \int_0^a \frac{r \, dr}{\sqrt{d^2 - r^2}} = \mu_0 I \left(d - \sqrt{d^2 - a^2}\right)$$

所以互感为

$$M = \mu_0 \left(d - \sqrt{d^2 - a^2}\right)$$

3 - 28 如图 3 - 19 所示的长密绕螺线管(单位长度 n 匝)，通过的电流为 I，铁心的磁导率为 μ，面积为 S，求作用在它上面的力。

解：在忽略边缘影响时，密绕螺线管内部的磁场是一个均匀磁场，其值为 $H = NI$，管

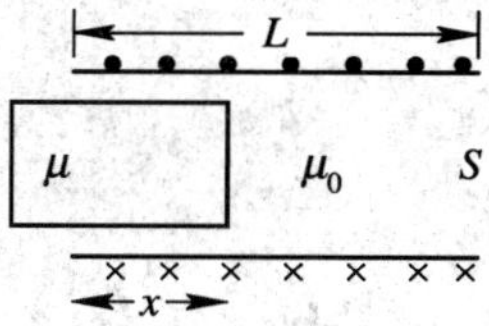

图 3-19　题 3-28 用图

外磁场为零。设螺线管的长度为 L，铁心位于螺线管内的部分长度为 x。总的磁场能量为

$$W_m = \frac{1}{2}\mu Sx(NI)^2 + \frac{1}{2}\mu_0 S(L-x)(NI)^2$$

用电流不变情形下的虚位移公式，得到铁心的受力为

$$F = \left.\frac{\partial W_m}{\partial x}\right|_I = \frac{1}{2}(\mu - \mu_0)SN^2I^2$$

力的方向沿 x 增加的方向。

第四章　静态场的解

一、基本内容与公式

1. 静态场的许多问题可归结为给定边界条件下求解位函数的泊松方程或拉普拉斯方程的问题，也称为边值型问题。满足给定边界条件的泊松方程或拉普拉斯方程的解是唯一的。

2. 镜像法在待求解区域以外，用一些镜像电荷代替平面、圆柱面或球面上的感应电荷。它是一种等效方法。镜像法的主要步骤是确定镜像电荷的位置和大小。镜像法用于无限大导体(或介质)平面附近的点电荷、线电荷产生的场；位于无限长圆柱导体附近的平行线电荷产生的场；位于导体球附近的点电荷产生的场。

3. 分离变量法是将一个多元函数表示成几个单变量函数的乘积，从而将偏微分方程分离为几个带分离常数的常微分方程的方法。用分离变量法求解边值型问题，首先要根据边界形状，选择适当的坐标系；然后将偏微分方程在特定的坐标系下分离为几个常微分方程，并得出位函数的通解；最后由边界条件确定通解中的待定常数。

4. 复变函数法是采用复变函数将 Z 平面上的曲线变换为 W 平面上的简单形状边界。在变换 $w(z)=u+\mathrm{j}v$ 中，实部 u 和虚部 v 的等值线互相正交。可以分别选取实部或虚部作为电位函数。用复变函数法求解二维边值问题的主要步骤是寻找变换函数 $w(z)$。通常先研究、分析许多解析函数描绘的图形，然后根据实际问题加以选用。

5. 格林函数法将分布场源产生的位函数计算问题，简化为点源(也称单位场源)产生的位函数求解问题，再由点源的解求出分布源的解。点源在给定边界的位函数就是格林函数。求解待定区域的格林函数可以用镜像法等进行。

6. 有限差分法应用差分原理将待求场域的空间离散化，把拉普拉斯方程化为各节点上的有限差分方程，并使用迭代法求解差分方程，从而可以求出节点上的位函数值。

二、例题示范

例 4-1　一个点电荷 q 位于接地的直角形导体拐角区域内，q 到各导体板的垂直距离都是 d，求点电荷 q 受到的导体板的作用力。

解： 如图 4－1 所示，点电荷 q 受到的导体板的作用力等于三个镜像电荷的作用力之和。镜像电荷 $q_1=-q$，位于 $B(d,-d)$ 处，$q_2=q$，位于 $C(-d,-d)$ 处，$q_3=-q$，位于 $D(-d,d)$ 处。

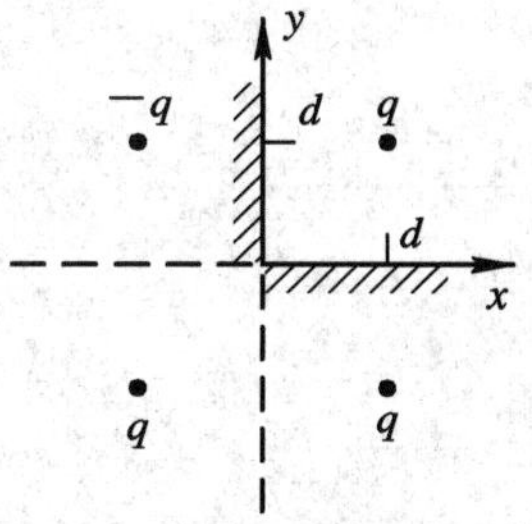

图 4－1　例 4－1 用图

$$\boldsymbol{F}_1=\frac{-q^2}{4\pi\varepsilon_0(2d)^2}\boldsymbol{e}_y$$

$$\boldsymbol{F}_2=\frac{q^2}{4\pi\varepsilon_0[(2d)^2+(2d)^2]^{\frac{3}{2}}}(2d\boldsymbol{e}_x+2d\boldsymbol{e}_y)$$

$$\boldsymbol{F}_3=\frac{-q^2}{4\pi\varepsilon_0(2d)^2}\boldsymbol{e}_x$$

$$\boldsymbol{F}=\frac{q^2}{16\pi\varepsilon_0 d^2}\left[\left(\frac{1}{2\sqrt{2}}-1\right)\boldsymbol{e}_y+\left(\frac{1}{2\sqrt{2}}-1\right)\boldsymbol{e}_y\right]$$

例 4－2　空气中有一个半径为 5 cm 的金属球，其上带有 1 μC 的点电荷，在距离球心 15 cm 处另有一电量也为 1 μC 的点电荷，求球心处的电位以及球外点电荷受到的作用力。

解： 由球面镜像法可以知道，球外任意点的电位等于三部分的叠加。一是由球外电荷 q 产生，二是由 q 的镜像电荷 q' 产生，三是由导体球面上的电荷 $Q-q'$ 产生(球面上的电荷必须均匀分布在导体球面上)。

$$\varphi=\frac{1}{4\pi\varepsilon_0}\left(\frac{Q-q'}{r}+\frac{q'}{r_2}+\frac{q}{r_1}\right)$$

其中：r 是从球心到场点的距离；r_1 是 q 到场点的距离；r_2 是 q' 到场点的距离。

导体球是一个等位体，其电位值为

$$\varphi=\frac{1}{4\pi\varepsilon_0}\,\frac{Q-q'}{a}=\frac{Q+\dfrac{aq}{d}}{4\pi\varepsilon_0 a}$$

球外点电荷受到的作用力等于球面上电荷与镜像电荷对其的作用力，即

$$F=\frac{q}{4\pi\varepsilon_0}\left[\frac{Q-q'}{d^2}+\frac{q'}{(d-b)^2}\right]$$

代入数值 $a=5$ cm，$d=15$ cm，$Q=q=1$ μC，$q'=-\dfrac{1}{3}$ μC，$b=\dfrac{a^2}{d}=\dfrac{25}{15}=\dfrac{5}{3}$ cm，

$\varepsilon_0=\dfrac{10^{-9}}{36\pi}$，得出球心电位是 2.4×10^5 V，球外电荷受力为 0.365 N。

例 4-3 一个沿 z 轴很长的横截面为矩形的金属管，其三个边的电位为零，第四边与其它边绝缘，电位是 $U\sin\frac{\pi x}{a}$，如图 4-2 所示，求管内的电位。

解： 本题的电位是二维的，电位 $\varphi(x,y)$ 的边界条件如下。

(1) $\varphi(x, 0)=0$

(2) $\varphi(x, b)=U\sin\frac{\pi x}{a}$

(3) $\varphi(0, y)=0$

(4) $\varphi(a, y)=0$

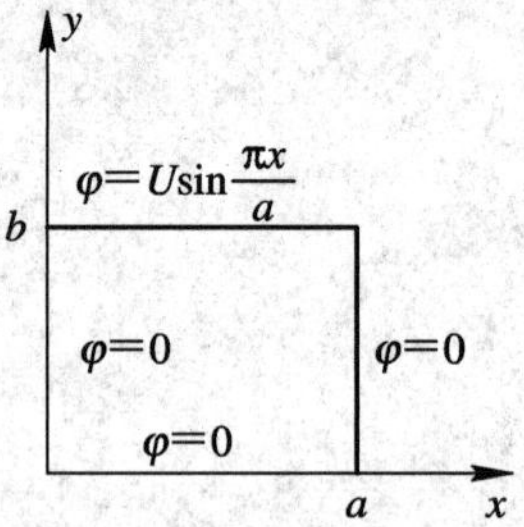

图 4-2 例 4-3 用图

考虑到在 x 方向上，$x=0$ 和 $x=a$ 处的电位为零，故选取三角函数作为 x 方向的基本解。又因在 $x=0$ 处电位为零，因此选取 $\sin k_x x$。在 y 方向，考虑到 $y=0$ 处电位为零，选取双曲正弦 $\mathrm{sh} k_x y$。再由 $x=a$ 处电位为零，确定出分离常数 $k_x=\frac{n\pi}{a}$。满足边界条件(1)、(2) 和(4) 的解为

$$\varphi(x,y)=\sum_{n=1}^{\infty} C_n \sin\frac{n\pi x}{a}\ \mathrm{sh}\frac{n\pi y}{a}$$

展开系数由边界条件(2) 确定。将 $y=b$ 代入电位表示式，得

$$U\sin\frac{\pi x}{a}=\sum_{n=1}^{\infty} C_n \sin\frac{n\pi x}{a}\ \mathrm{sh}\frac{n\pi b}{a}$$

由三角级数展开的唯一性，比较上式的左右两边，可得出

$$C_1=\frac{U}{\mathrm{sh}\frac{\pi b}{a}}$$

其余系数均为零。从而，得到电位

$$\varphi=\frac{U}{\mathrm{sh}\frac{\pi b}{a}}\sin\frac{\pi x}{a}\ \mathrm{sh}\frac{\pi y}{a}$$

例 4-4 一个半径为 a 的无限长薄导体圆管被分成相互绝缘的两半，上半圆柱的电位是 U_0，下半圆柱的电位是 $-U_0$，如图 4-3 所示，求管内的电位。

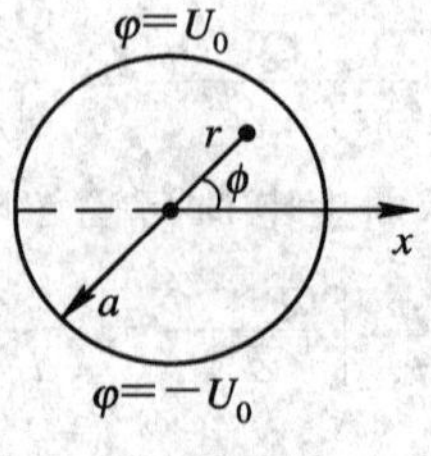

图 4-3 例 4-4 用图

解： 选圆柱坐标的 z 轴和管轴线重合，无限长管内的电位与 z 无关，电位是半径 r 和角度 ϕ 的函数，即电位表示为 $\varphi(r,\phi)$。边界条件为

$$\varphi(a, \phi) = \begin{cases} U_0, & 0 < \phi < \pi \\ -U_0, & -\pi < \phi < 2\pi \end{cases}$$

圆柱坐标的通解为

$$\varphi(r, \phi) = (A_0 \phi + B_0)(C_0 \ln r + D_0) + \sum_{n=1}^{\infty} r^n (A_n \cos n\phi + B_n \sin n\phi)$$
$$+ \sum_{n=1}^{\infty} r^{-n} (C_n \cos n\phi + D_n \sin n\phi)$$

因为边界条件是角度 ϕ 的奇函数，电位展开中的各项也应是 ϕ 的奇函数，因而不应有余弦项，且 $B_0 = 0$；又由于柱内电位在 $r = 0$ 点为有限值，通解中不能有 $\ln r$ 和 r^{-n} 项，所以形式解可简化为

$$\varphi(r, \phi) = A_0 D_0 \phi + \sum_{n=1}^{\infty} r^n B_n \sin n\phi$$

又因为电位是角度 ϕ 的周期函数，即 $\varphi(r, \phi + 2n\pi) = \varphi(r, \phi)$，所以 $A_0 D_0 = 0$，管内的电位为

$$\varphi(r, \phi) = \sum_{n=1}^{\infty} r^n B_n \sin n\phi$$

代入 $r = a$ 处的电位边界条件，有

$$\varphi(a, \phi) = \sum_{n=1}^{\infty} a^n B_n \sin n\phi = \begin{cases} U_0, & 0 < \phi < \pi \\ -U_0, & -\pi < \phi < 2\pi \end{cases}$$

使用三角级数的正交归一性质，得

$$\frac{\pi a^n B_n}{2} = \int_{-\pi}^{\pi} \varphi(a, \phi) \sin n\phi \, d\phi = \frac{2U_0}{n}(1 - \cos n\pi)$$

即，对奇数 n，$B_n = \dfrac{4U_0}{n\pi a^n}$；对偶数 n，$B_n = 0$。这样，最后得出管内的电位为

$$\varphi = \frac{4U_0}{\pi} \sum_{n=1,3}^{\infty} \frac{1}{n} \left(\frac{r}{a}\right)^n \sin n\phi$$

例 4－5　一个放置在空气中的半径为 a 的均匀极化介质球的极化强度为 P_0，极化沿 z 轴方向，如图 4－4 所示，求介质球内、外的电位。

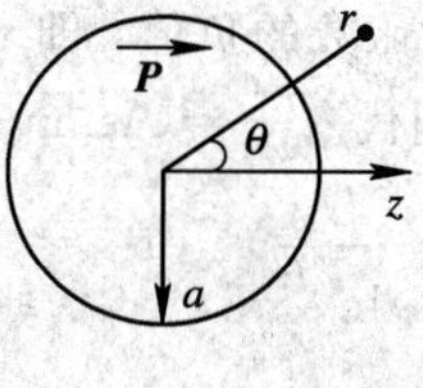

图 4－4　例 4－5 用图

解： 用球坐标计算。由极化电荷的公式，得到球内极化电荷为零；在球面上，极化面电荷为 $\rho_{SP} = \boldsymbol{P} \cdot \boldsymbol{n} = P_0 \cos\theta$；球外没有电荷分布。故电位满足拉普拉斯方程，并且电位是柱对称的，即电位是坐标 r 和 θ 的函数。设其形式解为

$$\varphi = \sum_{n=0}^{\infty}(A_n r^n + B_n r^{-n-1})P_n(\cos n\theta)$$

由于极化电荷仅仅分布在球面上，无穷远处的电位应为零，所以 r 的正幂项系数为零，即球外电位解为

$$\varphi_2 = \sum_{n=0}^{\infty} B_n r^{-n-1} P_n(\cos n\theta)$$

又因为球内电位在球心 $r=0$ 处是有限值，所以 r 的负幂项系数为零，即球内电位解为

$$\varphi_1 = \sum_{n=0}^{\infty} A_n r^n P_n(\cos n\theta)$$

在球面 $r=a$ 上，有两个边界条件：一是电位连续，即 $\varphi_1=\varphi_2$；二是 $D_{2\text{n}}=D_{1\text{n}}$。其中

$$D_{2\text{n}} = D_{2\text{r}} = -\varepsilon_0 \frac{\partial \varphi_2}{\partial r}$$

$$D_{1\text{n}} = D_{1\text{r}} = \varepsilon_0 E_{1\text{r}} + P_{\text{r}} = -\varepsilon_0 \frac{\partial \varphi_1}{\partial r} + P_{\text{r}} = -\varepsilon_0 \frac{\partial \varphi_1}{\partial r} + P_0 \cos\theta$$

代入球面上的边界条件，得待定系数满足以下方程组：

$$\sum_{n=0}^{\infty} A_n a^n P_n(\cos n\theta) = \sum_{n=0}^{\infty} B_n a^{-n-1} P_n(\cos n\theta)$$

$$-\varepsilon_0 \sum_{n=0}^{\infty} nA_n a^{n-1} P_n(\cos n\theta) + P_0\cos\theta = \varepsilon_0 \sum_{n=0}^{\infty}(n+1)B_n a^{-n-2} P_n(\cos n\theta)$$

解这个方程组时，应注意勒让德函数是正交归一的，同时，$P_1(\cos\theta)=\cos\theta$。解之得

$$A_1 = \frac{P_0}{3\varepsilon_0}, \quad B_1 = \frac{P_0 a^3}{3\varepsilon_0}$$

其余系数均为零。最终得到球内、外的电位为

$$\varphi_1 = \frac{P_0}{3\varepsilon_0} r\cos\theta, \quad \varphi_2 = \frac{P_0 a^3}{3\varepsilon_0} r^{-2}\cos\theta$$

例 4-6 若同轴线的内、外导体的半径分别为 a、b，内导体的电位是 U_0，外导体的电位为零，求同轴线的复电位，并求单位长度的电容。

解：用对数函数 $w = A\ln z + B$(A 是实常数，B 是复常数)，采用极坐标表示(即 $z=r\text{e}^{\text{j}\theta}$)：

$$w = A\ln z + B = A\ln r + B_1 + \text{j}(A\theta + B_2)$$

选取实部为电位函数，虚部则为通量函数的负值，即 $\varphi = A\ln r + B_1$，$\Psi = -A\theta - B_2$。将 $r=a$、$\varphi=U_0$ 和 $r=b$、$\varphi=0$ 分别代入 $\varphi = A\ln r + B_1$，得

$$A = -\frac{U_0}{\ln\dfrac{b}{a}}, \quad B_1 = \frac{U_0\ln b}{\ln\dfrac{b}{a}}$$

所以复电位为

$$w = \varphi - \text{j}\Psi = -\frac{U_0}{\ln\dfrac{b}{a}}\ln\frac{b}{r} + \text{j}\left(\frac{-U_0}{\ln\dfrac{b}{a}}\theta + B_2\right)$$

计算单位长度的电容，需要知道电容器边界的电通量函数值。以 $\theta = 0$ 和 $\theta = 2\pi$ 作为边界，则电通量函数为

$$\Psi_1 = -B_2, \Psi_2 = -B_2 + \frac{2\pi U_0}{\ln \frac{b}{a}}$$

通量函数值的差为 $2\pi U_0/\ln(b/a)$，正、负极板间的电位差为 U_0，所以单位长度的电容为

$$C = \varepsilon_0 \frac{\Psi_2 - \Psi_1}{\varphi_2 - \varphi_1} = \frac{2\pi\varepsilon_0}{\ln \frac{b}{a}}$$

例 4－7　接地导体板的上方有一个线电荷密度为 ρ_l 的细导线，其与导体板平行，离导体板的距离是 h，用复电位的方法计算空气中的电位分布。

解： 设导体板所在的平面为 $y=0$，线电荷位于 $y=h$ 处。根据镜像法，导体板上感应电荷对导体上方的影响等于在 $y=-h$ 处的镜像电荷 $-\rho_l$ 的影响。带电 ρ_l、位于 $y=h$ 处的单个线电荷的复电位是 $\frac{-\rho_l}{2\pi\varepsilon_0}\ln(z-\mathrm{j}h)+C_1$；带电 $-\rho_l$、位于 $y=-h$ 处的单个线电荷的复电位是 $\frac{\rho_l}{2\pi\varepsilon_0}\ln(z+\mathrm{j}h)+C_2$；总的复电位为 $\frac{\rho_l}{2\pi\varepsilon_0}\ln\frac{z+\mathrm{j}h}{z-\mathrm{j}h}+C$。选取 $|z|\to\infty$ 处复电位为零，可以确定出常数 $C=0$。取复电位的实部，即得到电位为

$$\varphi = \frac{\rho_l}{2\pi\varepsilon_0}\ln\frac{[x^2+(y+h)^2]^{1/2}}{[x^2+(y-h)^2]^{1/2}} = \frac{\rho_l}{2\pi\varepsilon_0}\ln\frac{x^2+(y+h)^2}{x^2+(y-h)^2}$$

例 4－8　求上半空间第一类边值问题的格林函数。

解： 求一个给定区域的格林函数，就是求解该区域在点源作用下的电位分布，可以通过分离变量法或镜像法进行。我们用镜像法求解该题。设单位点电荷位于上半空间($z>0$)的 $\boldsymbol{r}'(x', y', z')$ 处，在 $z=0$ 为电位参考面的条件下，上半空间任意一点 $\boldsymbol{r}(x,y,z)$ 处的电位就是该问题的格林函数。根据平面镜像法，需要在 $\boldsymbol{r}'(x,'y',z')$ 的对称点 $\boldsymbol{r}''(x', y', -z')$ 处放置一个负的单位点电荷(如图 4－5 所示)，然后求原电荷和镜像电荷在上半空间的场点处共同产生的电位，就得到格林函数：

$$G(\boldsymbol{r}, \boldsymbol{r}') = \frac{1}{4\pi\varepsilon_0}\left(\frac{1}{R_1} - \frac{1}{R_2}\right)$$

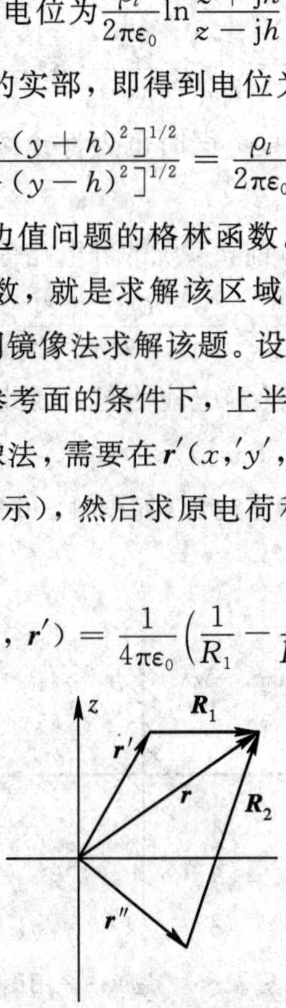

图 4－5　例 4－8 用图

其中：

$$R_1 = |\boldsymbol{r} - \boldsymbol{r}'| = [(x-x')^2 + (y-y')^2 + (z-z')^2]^{1/2}$$

$$R_2 = |\boldsymbol{r} - \boldsymbol{r}''| = [(x-x')^2 + (y-y')^2 + (z+z')^2]^{1/2}$$

三、习题及参考答案

4-1　一个点电荷 Q 与无穷大导体平面相距为 d，如果把它移动到无穷远处，需要作多少功?

解： 用镜像法计算。导体面上的感应电荷的影响用镜像电荷来代替，镜像电荷的大小为 $-Q$，位于和原电荷对称的位置。当电荷 Q 离导体板的距离为 x 时，电荷 Q 受到的静电力为

$$F = \frac{-Q^2}{4\pi\varepsilon_0 (2x)^2}$$

静电力为引力，要将其移动到无穷远处，必须加一个和静电力相反的外力：

$$f = \frac{Q^2}{4\pi\varepsilon_0 (2x)^2}$$

在移动过程中，外力 f 所作的功为

$$\int_d^{\infty} f\,\mathrm{d}x = \int_d^{\infty} \frac{Q^2}{16\pi\varepsilon_0 x^2}\,\mathrm{d}x = \frac{Q^2}{16\pi\varepsilon_0 d}$$

当用外力将电荷 Q 移动到无穷远处时，同时也要将镜像电荷移动到无穷远处，所以，在整个过程中，外力作的总功为 $Q^2/8\pi\varepsilon_0 d$。

也可以用静电能计算。在移动以前，系统的静电能等于两个点电荷之间的相互作用能：

$$W = \frac{1}{2}q_1\varphi_1 + \frac{1}{2}q_2\varphi_2 = \frac{1}{2}Q\frac{-Q}{4\pi\varepsilon_0(2d)} + \frac{1}{2}(-Q)\frac{Q}{4\pi\varepsilon_0(2d)} = -\frac{Q^2}{8\pi\varepsilon_0 d}$$

移动点电荷 Q 到无穷远以后，系统的静电能为零。因此，在这个过程中，外力作功等于系统静电能的增量，即外力作功为 $Q^2/8\pi\varepsilon_0 d$。

4-2　一个点电荷放在直角导体内部(如图 4-6 所示)，求出所有镜像电荷的位置和大小。

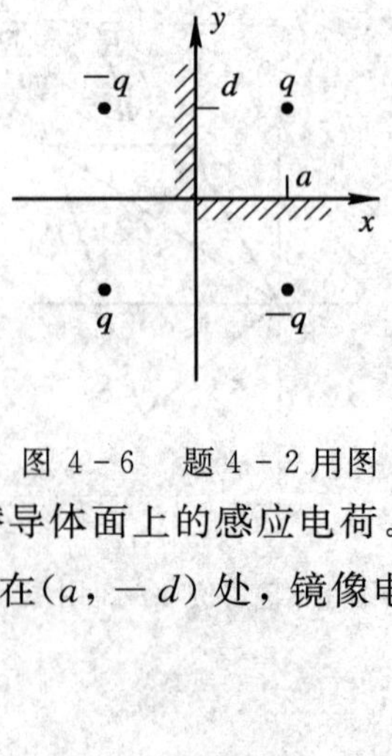

图 4-6　题 4-2 用图

解： 需要加三个镜像电荷代替导体面上的感应电荷。在$(-a, d)$处，镜像电荷为 $-q$，在$(-a, -d)$处，镜像电荷为 q，在$(a, -d)$处，镜像电荷为 $-q$。

4－3　证明：一个点电荷 q 和一个带有电荷 Q 的半径为 R 的导体球之间的作用力为

$$F=\frac{q}{4\pi\varepsilon_0}\left[\frac{Q+\dfrac{Rq}{D}}{D^2}-\frac{DRq}{(D^2-R^2)^2}\right]$$

其中 D 是 q 到球心的距离($D>R$)。

证明：使用镜像法分析。由于导体球不接地，本身又带电 Q，必须在导体球内加上两个镜像电荷来等效导体球对球外的影响。在距离球心 $b=R^2/D$ 处，镜像电荷为 $q'=-Rq/D$；在球心处，镜像电荷为 $q_2=Q-q'=Q+Rq/D$。点电荷 q 受导体球的作用力就等于球内两个镜像电荷对 q 的作用力，即

$$F=\frac{q}{4\pi\varepsilon_0}\left[\frac{q_2}{D^2}+\frac{q'}{(D-b)^2}\right]=\frac{q}{4\pi\varepsilon_0}\left[\frac{Q+\dfrac{Rq}{D}}{D^2}+\frac{\dfrac{-Rq}{D}}{\left(D-\dfrac{R^2}{D}\right)^2}\right]$$

$$=\frac{q}{4\pi\varepsilon_0}\left[\frac{Q+\dfrac{Rq}{D}}{D^2}-\frac{DRq}{(D^2-R^2)^2}\right]$$

4－4　两个点电荷 $+Q$ 和 $-Q$ 位于一个半径为 a 的接地导体球的直径的延长线上，分别距离球心 D 和 $-D$。

(1) 证明：镜像电荷构成一电偶极子，位于球心，偶极矩为 $2a^3Q/D^2$。

(2) 令 Q 和 D 分别趋于无穷，同时保持 Q/D^2 不变，计算球外的电场。

解：(1) 使用导体球面的镜像法和叠加原理分析。在球内应该加上两个镜像电荷：一个是 Q 在球面上的镜像电荷，$q_1=-aQ/D$，距离球心 $b=a^2/D$；第二个是 $-Q$ 在球面上的镜像电荷，$q_2=aQ/D$，距离球心 $b_1=-a^2/D$。当距离较大时，镜像电荷间的距离很小，等效为一个电偶极子，电偶极矩为

$$p=q_1(b-b_1)=\frac{-2a^3Q}{D^2}$$

(2) 球外任意点的电场等于四个点电荷产生的电场的叠加。设 $+Q$ 和 $-Q$ 位于坐标 z 轴上，当 Q 和 D 分别趋于无穷，同时保持 Q/D^2 不变时，由 $+Q$ 和 $-Q$ 在空间产生的电场相当于均匀平板电容器的电场，是一个均匀场。均匀场的大小为 $2Q/4\pi\varepsilon_0 D^2$，方向在 $-\boldsymbol{e}_z$。由镜像电荷产生的电场可以由电偶极子的公式计算：

$$\boldsymbol{E}=\frac{p}{4\pi\varepsilon_0 r^3}(\boldsymbol{e}_r 2\cos\theta+\boldsymbol{e}_\theta\sin\theta)$$

$$=\frac{-2a^3Q}{4\pi\varepsilon_0 r^3 D^2}(\boldsymbol{e}_r 2\cos\theta+\boldsymbol{e}_\theta\sin\theta)$$

4－5　接地无限大导体平板上有一个半径为 a 的半球形突起，在点 $(0, 0, d)$ 处有一个点电荷 q(如图 4－7 所示)，求导体上方的电位。

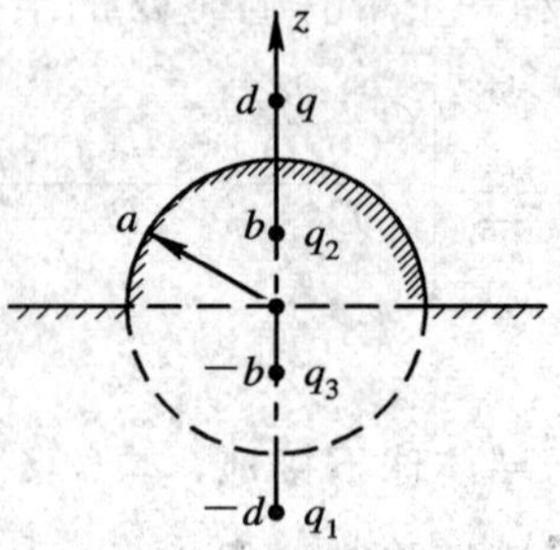

图 4-7　题 4-5 用图

解：计算导体上方的电位时，要保持导体平板部分和半球部分的电位都为零。先找平面导体的镜像电荷$q_1=-q$，位于$(0, 0, -d)$处。再找球面镜像电荷$q_2=-aq/d$，位于$(0, 0, b)$处，$b=a^2/d$。当叠加这两个镜像电荷和原电荷共同产生的电位时，在导体平面上和球面上都不为零，应当在球内再加上一个镜像电荷$q_3=aq/d$，位于$(0, 0, -b)$处。这时，三个镜像电荷和原电荷共同产生的电位在导体平面和球面上都为零，而且三个镜像电荷在要计算的区域以外。

导体上方的电位为四个点电荷电位的叠加，即

$$\varphi=\frac{1}{4\pi\varepsilon_0}\left(\frac{q}{R}+\frac{q_1}{r_1}+\frac{q_2}{r_2}+\frac{q_3}{r_3}\right)$$

其中：

$$R=[x^2+y^2+(z-d)^2]^{1/2}$$
$$r_1=[x^2+y^2+(z+d)^2]^{1/2}$$
$$r_2=[x^2+y^2+(z-b)^2]^{1/2}$$
$$r_3=[x^2+y^2+(z+b)^2]^{1/2}$$

4-6　求截面为矩形的无限长区域$(0<x<a, 0<y<b)$的电位，其四壁的电位为

$$\varphi(x, 0)=\varphi(x, b)=0$$
$$\varphi(0, y)=0$$
$$\varphi(a, y)=\begin{cases}\dfrac{U_0 y}{b}, & 0<y\leqslant\dfrac{b}{2}\\ U_0\left(1-\dfrac{y}{b}\right), & \dfrac{b}{2}<y<b\end{cases}$$

解：由边界条件$\varphi(x, 0)=\varphi(x, b)=0$知，方程的基本解在$y$方向应该为周期函数，且仅仅取正弦函数，即

$$Y_n=\sin k_n y \quad \left(k_n=\frac{n\pi}{b}\right)$$

在x方向，考虑到是有限区域，选取双曲正弦和双曲余弦函数，使用边界条件$\varphi(0,y)=0$，得出仅仅选取双曲正弦函数，即

$$X_n=\mathrm{sh}\,\frac{n\pi}{b}x$$

将基本解进行线性组合，得

$$\varphi = \sum_{n=1}^{\infty} C_n \operatorname{sh}\frac{n\pi x}{b}\sin\frac{n\pi y}{b}$$

待定常数由 $x=a$ 处的边界条件确定，即

$$\varphi(a,\ y) = \sum_{n=1}^{\infty} C_n \operatorname{sh}\frac{n\pi a}{b}\sin\frac{n\pi y}{b}$$

使用正弦函数的正交归一性质，有

$$\frac{b}{2}C_n \operatorname{sh}\frac{n\pi a}{b} = \int_0^b \varphi(a,\ y)\sin\frac{n\pi y}{b}\,\mathrm{d}y$$

$$\int_0^{b/2}\frac{U_0 y}{b}\sin\frac{n\pi y}{b}\,\mathrm{d}y = \frac{U_0}{b}\left[\left(\frac{b}{n\pi}\right)^2\sin\frac{n\pi y}{b} - \frac{b}{n\pi}y\cos\frac{n\pi y}{b}\right]\Bigg|_0^{b/2}$$

$$= \frac{U_0}{b}\left[\left(\frac{b}{n\pi}\right)^2\sin\frac{n\pi}{2} - \frac{b^2}{2n\pi}\cos\frac{n\pi}{2}\right]$$

$$\int_{b/2}^{b}U_0\left(1-\frac{y}{b}\right)\sin\frac{n\pi y}{b}\mathrm{d}y = -U_0\frac{b}{n\pi}\cos\frac{n\pi y}{b}\Bigg|_{b/2}^{b} - \frac{U_0}{b}\left[\left(\frac{b}{n\pi}\right)^2\sin\frac{n\pi y}{b} - \frac{b}{n\pi}y\cos\frac{n\pi y}{b}\right]\Bigg|_{b/2}^{b}$$

$$= -U_0\frac{b}{n\pi}\left(\cos n\pi - \cos\frac{n\pi}{2}\right) + \frac{U_0}{b}\left(\frac{b}{n\pi}\right)^2\sin\frac{n\pi}{2} + \frac{U_0}{b}\frac{b}{n\pi}b\cos n\pi$$

$$-\frac{U_0}{b}\frac{b}{n\pi}\frac{b}{2}\cos\frac{n\pi}{2}$$

化简以后得

$$\frac{b}{2}C_n \operatorname{sh}\frac{n\pi a}{b} = \int_0^b \varphi(a,\ y)\sin\frac{n\pi y}{b}\,\mathrm{d}y = 2U_0\frac{b}{n^2\pi^2}\sin\frac{n\pi}{2}$$

求出系数，代入电位表达式，得

$$\varphi = \sum_{n=1}^{\infty}\frac{4U_0}{n^2\pi^2}\frac{\sin\frac{n\pi}{2}}{\operatorname{sh}\frac{n\pi a}{b}}\sin\frac{n\pi y}{b}\operatorname{sh}\frac{n\pi x}{b}$$

4－7　一个截面如图 4－8 所示的长槽，向 y 方向无限延伸，两侧的电位是零，槽内 $y\to\infty$，$\varphi\to 0$，底部的电位为

$$\varphi(x,\ 0) = U_0$$

求槽内的电位。

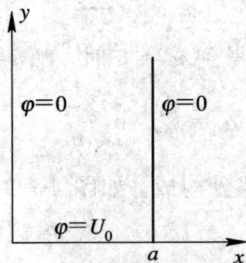

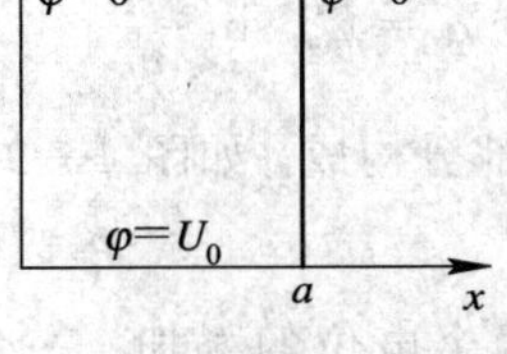

图 4－8　题 4－7 用图

解：由于在 $x=0$ 和 $x=a$ 两个边界的电位为零，故在 x 方向选取周期解，且仅仅取正弦函数，即

$$X_n=\sin k_n x\quad\left(k_n=\frac{n\pi}{a}\right)$$

在 y 方向，区域包含无穷远处，故选取指数函数，在 $y\to\infty$ 时，电位趋于零，所以选取

$$Y_n=\mathrm{e}^{-k_n y}$$

由基本解的叠加构成电位的表示式为

$$\varphi=\sum_{n=1}^{\infty}C_n\sin\frac{n\pi x}{a}\mathrm{e}^{-\frac{n\pi y}{a}}$$

待定系数由 $y=0$ 的边界条件确定。在电位表示式中，令 $y=0$，得

$$U_0=\sum_{n=1}^{\infty}C_n\sin\frac{n\pi x}{a}$$

$$C_n\frac{a}{2}=\int_0^a U_0\sin\frac{n\pi x}{a}\,\mathrm{d}x=\frac{aU_0}{n\pi}(1-\cos n\pi)$$

当 n 为奇数时，$C_n=\frac{4U_0}{n\pi}$，当 n 为偶数时，$C_n=0$。最后，电位的解为

$$\varphi=\sum_{n=1,3,5}^{\infty}\frac{4U_0}{n\pi}\sin\frac{n\pi x}{a}\mathrm{e}^{-\frac{n\pi y}{a}}$$

4-8　若上题的底部的电位为

$$\varphi(x,0)=U_0\sin\frac{3\pi x}{a}$$

重新求槽内的电位。

解：同上题，在 x 方向选取正弦函数，即 $X_n=\sin k_n x\left(k_n=\frac{n\pi}{a}\right)$，在 y 方向选取 $Y_n=\mathrm{e}^{-k_n y}$。

由基本解的叠加构成电位的表示式为

$$\varphi=\sum_{n=1}^{\infty}C_n\sin\frac{n\pi x}{a}\mathrm{e}^{-\frac{n\pi y}{a}}$$

将 $y=0$ 的电位代入，得

$$U_0\sin\frac{3\pi x}{a}=\sum_{n=1}^{\infty}C_n\sin\frac{n\pi x}{a}$$

应用正弦级数展开的唯一性，可以得到 $n=3$ 时，$C_3=U_0$，其余系数 $C_n=0$，所以

$$\varphi=U_0\sin\frac{3\pi x}{a}\mathrm{e}^{-\frac{3\pi y}{a}}$$

4-9　一个矩形导体槽由两部分构成，如图 4-9 所示，两个导体板的电位分别是 U_0 和零，求槽内的电位。

解：将原问题的电位看成是两个电位的叠加。一个电位与平行板电容器的电位相同(上板电位为 U_0，下板电位为零)，另一个电位为 U，即

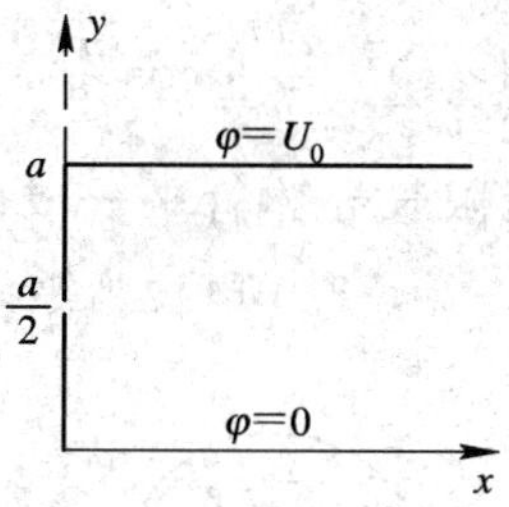

图 4-9　题 4-9 用图

$$\varphi = \frac{U_0}{a}y + U$$

其中，U 满足拉普拉斯方程，其边界条件为

$$y = 0,\ U = 0$$

$$y = a,\ U = 0$$

$x = 0$ 时：

$$U = \varphi(0,\ y) - \frac{U_0 y}{a} = \begin{cases} U_0 - \dfrac{U_0 y}{a}, & \dfrac{a}{2} < y < a \\ -\dfrac{U_0 y}{a}, & 0 < y < \dfrac{a}{2} \end{cases}$$

$x \to \infty$ 时，电位 U 应该趋于零，U 的形式解为

$$U = \sum_{n=1}^{\infty} C_n \sin\frac{n\pi y}{a} e^{-\frac{n\pi x}{a}}$$

待定系数用 $x = 0$ 的条件确定：

$$U(0,\ y) = \sum_{n=1}^{\infty} C_n \sin\frac{n\pi y}{a}$$

$$\frac{a}{2}C_n = \int_0^a U(0,\ y) \sin\frac{n\pi y}{a} \mathrm{d}y$$

$$\int_0^{a/2} \frac{-U_0 y}{a} \sin\frac{n\pi y}{a} \mathrm{d}y = \frac{-U_0}{a}\left[\left(\frac{a}{n\pi}\right)^2 \sin\frac{n\pi y}{a} - \frac{a}{n\pi} y \cos\frac{n\pi y}{a}\right]\Bigg|_0^{a/2}$$

$$= \frac{U_0}{a}\left[-\left(\frac{a}{n\pi}\right)^2 \sin\frac{n\pi}{2} + \frac{a^2}{2n\pi}\cos\frac{n\pi}{2}\right]$$

$$\int_{a/2}^{a} U_0\left(1 - \frac{y}{a}\right)\sin\frac{n\pi y}{a} \mathrm{d}y = -U_0\frac{a}{n\pi}\cos\frac{n\pi y}{a}\Bigg|_{a/2}^{a} - \frac{U_0}{a}\left[\left(\frac{a}{n\pi}\right)^2 \sin\frac{n\pi y}{a} - \frac{a}{n\pi} y \cos\frac{n\pi y}{a}\right]\Bigg|_{a/2}^{a}$$

$$= -U_0\frac{a}{n\pi}\left(\cos n\pi - \cos\frac{n\pi}{2}\right) + \frac{U_0}{a}\left(\frac{a}{n\pi}\right)^2 \sin\frac{n\pi}{2}$$

$$+ \frac{U_0}{a}\frac{a}{n\pi}a \cos n\pi - \frac{U_0}{a}\frac{a}{n\pi}\frac{a}{2}\cos\frac{n\pi}{2}$$

化简以后，得到

$$\frac{a}{2}C_n = \int_0^a U(0,\ y) \sin\frac{n\pi y}{a} \mathrm{d}y = \frac{U_0 a}{n\pi}\cos\frac{n\pi}{2}$$

只有偶数项的系数不为零。将系数求出，代入电位的表达式，得

$$\varphi = \frac{U_0}{a}y + \sum_{n=2,4,\cdots}^{\infty} \frac{2U_0}{n\pi} \cos\frac{n\pi}{2} \sin\frac{n\pi y}{a} e^{-\frac{n\pi x}{a}}$$

4-10　将一个半径为 a 的无限长导体管平分成两半，两部分之间互相绝缘，上半($0<\phi<\pi$)接电压 U_0，下半($\pi<\phi<2\pi$)电位为零，如图 4-10 所示，求管内的电位。

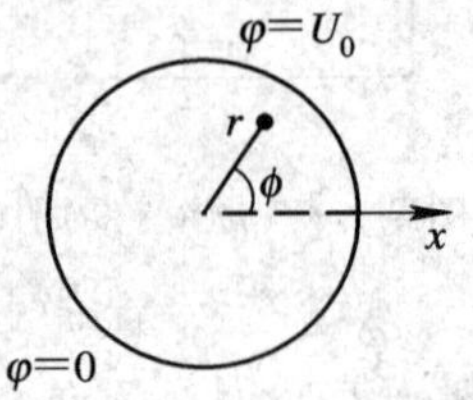

图 4-10　题 4-10 用图

解： 圆柱坐标的通解为

$$\varphi(r,\ \phi) = (A_0\phi + B_0)(C_0\ln r + D_0) + \sum_{n=1}^{\infty} r^n(A_n\cos n\phi + B_n\sin n\phi)$$

$$+ \sum_{n=1}^{\infty} r^{-n}(C_n\cos n\phi + D_n\sin n\phi)$$

由于柱内电位在 $r=0$ 点为有限值，通解中不能有 $\ln r$ 和 r^{-n} 项，即有

$$C_n = 0,\ D_n = 0,\ C_0 = 0 \quad (n=1,\ 2,\ \cdots)$$

柱内电位是角度的周期函数，$A_0=0$。因此，该题的通解取为

$$\varphi(r,\ \phi) = B_0D_0 + \sum_{n=1}^{\infty} r^n(A_n\cos n\phi + B_n\sin n\phi)$$

各项系数用 $r=a$ 处的边界条件来定：

$$\varphi(a,\ \phi) = B_0D_0 + \sum_{n=1}^{\infty} a^n(A_n\cos n\phi + B_n\sin n\phi) = \begin{cases} U_0, & 0<\phi<\pi \\ 0, & \pi<\phi<2\pi \end{cases}$$

$$B_0D_0 = \frac{1}{2\pi}\int_0^{2\pi} \varphi(a,\ \phi)\,d\phi = \frac{U_0}{2}$$

$$a^nA_n = \frac{1}{\pi}\int_0^{2\pi} \varphi(a,\ \phi)\cos n\phi\,d\phi = 0$$

$$a^nB_n = \frac{1}{\pi}\int_0^{2\pi} \varphi(a,\ \phi)\sin n\phi\,d\phi = \frac{U_0}{n\pi}(1-\cos n\pi)$$

柱内的电位为

$$\varphi = \frac{1}{2}U_0 + \frac{2U_0}{\pi}\sum_{n=1,3,5}^{\infty} \frac{1}{n}\left(\frac{r}{a}\right)^n \sin n\phi$$

4-11　半径为 a 的无穷长的圆柱面上，有密度为 $\rho_S = \rho_{S0}\cos\phi$ 的面电荷，求圆柱面内、外的电位。

解： 由于面电荷是余弦分布，所以柱内、外的电位也是角度的偶函数。柱外的电位不应有 r^n 项，柱内电位不应有 r^{-n} 项。柱内、外的电位也不应有对数项，且是角度的周期函数。故柱内电位选为

$$\varphi_1 = A_0 + \sum_{n=1}^{\infty} r^n A_n \cos n\phi$$

柱外电位选为

$$\varphi_2 = C_0 + \sum_{n=1}^{\infty} r^{-n} C_n \cos n\phi$$

假定无穷远处的电位为零，定出系数 $C_0 = 0$。在界面 $r = a$ 上：

$$\varphi_1 = \varphi_2$$

$$-\varepsilon_0 \frac{\partial \varphi_2}{\partial r} + \varepsilon_0 \frac{\partial \varphi_1}{\partial r} = \rho_{S0} \cos\phi$$

即

$$A_0 + \sum_{n=1}^{\infty} a^n A_n \cos n\phi = \sum_{n=1}^{\infty} a^{-n} C_n \cos n\phi$$

$$\varepsilon_0 \sum_{n=1}^{\infty} n a^{-n-1} C_n \cos n\phi + \varepsilon_0 \sum_{n=1}^{\infty} n a^{n-1} A_n \cos n\phi = \rho_{S0} \cos\phi$$

解之得

$$A_0 = 0,\ A_1 = \frac{\rho_{S0}}{2\varepsilon},\ C_1 = \frac{a^2 \rho_{S0}}{2\varepsilon_0}$$

$$A_n = 0,\ C_n = 0 \quad (n > 1)$$

最后得电位为

$$\varphi = \begin{cases} \dfrac{\rho_{S0}}{2\varepsilon_0} r \cos\phi, & r < a \\ \dfrac{a^2 \rho_{S0}}{2\varepsilon_0 r} \cos\phi, & r > a \end{cases}$$

4 - 12　将一个半径为 a 的导体球置于均匀电场 $\boldsymbol{E}_0$ 中，求球外的电位、电场。

解：采用球坐标求解。设均匀电场沿正 z 方向，并设原点为电位零点(如图 4 - 11 所示)。因球面是等位面，所以在 $r = a$ 处，$\varphi = 0$；在 $r \to \infty$ 处，电位应是 $\varphi = -E_0 r \cos\theta$。球坐标中电位通解具有如下形式：

$$\varphi(r, \theta) = \sum_{n=0}^{\infty} (A_n r^n + B_n r^{-n-1}) P_n(\cos\theta)$$

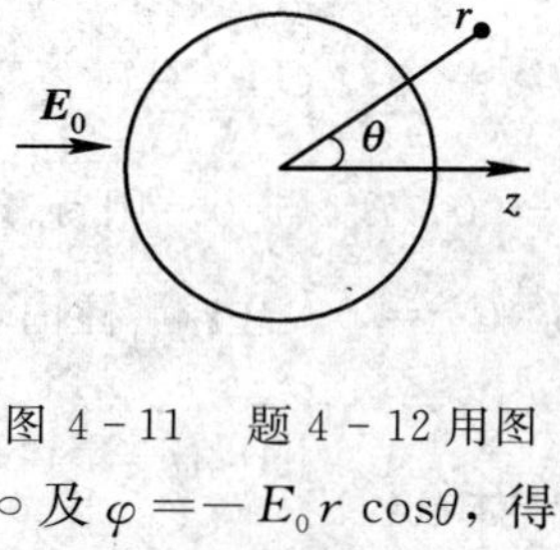

图 4 - 11　题 4 - 12 用图

用无穷远处的边界条件 $r \to \infty$ 及 $\varphi = -E_0 r \cos\theta$，得到 $A_1 = -E_0$，其余 $A_n = 0$。再使用球面上($r = a$)的边界条件：

$$\varphi(a, \theta) = -E_0 a \cos\theta + \sum_{n=0}^{\infty} B_n a^{-n-1} P_n(\cos\theta) = 0$$

上式可以改写为

$$E_0 a \cos\theta = \sum_{n=0}^{\infty} B_n a^{-n-1} P_n(\cos\theta)$$

因为勒让德多项式是完备的，即将任意的函数展开成勒让德多项式的系数是唯一的，比较上式左右两边，并注意 $P_1(\cos\theta) = \cos\theta$，得 $E_0 a = B_1 a^{-2}$，即 $B_1 = E_0 a^3$，其余的 $B_n = 0$。故导体球外电位为

$$\varphi = -\left(1 - \frac{a^3}{r^3}\right) E_0 r \cos\theta$$

电场强度为

$$E_r = -\frac{\partial\varphi}{\partial r} = E_0\left(1 + \frac{2a^3}{r^3}\right)\cos\theta$$

$$E_\theta = -\frac{\partial\varphi}{r\partial\theta} = -E_0\left(1 - \frac{a^3}{r^3}\right)\sin\theta$$

4－13 将半径为 a、介电常数为 ε 的无限长介质圆柱放置于均匀电场 $\boldsymbol{E}_0$ 中，设 $\boldsymbol{E}_0$ 沿 x 方向，柱的轴沿 z 轴，柱外为空气，如图 4－12 所示，求任意点的电位、电场。

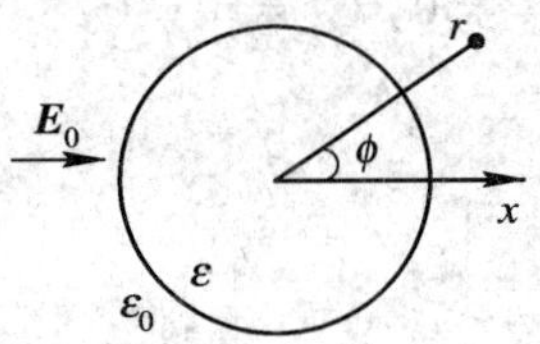

图 4－12 题 4－13 用图

解: 选取原点为电位参考点，用 φ_1 表示柱内电位，φ_2 表示柱外电位。在 $r \to \infty$ 处，电位为

$$\varphi_2 = -E_0 r \cos\phi$$

因几何结构和场分布关于 $y = 0$ 平面对称，故电位表示式中不应有 ϕ 的正弦项。令

$$\varphi_1 = A_0 + \sum_{n=1}^{\infty} (A_n r^n + B_n r^{-n}) \cos n\phi$$

$$\varphi_2 = C_0 + \sum_{n=1}^{\infty} (C_n r^n + D_n r^{-n}) \cos n\phi$$

因在原点处电位为零，定出 $A_0 = 0$，$B_n = 0$。用无穷远处边界条件 $r \to \infty$ 及 $\varphi_2 = -E_0 r \cos\phi$，定出 $C_1 = -E_0$，其余 $C_n = 0$。这样，柱内、外电位简化为

$$\varphi_1 = \sum_{n=1}^{\infty} A_n r^n \cos n\phi$$

$$\varphi_2 = C_1 r \cos\phi + \sum_{n=1}^{\infty} D_n r^{-n} \cos n\phi$$

再用介质柱和空气界面($r=a$)的边界条件 $\varphi_1=\varphi_2$ 及 $\varepsilon\dfrac{\partial\varphi_1}{\partial r}=\varepsilon_0\dfrac{\partial\varphi_2}{\partial r}$，得

$$\begin{cases}\sum\limits_{n=1}^{\infty}A_n a^n\cos n\phi=-E_0 a\cos\phi+\sum\limits_{n=1}^{\infty}D_n a^{-n}\cos n\phi\\ \sum\limits_{n=1}^{\infty}\varepsilon nA_n a^{n-1}\cos n\phi=-\varepsilon_0E_0\cos\phi-\sum\limits_{n=1}^{\infty}\varepsilon_0 nD_n a^{-n-1}\cos n\phi\end{cases}$$

比较左右 $n=1$ 的系数，得

$$A_1-\frac{D_1}{a^2}=E_0,\ \varepsilon A_1+\varepsilon_0\frac{D_1}{a^2}=-\varepsilon_0E_0$$

解之得

$$A_1=\frac{-2\varepsilon_0}{\varepsilon+\varepsilon_0}E_0,\ D_1=\frac{\varepsilon-\varepsilon_0}{\varepsilon+\varepsilon_0}E_0a^2$$

比较系数方程左右 $n>1$ 的各项，得

$$A_n-\frac{D_n}{a^{2n}}=0,\ \varepsilon A_n+\varepsilon_0\frac{D_n}{a^{2n}}=0$$

由此解出 $A_n=D_n=0$。最终得到圆柱内、外的电位分别是

$$\varphi_1=-E_0\frac{2\varepsilon_0}{\varepsilon+\varepsilon_0}r\cos\phi,\quad \varphi_2=-E_0r\cos\phi+E_0\frac{\varepsilon-\varepsilon_0}{\varepsilon+\varepsilon_0}\frac{a^2}{r}\cos\phi$$

电场强度分别为

$$\boldsymbol{E}_1=-\nabla\varphi_1=\frac{2\varepsilon_0}{\varepsilon+\varepsilon_0}E_0\cos\phi\boldsymbol{e}_r-\frac{2\varepsilon_0}{\varepsilon+\varepsilon_0}E_0\sin\phi\boldsymbol{e}_\phi$$

$$\boldsymbol{E}_2=-\nabla\varphi_2=E_0\cos\phi\left(1+\frac{\varepsilon-\varepsilon_0}{\varepsilon+\varepsilon_0}\frac{a^2}{r^2}\right)\boldsymbol{e}_r-E_0\sin\phi\left(1-\frac{\varepsilon-\varepsilon_0}{\varepsilon+\varepsilon_0}\frac{a^2}{r^2}\right)\boldsymbol{e}_\phi$$

4-14　在均匀电场中，设置一个半径为 a 的介质球，若电场的方向沿 z 轴，求介质球内、外的电位、电场(介质球的介电常数为 ε，球外为空气)。

解：设球内、外电位解的形式分别为

$$\varphi_1=\sum_{n=0}^{\infty}(A_nr^n+B_nr^{-n-1})P_n(\cos n\theta),\quad \varphi_2=\sum_{n=0}^{\infty}(C_nr^n+D_nr^{-n-1})P_n(\cos n\theta)$$

选取球心处为电位的参考点，则球内电位的系数中 $A_0=0$，$B_n=0$。在 $r\to\infty$ 处，电位 $\varphi_2=-E_0r\cos\phi$，则球外电位系数 C_n 中，仅仅 C_1 不为零，$C_1=-E_0$，其余为零。因此，球内、外解的形式可分别简化为

$$\varphi_1=\sum_{n=0}^{\infty}A_nr^nP_n(\cos n\theta),\quad \varphi_2=-E_0r\cos\theta+\sum_{n=0}^{\infty}D_nr^{-n-1}P_n(\cos n\theta)$$

再用介质球面($r=a$)的边界条件 $\varphi_1=\varphi_2$ 及 $\varepsilon\dfrac{\partial\varphi_1}{\partial r}=\varepsilon_0\dfrac{\partial\varphi_2}{\partial r}$，得

$$\begin{cases}\sum\limits_{n=1}^{\infty}A_na^nP_n(\cos n\theta)=-E_0a\cos\theta+\sum\limits_{n=1}^{\infty}D_na^{-n-1}P_n(\cos n\theta)\\ \sum\limits_{n=1}^{\infty}\varepsilon nA_na^{n-1}P_n(\cos n\theta)=-\varepsilon_0E_0\cos\theta-\sum\limits_{n=1}^{\infty}\varepsilon_0(n+1)D_na^{-n-2}P_n(\cos n\theta)\end{cases}$$

比较上式的系数，可以知道，除了 $n=1$ 以外，系数 A_n、D_n 均为零，且

$$A_1 a = -E_0 a + D_1 a^{-2}, \quad \varepsilon A_1 = -\varepsilon_0 E_0 - 2\varepsilon_0 D_1 a^{-3}$$

由此，解出系数：

$$A_1 = \frac{-3\varepsilon_0}{\varepsilon+2\varepsilon_0}E_0, \quad D_1 = \frac{\varepsilon-\varepsilon_0}{\varepsilon+2\varepsilon_0}E_0 a^3$$

最后得到电位、电场：

$$\varphi_1 = -E_0 \frac{3\varepsilon_0}{\varepsilon+2\varepsilon_0} r\cos\theta$$

$$\varphi_2 = -E_0 r\cos\theta + E_0 \frac{\varepsilon-\varepsilon_0}{\varepsilon+2\varepsilon_0}\frac{a^3}{r^2}\cos\theta$$

$$\boldsymbol{E}_1 = -\nabla\varphi_1 = \frac{3\varepsilon_0}{\varepsilon+2\varepsilon_0}E_0\cos\theta\boldsymbol{e}_r - \frac{3\varepsilon_0}{\varepsilon+2\varepsilon_0}E_0\sin\theta\boldsymbol{e}_\theta$$

$$\boldsymbol{E}_2 = -\nabla\varphi_2 = E_0\cos\theta\left(1+2\frac{\varepsilon-\varepsilon_0}{\varepsilon+2\varepsilon_0}\frac{a^3}{r^3}\right)\boldsymbol{e}_r - E_0\sin\theta\left(1-\frac{\varepsilon-\varepsilon_0}{\varepsilon+2\varepsilon_0}\frac{a^3}{r^3}\right)\boldsymbol{e}_\theta$$

4-15 已知球面($r=a$)上的电位为 $\varphi = U_0\cos\theta$，求球外的电位。

解：设球外电位解的形式为

$$\varphi = \sum_{n=0}^{\infty}(A_n r^n + B_n r^{-n-1})P_n(\cos n\theta)$$

在无穷远处，应该满足自然边界条件，即电位趋于零。这样确定系数 $A_n=0$，球外电位的形式解简化为

$$\varphi = \sum_{n=0}^{\infty} B_n r^{-n-1} P_n(\cos n\theta)$$

使用球面($r=a$)的边界条件，有

$$U_0\cos\theta = \sum_{n=0}^{\infty} B_n a^{-n-1} P_n(\cos n\theta)$$

由于勒让德多项式 $P_n(\cos\theta)$ 是线性无关的，考虑到 $P_1(\cos\theta)=\cos\theta$，比较上式左右的系数，得到 $B_1 = U_0 a^2$，$B_n = 0(n=0, 2, 3, \cdots)$。所以，球外的电位分布为

$$\varphi = U_0\frac{a^2}{r^2}\cos\theta$$

4-16 求无限长矩形区域($0<x<a$，$0<y<b$)第一类边值问题的格林函数(即矩形槽的四周电位为零，槽内有一与槽平行的单位线源，求槽内电位，如图 4-13 所示)。

解：这个问题的格林函数满足的方程为

$$\frac{\partial^2 G}{\partial x^2}+\frac{\partial^2 G}{\partial y^2} = -\frac{1}{\varepsilon_0}\delta(x-x')\delta(y-y')$$

格林函数的边界条件是，在矩形区域的四周为零，即 $x=0$ 或 $x=a$、$G=0$，$y=0$ 或 $b=0$、$G=0$。

用分离变量法求这个问题的格林函数。考虑到格林函数在 $x=0$、a 时的边界条件，将

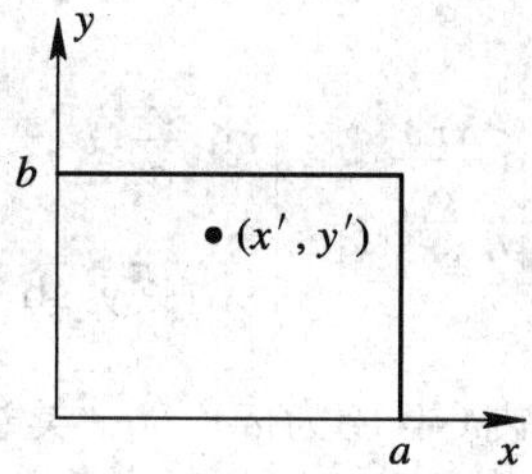

图 4-13　题 4-16 用图

格林函数表示为

$$G=\sum_{n=1}^{\infty}\Psi_n(y)\sin\frac{n\pi x}{a}$$

将其代入格林函数方程，得

$$\sum_{n=1}^{\infty}\left[\frac{\partial^2}{\partial y^2}-\left(\frac{n\pi}{a}\right)^2\right]\Psi_n(y)\sin\frac{n\pi x}{a}=-\frac{1}{\varepsilon_0}\delta(x-x')\delta(y-y')$$

上式左右乘以 $\sin\frac{n\pi x}{a}$，并在 $0<x<a$ 区间积分，利用正弦函数的正交性和 δ 函数的积分性质，得函数 $\Psi_n(y)$ 满足的微分方程为

$$\left[\frac{d^2}{dy^2}-\left(\frac{n\pi}{a}\right)^2\right]\Psi_n(y)=-\frac{2}{\varepsilon_0 a}\sin\frac{n\pi x'}{a}\delta(y-y')$$

在确定函数 $\Psi_n(y)$ 时，将原来的区域分为两个区域，并注意到边界条件，设

$$\Psi_n(y)=\begin{cases}A_n\,\mathrm{sh}\,\frac{n\pi}{a}(b-y), & y>y'\\ B_n\,\mathrm{sh}\,\frac{n\pi}{a}y, & y<y'\end{cases}$$

在 $y=y'$ 处，电位连续，即

$$A_n\,\mathrm{sh}\,\frac{n\pi}{a}(b-y')=B_n\,\mathrm{sh}\,\frac{n\pi}{a}y'$$

对于函数 $\Psi_n(y)$ 满足的微分方程，在点源附近积分，得

$$\int_{y'-0}^{y'+0}\frac{d^2}{dy^2}\Psi_n(y)\,dy-\left(\frac{n\pi}{a}\right)^2\int_{y'-0}^{y'+0}\Psi_0(y)\,dy=-\frac{2}{a\varepsilon_0}\sin\frac{n\pi x}{a}$$

因为电位连续，故上式左边第二项的积分为零，从而有

$$\frac{d}{dy}\Psi_n(y)\Big|_{y=y'_+}-\frac{d}{dy}\Psi_n(y)\Big|_{y=y'_-}=-\frac{2}{a\varepsilon_0}\sin\frac{n\pi x'}{a}$$

代入函数 $\Psi_n(y)$ 的形式，得

$$-\frac{n\pi}{a}A_n\,\mathrm{ch}\,\frac{n\pi}{a}(b-y')-\frac{n\pi}{a}B_n\,\mathrm{ch}\,\frac{n\pi}{a}y'=-\frac{2}{a\varepsilon_0}\sin\frac{n\pi x'}{a}$$

将上式与 $A_n\,\mathrm{sh}\,\frac{n\pi}{a}(b-y')=B_n\,\mathrm{sh}\,\frac{n\pi}{a}y'$ 相互联立求解，得

$$A_n=\frac{2}{n\pi\varepsilon_0}\frac{1}{\mathrm{sh}\,\frac{n\pi b}{a}}\mathrm{sh}\,\frac{n\pi}{a}y',\quad B_n=\frac{2}{n\pi\varepsilon_0}\frac{1}{\mathrm{sh}\,\frac{n\pi b}{a}}\mathrm{sh}\,\frac{n\pi}{a}(b-y')$$

最后得到矩形区域的格林函数为

$$G=\frac{2}{\varepsilon_0\pi}\sum_{n=1}^{\infty}\frac{\sin\frac{n\pi x'}{a}\sin\frac{n\pi x}{a}}{n\ \mathrm{sh}\frac{n\pi b}{a}}=\begin{cases}\mathrm{sh}\frac{n\pi}{a}(b-y')\mathrm{sh}\frac{n\pi}{a}y, & y\leqslant y'\\ \mathrm{sh}\frac{n\pi}{a}y'\mathrm{sh}\frac{n\pi}{a}(b-y), & y\geqslant y'\end{cases}$$

4－17　推导无限长圆柱区域内(半径为 a)第一类边值问题的格林函数。

解：使用镜像法及其格林函数的定义计算。在半径为 a 的导体圆柱内部离轴线 r' 处，放置一个线密度为 1 单位，与导体圆柱平行的无穷长线电荷，并且维持导体柱面的电位为零，求出柱内的电位，这个电位就是柱内的格林函数。当原电荷位于 r 处，需要在 r' 的镜像位置 r'' 处，加一个线密度为 －1 的线电荷。此时，圆柱内的电位是

$$G(\boldsymbol{r},\boldsymbol{r}')=\frac{1}{2\pi\varepsilon}\ln\frac{1}{R_1}-\frac{1}{2\pi\varepsilon}\ln\frac{1}{R_2}+C$$

R_1 和 R_2 分别是从 r' 和 r'' 到 r 的距离(如图 4－14 所示)，C 是常数。由柱面上的电位为零可以定出这个常数的值。最后得到柱内的格林函数为

$$G(\boldsymbol{r},\boldsymbol{r}')=\frac{1}{2\pi\varepsilon}\ln\frac{R_2 r'}{R_1 a}$$

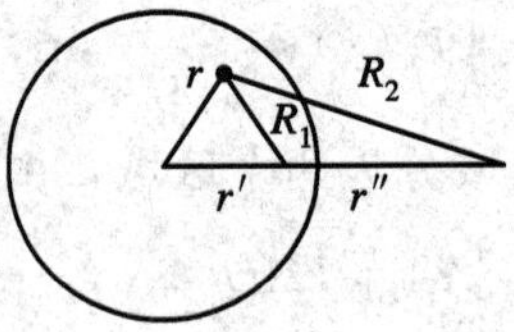

图 4－14　题 4－17 用图

4－18　两个无限大导体平板间距离为 d，其间有体密度 $\rho=\rho_0(x/d)$ 的电荷，极板的电位如图 4－15 所示，用格林函数法求极板之间的电位。

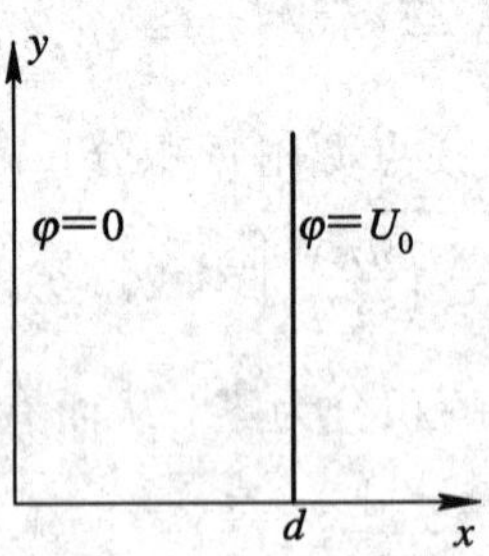

图 4－15　题 4－18 用图

解：先用直接积分法求解。电位仅仅是 x 的函数，故其满足如下方程：

$$\frac{\mathrm{d}^2\varphi}{\mathrm{d}x^2}=-\frac{\rho}{\varepsilon_0}=-\frac{\rho_0 x}{\varepsilon_0 d}$$

对以上方程积分得

$$\frac{\mathrm{d}\varphi}{\mathrm{d}x}=C_1-\frac{\rho_0 x^2}{2\varepsilon_0 d},\quad \varphi=C_2+C_1x-\frac{\rho_0 x^3}{6\varepsilon_0 d}$$

由 $x=0$ 及 $\varphi=0$，可以定出系数 $C_2=0$；由 $x=d$ 及 $\varphi=U_0$，可以定出系数 $C_1=\dfrac{U_0}{d}+\dfrac{\rho_0 d}{6\varepsilon_0}$。从而，得到电容器内的电位为

$$\varphi=-\frac{\rho_0}{6\varepsilon_0 d}x^3+\left(\frac{U_0}{d}+\frac{\rho_0 d}{6\varepsilon_0}\right)x$$

再用格林函数法求解。这个问题的格林函数为

$$G(x,x')=\begin{cases}\dfrac{d-x'}{\varepsilon_0 d}x, & x<x' \\[2ex] \dfrac{x'}{\varepsilon_0 d}(d-x), & x>x'\end{cases}$$

为了计算方便，将这个问题分解为两个：一个是平板电容器内有电荷，而两极板的电位为零，即奇次边界条件，记电位 φ_1；另一个是无电荷分布，极板的电位维持原来的电位，记电位 φ_2。用格林函数法计算奇次边界条件时的电位 φ_1：

$$\begin{aligned}\varphi_1&=\int_0^d\rho(x')G(x,x')\,\mathrm{d}x'\\&=\int_0^x\rho(x')G(x,x')\,\mathrm{d}x'+\int_x^d\rho(x')G(x,x')\,\mathrm{d}x'\\&=\int_0^x\frac{\rho_0 x'}{d}\frac{x'(d-x)}{\varepsilon_0 d}\,\mathrm{d}x'+\int_x^d\frac{\rho_0 x'}{d}\frac{(d-x')x}{\varepsilon_0 d}\,\mathrm{d}x'\\&=\frac{\rho_0(d-x)}{\varepsilon_0 d^2}\frac{x^3}{3}+\frac{\rho_0 x}{\varepsilon_0 d^2}\left[\frac{1}{2}(d^2-x^2)d-\frac{1}{3}(d^3-x^3)\right]\\&=-\frac{\rho_0}{6\varepsilon_0 d}x^3+\frac{\rho_0 d}{6\varepsilon_0}x\end{aligned}$$

至于电位 φ_2，容易得出 $\varphi_2=(U_0/d)x$。故所求电位为

$$\varphi=\varphi_1+\varphi_2=-\frac{\rho_0}{6\varepsilon_0 d}x^2+\left(\frac{U_0}{d}+\frac{\rho_0 d}{6\varepsilon_0}\right)x$$

4 - 19　分析复变函数 $w=z^2$ 能够表示的静电场。

解：
$$w=u+\mathrm{j}v=z^2=(x+\mathrm{j}y)^2=x^2-y^2+\mathrm{j}2xy$$
$$u=x^2-y^2,\quad v=2xy$$

实部的等值线是双曲线 $x^2-y^2=C_1$；虚部的等值线也是双曲线，其方程为 $2xy=C_2$。因此，这个函数能够表示极板形状为双曲线的导体附近的静电场。如果用虚部表示电位函数，在 $x=0$ 或 $y=0$ 处，电位为零，可以表示接地的直角导体拐角附近的静电场。

4 - 20　分析复变函数 $w=\arccos z$ 能够表示哪些情形的静电场。

解：
$$x+\mathrm{j}y=\cos(u+\mathrm{j}v)=\cos u\,\mathrm{ch}v-\mathrm{j}\sin u\,\mathrm{sh}v$$
$$x=\cos u\,\mathrm{ch}v,\quad y=-\sin u\,\mathrm{sh}v$$
$$\frac{x^2}{\mathrm{ch}^2 v}+\frac{y^2}{\mathrm{sh}^2 v}=1,\quad \frac{x^2}{\cos^2 u}-\frac{y^2}{\sin^2 u}=1$$

可见，虚部的等值线是一簇椭圆，实部的等值线是一簇双曲线。当用虚部表示电位时，能够表示两个共焦点的椭圆柱体之间的场；当用实部表示电位时，能够表示两个共焦点的双曲线柱体之间的场。

4-21　用有限差分法求图 4-16 所示区域中各个节点的电位。

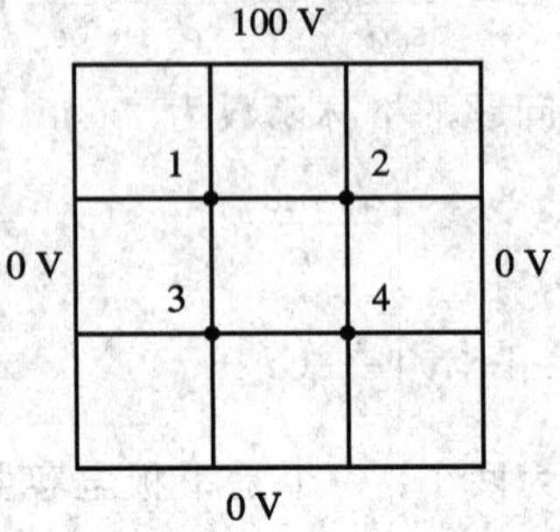

图 4-16　题 4-21 用图

解：

$$\varphi_1 = \frac{1}{4}(\varphi_2 + \varphi_3 + 100), \quad \varphi_2 = \frac{1}{4}(\varphi_1 + \varphi_4 + 100)$$

$$\varphi_3 = \frac{1}{4}(\varphi_1 + \varphi_4), \quad \varphi_4 = \frac{1}{4}(\varphi_2 + \varphi_3)$$

解这一方程组，得到

$$\varphi_1 = \varphi_2 = 37.5\ \text{V}, \quad \varphi_3 = \varphi_4 = 12.5\ \text{V}$$

第五章　时变电磁场

一、基本内容与公式

1. 法拉第电磁感应定律表现变化磁场产生电场的规律。对于电磁场中任意的闭合回路：

$$\mathscr{E}=-\frac{\mathrm{d}\Phi}{\mathrm{d}t}，即\oint_l \boldsymbol{E}\cdot\mathrm{d}\boldsymbol{l}=-\frac{\partial}{\partial t}\int_S \boldsymbol{B}\cdot\mathrm{d}\boldsymbol{S}$$

对应的微分形式为

$$\nabla\times\boldsymbol{E}=-\frac{\partial \boldsymbol{B}}{\partial t}$$

对于运动媒质：

$$\mathscr{E}=\oint_l \boldsymbol{E}\cdot\mathrm{d}\boldsymbol{l}=\int_S-\frac{\partial \boldsymbol{B}}{\partial t}\cdot\mathrm{d}\boldsymbol{S}+\oint_l(\boldsymbol{v}\times\boldsymbol{B})\cdot\mathrm{d}\boldsymbol{l}$$

$$\nabla\times(\boldsymbol{E}-\boldsymbol{v}\times\boldsymbol{B})=-\frac{\partial \boldsymbol{B}}{\partial t}$$

2. 电位移 $\boldsymbol{D}$ 的时变率为位移电流密度，即 $\boldsymbol{J}_{\mathrm{d}}=\frac{\partial \boldsymbol{D}}{\partial t}$。安培定律中引入的位移电流，表现为电场产生磁场：

$$\oint_l \boldsymbol{H}\cdot\mathrm{d}\boldsymbol{l}=\int_S\left(\boldsymbol{J}+\frac{\partial \boldsymbol{D}}{\partial t}\right)\cdot\mathrm{d}\boldsymbol{S}$$

对应的微分形式为

$$\nabla\times\boldsymbol{H}=\boldsymbol{J}+\frac{\partial \boldsymbol{D}}{\partial t}$$

可见，包括位移电流在内的全电流是连续的。

3. 麦克斯韦方程组、电流连续性原理和洛仑兹力公式共同构成经典电磁理论的基础。麦克斯韦方程组如下：

微分形式	积分形式
$\nabla\times\boldsymbol{H}=\boldsymbol{J}+\frac{\partial \boldsymbol{D}}{\partial t}$	$\oint_l \boldsymbol{H}\cdot\mathrm{d}\boldsymbol{l}=\int_S\left(\boldsymbol{J}+\frac{\partial \boldsymbol{D}}{\partial t}\right)\cdot\mathrm{d}\boldsymbol{S}$

$$\nabla \times \boldsymbol{E} = -\frac{\partial \boldsymbol{B}}{\partial t} \qquad \oint_l \boldsymbol{E} \cdot \mathrm{d}\boldsymbol{l} = -\int_S \frac{\partial \boldsymbol{B}}{\partial t} \cdot \mathrm{d}\boldsymbol{S}$$

$$\nabla \cdot \boldsymbol{B} = 0 \qquad \oint_S \boldsymbol{B} \cdot \mathrm{d}\boldsymbol{S} = 0$$

$$\nabla \cdot \boldsymbol{D} = \rho \qquad \oint_S \boldsymbol{D} \cdot \mathrm{d}\boldsymbol{S} = q$$

在线性、各向同性媒质中，场量的关系由三个辅助方程

$$\boldsymbol{D} = \varepsilon \boldsymbol{E},\ \boldsymbol{B} = \mu \boldsymbol{H},\ \boldsymbol{J} = \sigma \boldsymbol{E}$$

表示，称为本构关系。电磁参量ε、μ、σ与位置无关的媒质为均匀媒质；反之为非均匀媒质。对于各向异性媒质，这些电磁参量为张量；非线性媒质的电磁参量与场强相关。只有代入本构关系，麦克斯韦方程才是可以求解的。

4. 在时变场情况下，由于$\dfrac{\partial \boldsymbol{B}}{\partial t}$和$\dfrac{\partial \boldsymbol{D}}{\partial t}$有限，两种媒质分界面上电磁场的边界条件与静态场的形式完全相同。

法向分量的边界条件：

$$\boldsymbol{n} \cdot (\boldsymbol{D}_1 - \boldsymbol{D}_2) = \rho_S, \quad \boldsymbol{n} \cdot (\boldsymbol{B}_1 - \boldsymbol{B}_2) = 0$$

切向分量的边界条件：

$$\boldsymbol{n} \times (\boldsymbol{H}_1 - \boldsymbol{H}_2) = \boldsymbol{J}_S, \quad \boldsymbol{n} \times (\boldsymbol{E}_1 - \boldsymbol{E}_2) = 0$$

对于$\rho_S = 0$、$\boldsymbol{J}_S = 0$的分界面，只需要切向分量的边界条件。

在理想导体($\sigma = \infty$)表面，若$\boldsymbol{n}$为理想导体的外法向单位矢量，则上列各式中带下标2的场量为零。

5. 电磁场的能量转化和守恒定律称为坡印廷定理：每秒体积中电磁能量的增加量等于从包围体积的闭合面进入体积的功率。其数学表达式为

$$-\oint_S (\boldsymbol{E} \times \boldsymbol{H}) \cdot \mathrm{d}\boldsymbol{S} = \frac{\partial}{\partial t}\int_V (w_{\mathrm{m}} - w_{\mathrm{e}})\mathrm{d}V + \int_V \boldsymbol{J} \cdot \boldsymbol{E}\mathrm{d}V$$

坡印廷矢量(能流矢量)：

$$\boldsymbol{S} = \boldsymbol{E} \times \boldsymbol{H}$$

表示沿能流方向穿过垂直于$\boldsymbol{S}$的单位面积的功率矢量，即功率流密度。

6. 正弦电磁场是电磁场矢量的每个分量都随时间以相同的频率作正弦变化的电磁场，也称为时谐电磁场。用振幅的复数表示矢量场的每一分量。复矢量是一个矢量的三个分量的复数的组合，是一个简化书写的记号。复矢量仅与空间坐标有关。

坡印廷矢量的时间平均值：

$$\boldsymbol{S}_{\mathrm{av}} = \frac{1}{T}\int_0^T \boldsymbol{S}(t)\mathrm{d}t = \mathrm{Re}\left[\frac{\boldsymbol{E} \times \boldsymbol{H}^*}{2}\right]$$

式中$[(\boldsymbol{E} \times \boldsymbol{H}^*)/2]$称为复坡印廷矢量。

有耗电介质用复介电常数$\varepsilon_{\mathrm{c}} = \varepsilon'(\omega) - \mathrm{j}\varepsilon''(\omega)$表示，$\varepsilon''$与极化损耗对应；有耗磁介质用复磁导率$\mu_{\mathrm{c}} = \mu'(\omega) - \mathrm{j}\mu''(\omega)$表示，$\mu''$与磁化损耗对应；等效复介电常数为$\varepsilon_{\mathrm{c}} = \varepsilon' -$

$\mathrm{j}\left(\varepsilon''+\frac{\sigma}{\omega}\right)$，将电导率用等效复介电常数的虚部表示，$\sigma$ 与导电损耗对应。

7. 均匀、线性、各向同性的无耗媒质中，无源区域（$\boldsymbol{J}=0$，$\rho=0$）的电场强度矢量$\boldsymbol{E}$和磁场强度矢量 $\boldsymbol{H}$ 的波动方程为

$$\nabla^2\boldsymbol{E}-\mu\varepsilon\frac{\partial^2\boldsymbol{E}}{\partial t^2}=0$$

$$\nabla^2\boldsymbol{H}-\mu\varepsilon\frac{\partial^2\boldsymbol{H}}{\partial t^2}=0$$

8. 为了简化分析，引入电磁位（矢量位 $\boldsymbol{A}$ 和标量位 φ），它们的定义为

$$\boldsymbol{B}=\nabla\times\boldsymbol{A},\quad \boldsymbol{E}=-\nabla\varphi-\frac{\partial\boldsymbol{A}}{\partial t}$$

选择洛仑磁条件

$$\nabla\cdot\boldsymbol{A}=-\mu\varepsilon\frac{\partial\varphi}{\partial t}$$

可得矢量位 $\boldsymbol{A}$ 和标量位 φ 满足的微分方程：

$$\nabla^2\varphi-\mu\varepsilon\frac{\partial^2\varphi}{\partial t^2}=-\frac{\rho}{\varepsilon}$$

$$\nabla^2\boldsymbol{A}-\mu\varepsilon\frac{\partial^2\boldsymbol{A}}{\partial t^2}=-\mu\boldsymbol{J}$$

实际上只要求出 $\boldsymbol{A}$，就可以由洛仑兹条件和矢量位 $\boldsymbol{A}$、标量位 φ 的定义确定 $\boldsymbol{E}$ 和 $\boldsymbol{B}$。

二、例题示范

例 5-1　一长度为 h、宽度为 w 的线圈（参看图 5-1），位于一随时间变化的均匀磁场中，且 $\boldsymbol{B}=B_0\sin(\omega t)\boldsymbol{e}_z$。

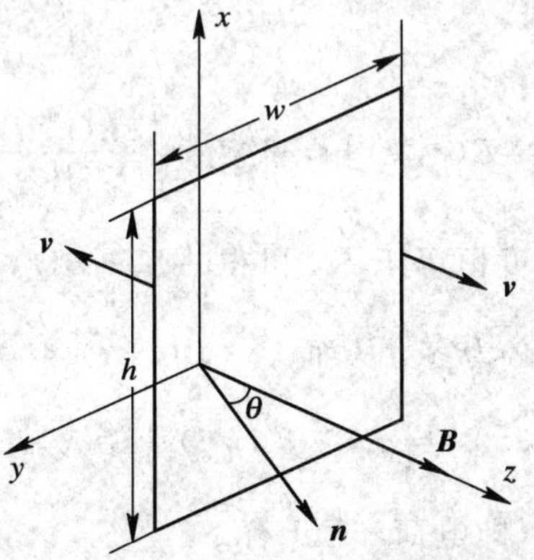

图 5-1　例 5-1 用图

（1）设线圈面的法线方向与 z 轴成 θ 角，求线圈中的感应电动势。

（2）如果线圈以角速度 ω 绕 x 轴旋转（参看图 5-1），而磁场不随时间变化，即 $\boldsymbol{B}=B_0\boldsymbol{e}_z$，求线圈中的感应电动势。

解:

(1) 因为

$$\varepsilon = \oint_l \boldsymbol{E} \cdot \mathrm{d}\boldsymbol{l} = \int_S \nabla \times \boldsymbol{E} \cdot \mathrm{d}\boldsymbol{S} = -\int_S \frac{\partial \boldsymbol{B}}{\partial t} \cdot \mathrm{d}\boldsymbol{S}$$

而

$$\frac{\partial \boldsymbol{B}}{\partial t} = B_0 \omega \cos(\omega t) \boldsymbol{e}_z$$

所以

$$\varepsilon = -\int_S B_0 \omega \cos(\omega t) \boldsymbol{e}_z \cdot \mathrm{d}S\boldsymbol{n} = -B_0 \omega \cos\omega t \cdot wh \cos\theta$$

(2) 回路中的感应电动势:

$$\varepsilon = \oint_l \boldsymbol{E} \cdot \mathrm{d}\boldsymbol{l} = \int_S \nabla \times (\boldsymbol{v} \times \boldsymbol{B}) \cdot \mathrm{d}\boldsymbol{S} = \oint_l (\boldsymbol{v} \times \boldsymbol{B}) \cdot \mathrm{d}\boldsymbol{l} = B_0 \omega \cdot wh \sin\omega t$$

例 5-2　对于时变电磁场，试证明 Maxwell 方程组中两个散度方程是不独立的，它们可由两个旋度方程和电荷守恒定律导出。

证明: 麦克斯韦方程是描述客观存在的宏观电磁现象的基础。四个方程中有两个产生电磁场与波的量是 J 和 ρ。这两个源之间的关系是根据电荷守恒定律决定的，在时变情况下，可由电流连续方程表示，$\nabla \cdot \boldsymbol{J} + \frac{\partial \rho}{\partial t} = 0$。在此方程基础上，才能证明麦克斯韦方程中两个旋度方程是独立的，两个散度方程是不独立的。

首先写出两个旋度方程:

$$\nabla \times \boldsymbol{E}(\boldsymbol{r}, t) = -\frac{\partial \boldsymbol{B}(\boldsymbol{r}, t)}{\partial t} \tag{5-1}$$

$$\nabla \times \boldsymbol{H}(\boldsymbol{r}, t) = \boldsymbol{J}(\boldsymbol{r}, t) + \frac{\partial \boldsymbol{D}(\boldsymbol{r}, t)}{\partial t} \tag{5-2}$$

对(5-1) 式两边取散度得

$$\nabla \cdot [\nabla \times \boldsymbol{E}(\boldsymbol{r}, t)] = -\nabla \cdot \left[\frac{\partial \boldsymbol{B}(\boldsymbol{r}, t)}{\partial t}\right] = 0 \tag{5-3}$$

根据矢量恒等式旋度的散度恒等于零，可得$\frac{\partial}{\partial t} \nabla \cdot \boldsymbol{B}(\boldsymbol{r}, t) = 0$，故 $\nabla \cdot \boldsymbol{B}(\boldsymbol{r}) =$ 常量，直流磁场的散度为零，故常量必为零，从而 $\nabla \cdot \boldsymbol{B}(\boldsymbol{r}, t) = 0$。再对(5-2) 式求散度:

$$\nabla \cdot [\nabla \times \boldsymbol{H}(\boldsymbol{r}, t)] = \nabla \cdot \boldsymbol{J}(\boldsymbol{r}, t) + \frac{\partial}{\partial t} \nabla \cdot \boldsymbol{D}(\boldsymbol{r}, t) = 0 \tag{5-4}$$

另外根据电流连续性方程(即电荷守恒) 有

$$\nabla \cdot \boldsymbol{J} + \frac{\partial \rho}{\partial t} = 0 \tag{5-5}$$

由(5-4) 式与(5-5) 式对比得到

$$\nabla \cdot \boldsymbol{D}(\boldsymbol{r}, t) = \rho(\boldsymbol{r}, t)$$

这样便证明了麦克斯韦方程组中两个散度方程是不独立的，它们可由两个独立的旋度方程求得。

例 5-3　证明：无源自由空间仅随时间改变的场，如 $\boldsymbol{B}=\boldsymbol{B}_{\mathrm{m}}\sin\omega t$，不满足麦克斯韦方程；若将 t 换成 $(t-y/c)$，则它可以满足麦克斯韦方程。

证明： 将题中所给的磁感应强度代入式 $\nabla\times\boldsymbol{H}=\boldsymbol{J}+\partial\boldsymbol{D}/\partial t$，计及 $\boldsymbol{J}=0$，有

$$\nabla\times\boldsymbol{H}=\nabla\times\left(\frac{\boldsymbol{B}_{\mathrm{m}}}{\mu_0}\sin\omega t\right)=\frac{\partial\boldsymbol{D}}{\partial t}=0$$

积分得 $\boldsymbol{D}=\boldsymbol{D}_0$ 为一常矢量，故有

$$\nabla\times\boldsymbol{E}=\nabla\times\frac{\boldsymbol{D}}{\varepsilon_0}=0$$

但是，将题中所给的磁感应强度代入式 $\nabla\times\boldsymbol{E}=-\partial\boldsymbol{B}/\partial t$，得

$$\nabla\times\boldsymbol{E}=-\frac{\partial\boldsymbol{B}}{\partial t}=-\boldsymbol{B}_{\mathrm{m}}\omega\cos\omega t\neq 0$$

比较可见，这样的场不满足麦克斯韦方程。同样，场 $\boldsymbol{E}=\boldsymbol{E}_{\mathrm{m}}\sin\omega t$ 也不满足麦克斯韦方程。

若将 $\boldsymbol{B}$ 中的 t 换成 $(t-y/c)$，则

$$\boldsymbol{B}=\boldsymbol{B}_{\mathrm{m}}\sin\omega\left(t-\frac{y}{c}\right)=\boldsymbol{e}_zB_{\mathrm{m}}\sin(\omega t-ky)$$

上式中假设 $\boldsymbol{B}_{\mathrm{m}}=\boldsymbol{e}_zB_{\mathrm{m}}$，并且考虑到 $k=\omega/c$。将上式代入式 $\nabla\times\boldsymbol{H}=\boldsymbol{J}+\partial\boldsymbol{D}/\partial t$，得

$$\nabla\times\boldsymbol{H}=\nabla\times\left[\boldsymbol{e}_z\frac{B_{\mathrm{m}}}{\mu_0}\sin(\omega t-ky)\right]$$

$$=-\boldsymbol{e}_x\frac{k}{\mu_0}B_{\mathrm{m}}\cos(\omega t-ky)=\varepsilon_0\frac{\partial\boldsymbol{E}}{\partial t}$$

对上式积分得

$$\boldsymbol{E}=-\boldsymbol{e}_x\frac{k}{\omega\mu_0\varepsilon_0}B_{\mathrm{m}}\sin(\omega t-ky)=-\boldsymbol{e}_x\frac{B_{\mathrm{m}}}{\sqrt{\mu_0\varepsilon_0}}\sin(\omega t-ky)$$

将 $\boldsymbol{E}$、$\boldsymbol{B}$ 分别代入式 $\nabla\times\boldsymbol{E}=-\partial\boldsymbol{B}/\partial t$ 两边，得

$$\nabla\times\boldsymbol{E}=\boldsymbol{e}_z\frac{\partial}{\partial y}\left[\frac{B_{\mathrm{m}}}{\sqrt{\mu_0\varepsilon_0}}\sin(\omega t-ky)\right]$$

$$=-\boldsymbol{e}_z\frac{kB_{\mathrm{m}}}{\sqrt{\mu_0\varepsilon_0}}\cos(\omega t-ky)=-\boldsymbol{e}_z\omega B_{\mathrm{m}}\cos(\omega t-ky)$$

$$-\frac{\partial\boldsymbol{B}}{\partial t}=-\boldsymbol{e}_z\omega B_{\mathrm{m}}\cos(\omega t-ky)=\nabla\times\boldsymbol{E}$$

可见，$\boldsymbol{E}$、$\boldsymbol{B}$ 满足麦克斯韦方程组中的全电流定律及法拉第电磁感应定律。很容易证明，它们也满足麦克斯韦方程组中的磁通连续性原理及高斯定理。本题的结果说明，满足麦克斯韦方程组的时变电磁场必然是诸如 $(t-y/c)$ 之类的时空变量的某种函数。这是因为时变电场和时变磁场不可分割地同时存在并互相激发。但在场源频率不高时，却可像静态场那样，由电流求 $\boldsymbol{B}$ 而忽略 $\partial\boldsymbol{D}/\partial t$ 的作用，或由电荷求 $\boldsymbol{E}$ 而忽略 $\partial\boldsymbol{B}/\partial t$ 的贡献。可以忽略 $\partial\boldsymbol{D}/\partial t$ 或 $\partial\boldsymbol{B}/\partial t$ 贡献的场称为准静态场。

例 5-4　设区域 $I(z<0)$ 是理想的空气介质，区域 Ⅱ$(z>0)$ 媒质参数为 $\varepsilon_{r2}=5$，$\mu_{r2}=20$，$\sigma_2=0$。在区域 Ⅰ 中的电场强度为

$$\boldsymbol{E}_1=\boldsymbol{e}_x[60\cos(\omega t-\beta_1 z)+20\cos(\omega t+\beta_1 z)]\ (\text{V/m})$$

区域 Ⅱ 中的电场强度为

$$\boldsymbol{E}_2=\boldsymbol{e}_x[A\cos(\omega t-\beta_2 z)]\ (\text{V/m})$$

(1) 求常数 A。

(2) 当 $\omega=15\times10^8$ 时，求相移常数 β_1 和 β_2。

(3) 当 $\omega=15\times10^8$ 时，求磁场强度 H_1 和 H_2。

解：(1) 在无耗媒质交界面 $z=0$ 处，有

$$\boldsymbol{E}_1=\boldsymbol{e}_x[60\cos(\omega t)+20\cos(\omega t)]=\boldsymbol{e}_x 80\cos(\omega t)\ (\text{V/m})$$

$$\boldsymbol{E}_2=\boldsymbol{e}_x A\cos(\omega t)\ (\text{V/m})$$

由于 $\boldsymbol{E}_1$ 和 $\boldsymbol{E}_2$ 恰好是切向电场，根据边界条件 $E_{1t}=E_{2t}$，可得

$$A=80\ \text{V/m}$$

(2) 当 $\omega=15\times10^8$ 时，设区域 Ⅰ 是理想的空气介质，所以

$$\varepsilon_{r1}=1,\ \mu_{r1}=1,\ \sigma_1=0$$

$$\lambda_{g1}=\frac{3\times10^8}{15\times10^8/(2\pi)}=0.4\pi$$

$$\beta_1=\frac{2\pi}{\lambda_{g1}}=\frac{2\pi}{0.4\pi}=5$$

当 $\omega=15\times10^8$ 时，媒质参数为

$$\varepsilon_{r2}=5,\ \mu_{r2}=20,\ \sigma_2=0$$

$$\lambda_{g2}=\frac{3\times10^8/\sqrt{\mu_{r2}\varepsilon_{r2}}}{15\times10^8/(2\pi)}=0.04\pi$$

$$\beta_2=\frac{2\pi}{\lambda_{g2}}=\frac{2\pi}{0.04\pi}=50$$

(3) 根据麦克斯韦方程，有

$$\nabla\times\boldsymbol{E}_1=-\mu_1\frac{\partial\boldsymbol{H}_1}{\partial t}$$

$$\frac{\partial\boldsymbol{H}_1}{\partial t}=-\frac{1}{\mu_1}\nabla\times\boldsymbol{E}_1=-\frac{1}{\mu_1}\begin{vmatrix}\boldsymbol{e}_x & \boldsymbol{e}_y & \boldsymbol{e}_z\\ \dfrac{\partial}{\partial x} & \dfrac{\partial}{\partial y} & \dfrac{\partial}{\partial z}\\ E_1 & 0 & 0\end{vmatrix}=-\boldsymbol{e}_y\frac{1}{\mu_1}\frac{\partial E_1}{\partial z}$$

$$=-\boldsymbol{e}_y\frac{1}{\mu_0}[60\beta_1\sin(\omega t-\beta_1 z)-20\beta_1\sin(\omega t+\beta_1 z)]$$

$$\frac{\partial \boldsymbol{H}_1}{\partial t}=-\frac{1}{\mu_1}\nabla\times\boldsymbol{E}_1=-\frac{1}{\mu_1}\begin{vmatrix}\boldsymbol{e}_x & \boldsymbol{e}_y & \boldsymbol{e}_z\\ \frac{\partial}{\partial x} & \frac{\partial}{\partial y} & \frac{\partial}{\partial z}\\ E_1 & 0 & 0\end{vmatrix}=-\boldsymbol{e}_y\frac{1}{\mu_1}\frac{\partial E_1}{\partial z}$$

$$\boldsymbol{H}_1=\int\frac{\partial \boldsymbol{H}_1}{\partial t}\mathrm{d}t=\boldsymbol{e}_y[0.1592\sin(\omega t-\beta_1 z)-0.0531\sin(\omega t+\beta_1 z)]\ (\mathrm{A/m})$$

同理可求

$$\boldsymbol{H}_2=\boldsymbol{e}_y[0.1061\sin(\omega t-\beta_2 z)]\ (\mathrm{A/m})$$

例 5－5　已知正弦电磁场的磁场强度复振幅为

$$\boldsymbol{H}(\boldsymbol{r})=\boldsymbol{e}_\phi\frac{H_\mathrm{m}}{r}\sin\theta\cdot\mathrm{e}^{-\mathrm{j}kr}$$

式中 H_m、k 为实常数。又场域中无源，求坡印廷矢量的瞬时值。

解：由 $\nabla\times\boldsymbol{H}=\mathrm{j}\omega\varepsilon_0\boldsymbol{E}$，有

$$\begin{aligned}\boldsymbol{E}(\boldsymbol{r})&=\frac{1}{\mathrm{j}\omega\varepsilon_0}\nabla\times\boldsymbol{H}\\&=-\boldsymbol{e}_\theta\frac{1}{\mathrm{j}\omega\varepsilon_0 r}\frac{\partial}{\partial r}(rH_\phi)=\boldsymbol{e}_\theta\frac{k}{\omega\varepsilon_0}\frac{H_\mathrm{m}}{r}\sin\theta\cdot\mathrm{e}^{-\mathrm{j}kr}\end{aligned}$$

其瞬时值为

$$\boldsymbol{E}(\boldsymbol{r},t)=\mathrm{Re}[\boldsymbol{E}(\boldsymbol{r})\mathrm{e}^{\mathrm{j}\omega t}]=\boldsymbol{e}_\theta\frac{k}{\omega\varepsilon_0}\frac{H_\mathrm{m}}{r}\sin\theta\cdot\cos(\omega t-kr)$$

类似地有

$$\boldsymbol{H}(\boldsymbol{r},t)=\boldsymbol{e}_\phi\frac{H_\mathrm{m}}{r}\sin\theta\cdot\cos(\omega t-kr)$$

坡印廷矢量的瞬时值为

$$\boldsymbol{S}(\boldsymbol{r},t)=\boldsymbol{E}(\boldsymbol{r},t)\times\boldsymbol{H}(\boldsymbol{r},t)=\boldsymbol{e}_r\frac{k}{\omega\varepsilon_0}\frac{H_\mathrm{m}^2}{r^2}\sin^2\theta\cdot\cos^2(\omega t-kr)$$

例 5－6　设海水的 $\sigma=4\ \mathrm{S/m}$，$\varepsilon_\mathrm{r}=81$，求海水在 $f=1\ \mathrm{kHz}$ 和 $f=1\ \mathrm{GHz}$ 时的复介电常数。

解：$f=1\ \mathrm{kHz}$ 时，有

$$\begin{aligned}\varepsilon_\mathrm{c}&=\varepsilon'-\mathrm{j}\frac{\sigma}{\omega}=81\times8.854\times10^{-12}-\mathrm{j}\frac{4}{2\pi\times10^3}\\&=7.16\times10^{-10}-\mathrm{j}6.37\times10^{-4}\approx-\mathrm{j}6.37\times10^{-4}\ (\mathrm{F/m})\end{aligned}$$

$f=1\ \mathrm{GHz}$ 时，有

$$\begin{aligned}\varepsilon_\mathrm{c}&=\varepsilon'-\mathrm{j}\frac{\sigma}{\omega}=81\times8.854\times10^{-12}-\mathrm{j}\frac{4}{2\pi\times10^9}\\&=7.16\times10^{-10}-\mathrm{j}6.37\times10^{-10}\ (\mathrm{F/m})\end{aligned}$$

可见，高频时介质损耗较小。

例 5-7 已知

$$\boldsymbol{E}=\boldsymbol{e}_x E_0 \mathrm{e}^{-(\alpha+\mathrm{j}\beta)z}, \quad \boldsymbol{H}=\boldsymbol{e}_y \frac{E_0}{\dot{\eta}}\mathrm{e}^{-(\alpha+\mathrm{j}\beta)z}$$

式中：E_0、α、β 为实常数；$\dot{\eta}=|\dot{\eta}|\mathrm{e}^{\mathrm{j}\theta}$ 是复数。求坡印廷矢量的瞬时值和平均值。

解： 坡印廷矢量的瞬时值为

$$\boldsymbol{S}(\boldsymbol{r},t)=\mathrm{Re}[\boldsymbol{E}(\boldsymbol{r})\mathrm{e}^{\mathrm{j}\omega t}]\times\mathrm{Re}[\boldsymbol{H}(\boldsymbol{r})\mathrm{e}^{\mathrm{j}\omega t}]$$

$$=\boldsymbol{e}_z \frac{1}{2}\frac{E_0^2}{|\dot{\eta}|}\mathrm{e}^{-2\alpha t}\{\cos\theta+\cos[2(\omega t-\beta z)-\theta]\}$$

坡印廷矢量的平均值为

$$\boldsymbol{S}_{\mathrm{av}}=\mathrm{Re}\left[\frac{1}{2}\boldsymbol{E}(\boldsymbol{r})\times\boldsymbol{H}^*(\boldsymbol{r})\right]=\boldsymbol{e}_z\frac{1}{2}\frac{E_0^2}{|\dot{\eta}|}\cos\theta\cdot\mathrm{e}^{-2\alpha z}$$

例 5-8 由 $\boldsymbol{B}=\nabla\times\boldsymbol{A}$ 和 $\boldsymbol{E}=-\nabla\varphi-\frac{\partial\boldsymbol{A}}{\partial t}$ 以及麦克斯韦方程组推导矢位 $\boldsymbol{A}$ 和标位 φ 满足的达朗贝尔方程，并写出方程的形式解。

解： 利用矢位和标位这两种辅助函数，常常可使电磁场和波的分析得到简化。因为电场和磁场是电磁现象的两个方面，在时变情况下由麦克斯韦方程将电磁场的两个方面密切联系起来，故矢位和标位之间也具有相互联系的关系，这是在推导过程中需要关注的地方。

因 $\nabla\cdot\boldsymbol{B}=0$，根据矢量恒等式可令 $\boldsymbol{B}=\nabla\times\boldsymbol{A}$ 代入麦克斯韦方程 $\nabla\times\boldsymbol{E}=-\frac{\partial}{\partial t}\boldsymbol{B}$ 得

$$\nabla\times\boldsymbol{E}=-\frac{\partial}{\partial t}\nabla\times\boldsymbol{A},\nabla\times\left(\boldsymbol{E}+\frac{\partial\boldsymbol{A}}{\partial t}\right)=0$$

又因无旋场的矢量场可以用一个标位的梯度代替，令 $\boldsymbol{E}+\frac{\partial\boldsymbol{A}}{\partial t}=-\nabla\varphi$，则

$$\boldsymbol{E}=-\nabla\varphi-\frac{\partial\boldsymbol{A}}{\partial t}$$

因为 $\nabla\cdot\boldsymbol{E}=\frac{\rho}{\varepsilon}$，故

$$\nabla\cdot\left(-\nabla\varphi-\frac{\partial\boldsymbol{A}}{\partial t}\right)=\frac{\rho}{\varepsilon}$$

$$\nabla^2\varphi+\frac{\partial}{\partial t}\nabla\cdot\boldsymbol{A}=-\frac{\rho}{\varepsilon}$$

及

$$\nabla\times\boldsymbol{H}=\frac{1}{\mu}\nabla\times\boldsymbol{B}=\frac{1}{\mu}\nabla\times\nabla\times\boldsymbol{A}=\boldsymbol{J}+\varepsilon\frac{\partial\boldsymbol{E}}{\partial t}$$

由矢量恒等式 $\nabla\times\nabla\times\boldsymbol{A}=\nabla(\nabla\cdot\boldsymbol{A})-\nabla^2\boldsymbol{A}$，上式可化简为

$$\nabla^2\boldsymbol{A}-\varepsilon\mu\frac{\partial^2\boldsymbol{A}}{\partial t^2}=-\mu\boldsymbol{J}+\nabla\left(\nabla\cdot\boldsymbol{A}+\mu\varepsilon\frac{\partial\varphi}{\partial t}\right)$$

根据亥姆霍兹定理，要唯一地确定 $\boldsymbol{A}$，除 $\nabla\times\boldsymbol{A}=\boldsymbol{B}$ 之外，还须规定 $\boldsymbol{A}$ 的散度。若令 $\nabla\cdot\boldsymbol{A}=-\mu\varepsilon\frac{\partial\varphi}{\partial t}$，则得到

$$\nabla^2 \boldsymbol{A} - \mu\varepsilon \frac{\partial^2 A}{\partial t^2} = -\mu \boldsymbol{J}$$

和

$$\nabla^2 \varphi - \varepsilon\mu \frac{\partial^2 \varphi}{\partial t^2} = -\frac{\rho}{\varepsilon}$$

以上两个方程称为达朗贝尔方程。已知场源分布 $\boldsymbol{J}$ 和 ρ，由 $\boldsymbol{J}$ 直接求出 $\boldsymbol{A}$ 和由 ρ 直接求出 φ，就需要求解达朗贝尔方程。其解的形式为

$$\varphi(\boldsymbol{r},\ t) = \left(\frac{1}{4\pi\varepsilon}\right)\int_{\tau'}\left[\rho\frac{(t-\boldsymbol{r}/v)}{r}\right]\mathrm{d}\tau'$$

和

$$\boldsymbol{A}(\boldsymbol{r},\ t) = \frac{\mu}{4\pi}\int_{\tau'}\left[\boldsymbol{J}\frac{(t-\boldsymbol{r}/v)}{r}\right]\mathrm{d}\tau'$$

顺便指出，上面规定的 $\nabla \cdot \boldsymbol{A} = -\varepsilon\mu\dfrac{\partial\varphi}{\partial t}$，实际是人为地规定 $\boldsymbol{A}$ 和 φ 之间的关系，这种规定称为洛仑兹条件。

讨论：在推导过程中，除利用矢量恒等式之外要注意的是：洛仑兹条件是人为地规定矢位 $\boldsymbol{A}$ 的散度。如果不利用这一规定，而采用另外的规定，则将得到另一组($\boldsymbol{A}$，φ) 解的形式，但最后求得的 $\boldsymbol{B}$ 和 $\boldsymbol{E}$ 是不变的。

例 5-9　无源自由空间有一正弦电磁场：

$$\boldsymbol{E} = \boldsymbol{E}_0 \mathrm{e}^{\mathrm{j}(\omega t - \boldsymbol{kr})}$$
$$\boldsymbol{H} = \boldsymbol{H}_0 \mathrm{e}^{\mathrm{j}(\omega t - \boldsymbol{kr})}$$

其中：$\boldsymbol{E}_0$、$\boldsymbol{H}_0$ 和 $\boldsymbol{k}$ 均为常矢；$\boldsymbol{r} = \boldsymbol{e}_x x + \boldsymbol{e}_y y + \boldsymbol{e}_z z$ 为位置矢。验证 $\boldsymbol{E}$ 和 $\boldsymbol{H}$ 满足麦克斯韦方程的条件是

$$\frac{\omega}{k} = \frac{1}{\sqrt{\mu_0\varepsilon_0}} = c$$

解：在自由空间的无源区域，电磁场的波动方程为

$$\nabla^2 \boldsymbol{E} - \mu_0\varepsilon_0\frac{\partial^2 \boldsymbol{E}}{\partial t^2} = 0,\ \nabla^2 \boldsymbol{H} - \mu_0\varepsilon_0\frac{\partial^2 \boldsymbol{H}}{\partial t^2} = 0$$

设 $\boldsymbol{k} = \boldsymbol{e}_x k_x + \boldsymbol{e}_y k_y + \boldsymbol{e}_z k_z$，于是

$$\begin{aligned}\nabla^2 \boldsymbol{E} &= \boldsymbol{E}_0 \nabla^2 \mathrm{e}^{\mathrm{j}(\omega t - \boldsymbol{kr})} = \boldsymbol{E}_0\left(\frac{\partial^2}{\partial x^2}+\frac{\partial^2}{\partial y^2}+\frac{\partial^2}{\partial z^2}\right)\mathrm{e}^{\mathrm{j}(\omega t - k_x x - k_y y - k_z z)}\\ &= \boldsymbol{E}_0\left[(-\mathrm{j}k_x)^2+(-\mathrm{j}k_y)^2+(-\mathrm{j}k_z)^2\right]\mathrm{e}^{\mathrm{j}(\omega t - k_x x - k_y y - k_z z)}\\ &= -k^2\boldsymbol{E}\end{aligned}$$

$$\frac{\partial^2 \boldsymbol{E}}{\partial t^2} = \boldsymbol{E}_0\frac{\partial^2}{\partial t^2}\mathrm{e}^{\mathrm{j}(\omega t - \boldsymbol{kr})} = -\omega^2\boldsymbol{E}$$

将上面两式代入 $\boldsymbol{E}$ 的波动方程，得

$$\nabla^2 \boldsymbol{E} - \mu_0\varepsilon_0\frac{\partial^2 \boldsymbol{E}}{\partial t^2} = -k^2\boldsymbol{E} + \omega^2\mu_0\varepsilon_0\boldsymbol{E} = 0$$

由此得

$$\frac{\varepsilon}{k}=\frac{1}{\sqrt{\mu_0\varepsilon_0}}=c$$

例 5-10　写出麦克斯韦方程组的复数表达式，并由此推导出无源理想介质($\rho=0$，$\boldsymbol{J}=0$，$\sigma=0$，ε 和 μ 均为常数)区域内磁场复数矢量 $\boldsymbol{H}$ 所满足的方程。

解：首先必需指出只有频率 f(或角频率 ω)固定的正弦电磁场才能用复数表达式：

$$\boldsymbol{E}(r)=\boldsymbol{e}_x\boldsymbol{E}_{mx}+\boldsymbol{e}_y\boldsymbol{E}_{my}+\boldsymbol{e}_z\boldsymbol{E}_{mz}=\boldsymbol{e}_xE_{mx}(r)e^{j\varphi_x(r)}+\boldsymbol{e}_yE_{my}(r)e^{j\varphi_y(r)}+\boldsymbol{e}_zE_{mz}(r)e^{j\varphi_z(r)}$$

注：电场的相位 $\varphi_x(r)$、$\varphi_y(r)$ 及 $\varphi_z(r)$，只是在线性无耗媒质空间内才是相同的。在瞬时表达式中$\frac{\partial}{\partial t}\rightarrow j\omega$，于是麦克斯韦方程组的复数表达式将很容易写出来。

在 $\varepsilon=$ 常数，$\mu=$ 常数，$\sigma=0$，$\rho=0$ 和 $\boldsymbol{J}=0$ 的时空域内，麦克斯韦方程组为

$$\nabla\times\boldsymbol{E}(\boldsymbol{r},t)=-\mu\frac{\partial}{\partial t}\boldsymbol{H}(r,t)$$

$$\nabla\times\boldsymbol{H}(\boldsymbol{r},t)=\varepsilon\frac{\partial}{\partial t}\boldsymbol{E}(\boldsymbol{r},t)$$

$$\nabla\cdot\boldsymbol{E}(\boldsymbol{r},t)=0$$

$$\nabla\cdot\boldsymbol{H}(\boldsymbol{r},t)=0$$

在 $\omega=$ 常数的条件下，正弦电磁场所要满足的麦克斯韦方程式的表达式为

$$\nabla\times\boldsymbol{E}(r)=-j\omega\mu\boldsymbol{H}(r)$$

$$\nabla\times\boldsymbol{H}(r)=j\omega\varepsilon\boldsymbol{E}(r)$$

$$\nabla\cdot\boldsymbol{E}(r)=0$$

$$\nabla\cdot\boldsymbol{H}(r)=0$$

对上面第二个方程两边取旋度得

$$\nabla\times\nabla\times\boldsymbol{H}(r)=j\omega\varepsilon\nabla\times\boldsymbol{E}(r)$$

利用矢量恒等式 $\nabla\times\nabla\times\boldsymbol{A}=\nabla(\nabla\cdot\boldsymbol{A})-\nabla^2\boldsymbol{A}$，考虑到 $\nabla\cdot\boldsymbol{H}=0$，故 $\boldsymbol{H}(r)$ 所要满足的方程为

$$\nabla^2\boldsymbol{H}(r)+\omega^2\varepsilon\mu\boldsymbol{H}(r)=0$$

若 $k^2=\omega^2\varepsilon\mu$，则有

$$\nabla^2\boldsymbol{H}(r)+k^2\boldsymbol{H}(r)=0$$

在直角坐标下，可分解为三个方程，即

$$\nabla^2\boldsymbol{H}_i(x,y,z)+k^2\boldsymbol{H}_i(x,y,z)=0\quad(i=x,y,z)$$

讨论：不管瞬时的电磁场还是复数的电磁场，亥姆霍兹定理指出：矢量场 $\boldsymbol{F}(r)$ 的散度代表了形成矢量场 $\boldsymbol{F}$ 的一种“源”ρ；矢量场的旋度代表着形成矢量场 $\boldsymbol{F}$ 的另一种“源”$\boldsymbol{J}$。这两类源在空间的分布确定时，矢量场 $\boldsymbol{F}$ 也就唯一地确定了。注意散度和旋度的运算是计算 $\boldsymbol{F}$ 的空间变化率，无论对瞬时场 $\boldsymbol{F}(r,t)$ 还是对复数场 $\boldsymbol{F}(r)$，$\boldsymbol{F}$ 的空间变化率是一样的，所以将瞬时场变换成复数场的表达式时，主要的算符变换是$\frac{\partial}{\partial t}\rightarrow j\omega$。

例 5-11 均匀平面波在空气中传播，已知 $f = 100$ MHz，在 $t = 0$ 时 $z = 0$ 处电场的复振幅为 $E_x = -j10$ V/m，求：

(1) $\boldsymbol{E}$、$\boldsymbol{H}$ 的瞬时值表达式。

(2) 平均坡印廷矢量。

解：(1) 据题意，$\boldsymbol{E}$、$\boldsymbol{H}$ 的瞬时值表达式为

$$\boldsymbol{E} = \boldsymbol{e}_x 10\sin\left(2\pi\times10^8 t - \frac{2\pi}{3}z\right)\ (\text{V/m})$$

$$\boldsymbol{H} = \boldsymbol{e}_y \frac{1}{12\pi}\sin\left(2\pi\times10^8 t - \frac{2\pi}{3}z\right)\ (\text{A/m})$$

(2) 平均坡印廷矢量为

$$\boldsymbol{S}_{\text{av}} = R_e\left[\frac{1}{2}\boldsymbol{E}\times\boldsymbol{H}^*\right] = \frac{5}{6\pi}\ \text{W}$$

三、习题及参考答案

5-1 单极发电机为一个在均匀磁场 $\boldsymbol{B}$ 中绕轴旋转的金属圆盘，圆盘的半径为 a，角速度为 ω，圆盘与磁场垂直，求感应电动势。

解：由法拉第电磁感应定律，有

$$\mathscr{E} = -\frac{\mathrm{d}\Phi}{\mathrm{d}t} = -\frac{\mathrm{d}}{\mathrm{d}t}\int_S \boldsymbol{B}\cdot\mathrm{d}\boldsymbol{S} = \oint_l \boldsymbol{v}\times\boldsymbol{B}\cdot\mathrm{d}l$$

所以

$$\mathscr{E} = \oint_l \boldsymbol{v}\times\boldsymbol{B}\cdot\mathrm{d}\boldsymbol{l} = \int_0^a (\omega r\boldsymbol{e}_\phi\times\boldsymbol{e}_z\boldsymbol{B})\cdot\mathrm{d}\boldsymbol{l} = B\omega\int_0^a r\mathrm{d}r = \frac{B\omega a^2}{2}$$

5-2 一个电荷 Q，以恒定速度 $v(v\ll c)$ 沿半径为 a 的圆形平面 S 的轴线向此平面移动，当两者相距为 d 时，求通过 S 的位移电流。

解：位移电流密度 $\boldsymbol{J}_{\text{d}} = \varepsilon_0\dfrac{\partial\boldsymbol{E}}{\partial t}$，因此求出作为时间函数的电场。设 Q 沿 z 轴运动，$t = 0$ 时位于原点，与 S 相距 D。在 t 时刻，Q 与平面相距 $d = D - vt$。通过 S 的位移电流为

$$I_{\text{d}} = \int_S \varepsilon_0\frac{\partial\boldsymbol{E}}{\partial t}\cdot\mathrm{d}\boldsymbol{S} = \int_S \varepsilon_0\frac{\partial\boldsymbol{E}}{\partial t}\cdot\boldsymbol{e}_z\mathrm{d}S$$

可见，只有 E_z 对 I_{d} 有贡献。由点电荷的电场表示式可知，在 S 上距圆心为 r 处有

$$E_z = \frac{Q}{4\pi\varepsilon_0[(D-vt)^2+r^2]}\frac{D-vt}{[(D-vt)^2+r^2]^{1/2}}$$

于是 S 上位移电流密度的 z 分量为

$$J_{\text{d}z} = \varepsilon_0\frac{\partial E_z}{\partial t} = \frac{Qv}{4\pi}\frac{3(D-vt)^2-[(D-vt)^2+r^2]}{[(D-vt)^2+r^2]^{5/2}}$$

$$= \frac{Qv}{4\pi}\left[\frac{3d^2}{(d^2+r^2)^{5/2}} - \frac{1}{(d^2+r^2)^{3/2}}\right]$$

所以

$$I_{\mathrm{d}} = \int_0^a J_{\mathrm{d}z} 2\pi r \mathrm{d}r = \frac{Qva^2}{2(d^2 + a^2)^{3/2}}$$

5-3 假设电场是正弦变化的，海水的电导率为 4 S/m，$\varepsilon_r = 81$，求当 $f = 1$ MHz时，位移电流与传导电流模的比值。

解： 因为假设电场是正弦变化的，所以海水中传导电流可以写成

$$\boldsymbol{J}_{\mathrm{c}} = \sigma \boldsymbol{E} = \sigma \boldsymbol{E}_0 \sin\omega t$$

海水中位移电流可以写成

$$\boldsymbol{J}_{\mathrm{d}} = \varepsilon \frac{\partial \boldsymbol{E}}{\partial t} = \varepsilon \boldsymbol{E}_0 \omega \cos\omega t$$

因此，位移电流与传导电流模(振幅)的比值为

$$\frac{J_{\mathrm{d}}}{J_{\mathrm{c}}} = \frac{\omega\varepsilon}{\sigma} = \frac{2\pi f \varepsilon_0 \varepsilon_r}{\sigma} = 1.125 \times 10^{-3}$$

5-4 一圆柱形电容器，内导体半径为 a，外导体半径为 b，长度为 l，电极间介质的介电常数为 ε。当外加低频电压 $u = U_{\mathrm{m}} \sin\omega t$ 时，求介质中的位移电流密度及穿过半径为 $r(a < r < b)$ 的圆柱面的位移电流。证明此位移电流等于电容器引线中的传导电流。

解： 对于低频电压，可认为电容器中电场的空间分布与加直流电压时相同，由高斯定律 $\oint \boldsymbol{E} \cdot \mathrm{d}\boldsymbol{S} = Q/\varepsilon$，可得电极间的电场为

$$\boldsymbol{E} = \boldsymbol{e}_r \frac{Q}{2\pi r l \varepsilon}$$

$$\int \boldsymbol{E} \cdot \mathrm{d}\boldsymbol{r} = \int_a^b \frac{Q}{2\pi r l \varepsilon} \cdot \mathrm{d}r = \frac{Q}{2\pi l \varepsilon} \ln\frac{b}{a} = \frac{Q}{2\pi r l \varepsilon} \cdot r \ln\frac{b}{a} = E_r r \ln\frac{b}{a} = U_{\mathrm{m}} \sin\omega t$$

所以可得

$$\boldsymbol{E} = \boldsymbol{e}_r \frac{U_{\mathrm{m}} \sin\omega t}{r \ln\dfrac{b}{a}}, \quad C = \frac{Q}{U} = \frac{2\pi\varepsilon l}{\ln\dfrac{b}{a}}$$

而位移电流密度为

$$\boldsymbol{J}_{\mathrm{d}} = \frac{\partial \boldsymbol{D}}{\partial t} = \varepsilon \frac{\partial \boldsymbol{E}}{\partial t} = \boldsymbol{e}_r \frac{\varepsilon U_{\mathrm{m}} \omega}{r \ln\dfrac{b}{a}} \cos\omega t$$

穿过半径为 r 的柱面的位移电流为

$$i_{\mathrm{d}} = \int_S \boldsymbol{J}_{\mathrm{d}} \cdot \mathrm{d}\boldsymbol{S} = \frac{2\pi\varepsilon l}{\ln\dfrac{b}{a}} \omega U_{\mathrm{m}} \cos\omega t = C \frac{\mathrm{d}u}{\mathrm{d}t}$$

式中，$C\dfrac{\mathrm{d}u}{\mathrm{d}t}$ 正是引线中的传导电流 i_{c}，即 $i_{\mathrm{d}} = i_{\mathrm{c}}$。

5-5 已知在空气媒质的无源区域中，电场强度 $\boldsymbol{E} = \boldsymbol{e}_x 100 \mathrm{e}^{-\alpha z} \cos(\omega t - \beta z)$，其中 α、β 为常数，求磁场强度。

解： 由题意可知

$$\varepsilon=\varepsilon_0,\ \mu=\mu_0,\ J_S=0,\ \rho_S=0$$

$$\nabla\times\boldsymbol{E}=\begin{vmatrix}\boldsymbol{e}_x & \boldsymbol{e}_y & \boldsymbol{e}_z\\ \dfrac{\partial}{\partial x} & \dfrac{\partial}{\partial y} & \dfrac{\partial}{\partial z}\\ E_x & 0 & 0\end{vmatrix}=\boldsymbol{e}_y\frac{\partial E_x}{\partial z}=-\boldsymbol{e}_y100\mathrm{e}^{-\alpha z}[\alpha\cos(\omega t-\beta z)-\beta\sin(\omega t-\beta z)]$$

因为$-\dfrac{\partial\boldsymbol{B}}{\partial t}=\nabla\times\boldsymbol{E}$，所以

$$\boldsymbol{B}=\boldsymbol{e}_y100\mathrm{e}^{-\alpha z}\left[\frac{\beta}{\omega}\cos(\omega t-\beta z)+\frac{\alpha}{\omega}\sin(\omega t-\beta z)\right]$$

可得磁场强度为

$$\boldsymbol{H}=\frac{\boldsymbol{B}}{\mu_0}=\boldsymbol{e}_y100\mathrm{e}^{-\alpha z}\left[\frac{\beta}{\omega\mu_0}\cos(\omega t-\beta z)+\frac{\alpha}{\omega\mu_0}\sin(\omega t-\beta z)\right]$$

5－6　证明麦克斯韦方程组包含了电荷守恒定律。

证明：电荷守恒定律的表示式为

$$\nabla\cdot\boldsymbol{J}=-\frac{\partial\rho}{\partial t}$$

对麦克斯韦方程组

$$\nabla\times\boldsymbol{H}=\boldsymbol{J}+\frac{\partial\boldsymbol{D}}{\partial t}\tag{5-6}$$

$$\nabla\times\boldsymbol{E}=-\frac{\partial\boldsymbol{B}}{\partial t}\tag{5-7}$$

$$\nabla\cdot\boldsymbol{B}=0\tag{5-8}$$

$$\nabla\cdot\boldsymbol{D}=\rho\tag{5-9}$$

的式(5－6)两边取散度，得

$$\nabla\cdot(\nabla\times\boldsymbol{H})=\nabla\cdot\boldsymbol{J}+\nabla\cdot\frac{\partial\boldsymbol{D}}{\partial t}$$

因为旋度的散度为零，所以

$$\nabla\cdot\boldsymbol{J}+\nabla\cdot\frac{\partial\boldsymbol{D}}{\partial t}=0$$

计及麦克斯韦方程组的式(5－9)，可得

$$\nabla\cdot\boldsymbol{J}=-\frac{\partial\rho}{\partial t}$$

5－7　证明媒质分界面上没有自由面电荷和自由面电流($\rho_S=0$，$\boldsymbol{J}_S=0$)时，分界面上只有两个切向分量的边界条件是独立的，法向分量的边界条件已经包含在切向分量的边界条件中。

证明：在分界面两侧的媒质中，有

$$\nabla\times\boldsymbol{E}_1=-\frac{\partial\boldsymbol{B}_1}{\partial t},\quad\nabla\times\boldsymbol{E}_2=-\frac{\partial\boldsymbol{B}_2}{\partial t}$$

将矢性微分算符和场矢量都分解为切向分量和法向分量，即令

$$\boldsymbol{E}=\boldsymbol{E}_{\mathrm{t}}+\boldsymbol{E}_{\mathrm{n}},\quad \nabla=\nabla_{\mathrm{t}}+\nabla_{\mathrm{n}}$$

于是有

$$(\nabla_{\mathrm{t}}+\nabla_{\mathrm{n}})\times(\boldsymbol{E}_{\mathrm{t}}+\boldsymbol{E}_{\mathrm{n}})=-\frac{\partial}{\partial t}(\boldsymbol{B}_{\mathrm{t}}+\boldsymbol{B}_{\mathrm{n}})$$

$$(\nabla_{\mathrm{t}}\times\boldsymbol{E}_{\mathrm{t}})_{\mathrm{n}}+(\nabla_{\mathrm{t}}\times\boldsymbol{E}_{\mathrm{n}})_{\mathrm{t}}+(\nabla_{\mathrm{n}}\times\boldsymbol{E}_{\mathrm{t}})_{\mathrm{t}}+(\nabla_{\mathrm{n}}\times\boldsymbol{E}_{\mathrm{n}})_{\mathrm{n}}=-\frac{\partial\boldsymbol{B}_{\mathrm{n}}}{\partial t}-\frac{\partial\boldsymbol{B}_{\mathrm{t}}}{\partial t}$$

由上式可见：

$$\nabla_{\mathrm{t}}\times\boldsymbol{E}_{\mathrm{t}}=-\frac{\partial\boldsymbol{B}_{\mathrm{n}}}{\partial t},\quad \nabla_{\mathrm{n}}\times\boldsymbol{E}_{\mathrm{n}}=0,\quad \nabla_{\mathrm{n}}\times\boldsymbol{E}_{\mathrm{t}}+\nabla_{\mathrm{t}}\times\boldsymbol{E}_{\mathrm{n}}=-\frac{\partial\boldsymbol{B}_{\mathrm{t}}}{\partial t}$$

对于媒质 1 和媒质 2，有

$$\nabla_{\mathrm{t}}\times\boldsymbol{E}_{1\mathrm{t}}=-\frac{\partial\boldsymbol{B}_{1\mathrm{n}}}{\partial t},\quad \nabla_{\mathrm{t}}\times\boldsymbol{E}_{2\mathrm{t}}=-\frac{\partial\boldsymbol{B}_{2\mathrm{n}}}{\partial t}$$

上面两式相减，得

$$\nabla_{\mathrm{t}}\times(\boldsymbol{E}_{1\mathrm{t}}-\boldsymbol{E}_{2\mathrm{t}})=-\frac{\partial}{\partial t}(\boldsymbol{B}_{1\mathrm{n}}-\boldsymbol{B}_{2\mathrm{n}})$$

代入切向分量的边界条件：

$$\boldsymbol{n}\times(\boldsymbol{E}_1-\boldsymbol{E}_2)=0$$

得

$$\frac{\partial}{\partial t}(\boldsymbol{B}_{1\mathrm{n}}-\boldsymbol{B}_{2\mathrm{n}})=\frac{\partial}{\partial t}[\boldsymbol{n}\cdot(\boldsymbol{B}_1-\boldsymbol{B}_2)]=0$$

从而有

$$\boldsymbol{n}\cdot(\boldsymbol{B}_1-\boldsymbol{B}_2)=C(\text{常数})$$

如果 $t=0$ 时的初值为 0，那么 $C=0$，所以

$$\boldsymbol{n}\cdot(\boldsymbol{B}_1-\boldsymbol{B}_2)=0,\quad B_{1\mathrm{n}}=B_{2\mathrm{n}}$$

同理，将式

$$\nabla\times\boldsymbol{H}=\boldsymbol{J}+\frac{\partial\boldsymbol{D}}{\partial t}$$

中的场量和矢性微分算符分解成切向分量和法向分量，并且展开取其中的法向分量，有

$$\nabla_{\mathrm{t}}\times\boldsymbol{H}_{\mathrm{t}}=\frac{\partial\boldsymbol{D}_{\mathrm{n}}}{\partial t}+\boldsymbol{J}_{\mathrm{n}}$$

此式对分界面两侧的媒质区域都成立，故有

$$\nabla_{\mathrm{t}}\times\boldsymbol{H}_{1\mathrm{t}}=\frac{\partial\boldsymbol{D}_{1\mathrm{n}}}{\partial t}+\boldsymbol{J}_{1\mathrm{n}},\quad \nabla_{\mathrm{t}}\times\boldsymbol{H}_{2\mathrm{t}}=\frac{\partial\boldsymbol{D}_{2\mathrm{n}}}{\partial t}+\boldsymbol{J}_{2\mathrm{n}}$$

将两式相减，并用

$$\boldsymbol{H}_{1\mathrm{t}}=(\boldsymbol{n}\times\boldsymbol{H}_1)\times\boldsymbol{n},\quad \boldsymbol{H}_{2\mathrm{t}}=(\boldsymbol{n}\times\boldsymbol{H}_2)\times\boldsymbol{n}$$

代入，得

$$\nabla_t \times \{\boldsymbol{n} \times (\boldsymbol{H}_1 - \boldsymbol{H}_2) \times \boldsymbol{n}\} = \frac{\partial}{\partial t}(\boldsymbol{D}_{1n} - \boldsymbol{D}_{2n}) + (\boldsymbol{J}_{1n} - \boldsymbol{J}_{2n})$$

再将切向分量的边界条件

$$\boldsymbol{n} \times (\boldsymbol{H}_1 - \boldsymbol{H}_2) = \boldsymbol{J}_S$$

代入，得

$$\nabla_t \times [\boldsymbol{J}_S \times \boldsymbol{n}] = \frac{\partial}{\partial t}(\boldsymbol{D}_{1n} - \boldsymbol{D}_{2n}) + (\boldsymbol{J}_{1n} - \boldsymbol{J}_{2n})$$

即

$$\boldsymbol{J}_S(\nabla_t \cdot \boldsymbol{n}) - \boldsymbol{n}(\nabla_t \cdot \boldsymbol{J}_S) - \boldsymbol{n}(J_{1n} - J_{2n}) = \boldsymbol{n}\frac{\partial}{\partial t}(D_{1n} - D_{2n})$$

考虑到

$$\nabla_t \cdot \boldsymbol{n} = 0, \quad \nabla_t \cdot \boldsymbol{J}_S + (J_{1n} - J_{2n}) = -\frac{\partial \rho_S}{\partial t} \quad \text{（分界面处的电流连续性方程）}$$

因此有

$$\boldsymbol{n}\frac{\partial \rho_S}{\partial t} = \boldsymbol{n}\frac{\partial}{\partial t}[\boldsymbol{n} \cdot (\boldsymbol{D}_1 - \boldsymbol{D}_2)], \quad \frac{\partial}{\partial t}[\boldsymbol{n} \cdot (\boldsymbol{D}_1 - \boldsymbol{D}_2) - \rho_S] = 0$$

如果 $t = 0$ 时的初值为零，即

$$\boldsymbol{D}_1 = 0, \quad \boldsymbol{D}_2 = 0, \quad \rho_S = 0$$

那么

$$\boldsymbol{n} \cdot (\boldsymbol{D}_1 - \boldsymbol{D}_2) = \rho_S$$

5-8　在两导体平板($z = 0$ 和 $z = d$)之间的空气中传输的电磁波，其电场强度矢量为

$$\boldsymbol{E} = \boldsymbol{e}_y E_0 \sin\left(\frac{\pi}{d}z\right)\cos(\omega t - k_x x)$$

其中 k_x 为常数。试求：

(1) 磁场强度矢量 $\boldsymbol{H}$。

(2) 两导体表面上的面电流密度 $\boldsymbol{J}_S$。

解：(1) 由麦克斯韦方程可得

$$\nabla \times \boldsymbol{E} = -\boldsymbol{e}_x \frac{\partial E_y}{\partial z} + \boldsymbol{e}_z \frac{\partial E_y}{\partial x} = -\frac{\partial \boldsymbol{B}}{\partial t}$$

对上式积分后得

$$\boldsymbol{B} = \boldsymbol{e}_x \frac{E_0 \pi}{d\omega}\cos\left(\frac{\pi}{d}z\right)\sin(\omega t - k_x x) + \boldsymbol{e}_z \frac{E_0 k_x}{\omega}\sin\left(\frac{\pi}{d}z\right)\cos(\omega t - k_x x)$$

即

$$\boldsymbol{H} = \boldsymbol{e}_x \frac{E_0 \pi}{d\omega\mu_0}\cos\left(\frac{\pi}{d}z\right)\sin(\omega t - k_x x) + \boldsymbol{e}_x \frac{E_0 k_x}{\omega\mu_0}\sin\left(\frac{\pi}{d}z\right)\cos(\omega t - k_x x)$$

(2) 导体表面上的电流存在于两导体板相向的一面，故在 $z = 0$ 表面上，法线 $\boldsymbol{n} = \boldsymbol{e}_z$，面电流密度为

$$\boldsymbol{J}_S = \boldsymbol{e}_z \times \boldsymbol{H}\mid_{z=0} = \boldsymbol{e}_y \frac{\pi E_0}{\omega\mu_0 d}\sin(\omega t - k_x x)$$

在 $z = d$ 表面上，法线 $\boldsymbol{n} = -\boldsymbol{e}_z$，面电流密度为

$$\boldsymbol{J}_S = -\boldsymbol{e}_z \times \boldsymbol{H}\mid_{z=d} = \boldsymbol{e}_y \frac{\pi E_0}{\omega\mu_0 d}\sin(\omega t - k_x x)$$

5-9 假设真空中的磁感应强度 $\boldsymbol{B} = \boldsymbol{e}_y 10^{-2}\cos(6\pi\times 10^8 t)\cos(2\pi z)T$，试求位移电流密度。

解：(1) 已知真空媒质的特性为

$$\sigma = 0,\ \boldsymbol{J}_c = \sigma\boldsymbol{E} = 0,\ \mu_0 = 4\pi\times 10^{-7}$$

由麦克斯韦方程组得知

$$\nabla\times\boldsymbol{H} = \boldsymbol{J}_c + \boldsymbol{J}_d = \boldsymbol{J}_d$$

所以位移电流为

$$\boldsymbol{J}_d = \nabla\times\boldsymbol{H}$$

而

$$\boldsymbol{H} = \frac{\boldsymbol{B}}{\mu_0} = \boldsymbol{e}_y \frac{10^5}{4\pi}\cos(6\pi\times 10^8 t)\cos(2\pi z)$$

$$\boldsymbol{J}_d = \nabla\times\boldsymbol{H} = \begin{bmatrix} \boldsymbol{e}_x & \boldsymbol{e}_y & \boldsymbol{e}_z \\ \dfrac{\partial}{\partial x} & \dfrac{\partial}{\partial y} & \dfrac{\partial}{\partial z} \\ 0 & H_y & 0 \end{bmatrix} = -\boldsymbol{e}_x \frac{\partial H_y}{\partial z} = \boldsymbol{e}_x 0.5\times 10^4\cos(6\pi\times 10^8 t)\sin(2\pi z)$$

(2) 由麦克斯韦方程可知

$$\nabla\times\boldsymbol{E} = \boldsymbol{e}_x\left(\frac{\partial E_z}{\partial y} - \frac{\partial E_y}{\partial z}\right) - \boldsymbol{e}_y\left(\frac{\partial E_z}{\partial x} - \frac{\partial E_x}{\partial z}\right) + \boldsymbol{e}_z\left(\frac{\partial E_y}{\partial x} - \frac{\partial E_x}{\partial y}\right) = -\frac{\partial\boldsymbol{B}}{\partial t}$$

$$= \boldsymbol{e}_y 6\pi\times 10^6\sin(6\pi\times 10^8 t)\cos(2\pi z)$$

比较可见：

$$\frac{\partial E_x}{\partial z} = 6\pi\times 10^6\sin(6\pi\times 10^8 t)\cos(2\pi z)$$

对上式积分得

$$E_x = 3\times 10^6\sin(6\pi\times 10^8 t)\sin(2\pi z)$$

即

$$\boldsymbol{E} = \boldsymbol{e}_x 3\times 10^6\sin(6\pi\times 10^8 t)\sin(2\pi z)$$

所以，位移电流密度为

$$\boldsymbol{J}_d = \frac{\partial\boldsymbol{D}}{\partial t} = \varepsilon_0\frac{\partial\boldsymbol{E}}{\partial t} = \boldsymbol{e}_x 5\times 10^4\cos(6\pi\times 10^8 t)\sin(2\pi z)$$

5-10 在理想导电壁($\sigma = \infty$) 限定的区域($0 \leqslant x \leqslant a$) 内存在一个如下的电磁场：

$$E_y = H_0\mu\omega\frac{a}{\pi}\sin\left(\frac{\pi x}{a}\right)\sin(kz - \omega t)$$

$$H_x = H_0 k \frac{a}{\pi} \sin\left(\frac{\pi x}{a}\right) \sin(kz - \omega t)$$

$$H_z = H_0 \cos\left(\frac{\pi x}{a}\right) \cos(kz - \omega t)$$

这个电磁场满足的边界条件如何？导电壁上的电流密度的值如何？

解: 在边界 $x = 0$ 处($\boldsymbol{n} = \boldsymbol{e}_x$)有

$$E_y = 0, \quad H_x = 0, \quad H_z = H_0 \cos(kz - \omega t)$$

所以，导电壁上的电流密度和电荷密度的值为

$$\boldsymbol{J}_{S0} = \boldsymbol{n} \times \boldsymbol{H}\,|_{x=0} = \boldsymbol{e}_x \times \boldsymbol{e}_z H_z\,|_{x=0} = -\boldsymbol{e}_y H_0 \cos(kz - \omega t), \ \rho_{S0} = \boldsymbol{n} \cdot \boldsymbol{D}\,|_{x=0} = 0$$

在 $x = 0$ 处电磁场满足的边界条件为

$$\boldsymbol{n} \times \boldsymbol{H} = -\boldsymbol{e}_y H_0 \cos(kz - \omega t), \ \boldsymbol{n} \times \boldsymbol{E} = 0$$

$$\boldsymbol{n} \cdot \boldsymbol{B} = 0, \quad \boldsymbol{n} \cdot \boldsymbol{D} = 0$$

同理，在 $x = a$ 处($\boldsymbol{n} = -\boldsymbol{e}_x$)有

$$\boldsymbol{J}_{Sa} = \boldsymbol{n} \times \boldsymbol{H}\,|_{x=a} = -\boldsymbol{e}_x \times \boldsymbol{e}_z H_z\,|_{x=a} = -\boldsymbol{e}_y H_0 \cos(kz - \omega t), \quad \rho_{Sa} = \boldsymbol{n} \cdot \boldsymbol{D}\,|_{x=a} = 0$$

$$\boldsymbol{n} \times \boldsymbol{H} = -\boldsymbol{e}_y H_0 \cos(kz - \omega t), \ \boldsymbol{n} \times \boldsymbol{E} = 0, \ \boldsymbol{n} \cdot \boldsymbol{B} = 0, \ \boldsymbol{n} \cdot \boldsymbol{D} = 0$$

5-11　一段由理想导体构成的同轴线，内导体半径为 a，外导体半径为 b，长度为 L，同轴线两端用理想导体板短路。已知在 $a \leqslant r \leqslant b$、$0 \leqslant z \leqslant L$ 区域内的电磁场为

$$\boldsymbol{E} = \boldsymbol{e}_r \frac{A}{r} \sin kz, \quad \boldsymbol{H} = \boldsymbol{e}_\theta \frac{B}{r} \cos kz$$

(1) 确定 A、B 之间的关系。

(2) 确定 k。

(3) 求 $r = a$ 及 $r = b$ 面上的 ρ_S、$\boldsymbol{J}_S$。

解: 由题意可知，电磁场在同轴线内形成驻波状态。

(1) A、B 之间的关系。因为

$$\nabla \times \boldsymbol{E} = \boldsymbol{e}_\theta \frac{\partial E_r}{\partial z} = \boldsymbol{e}_\theta \frac{Ak}{r} \cos kz = -\mathrm{j}\omega\mu \boldsymbol{H}$$

所以

$$\frac{A}{B} = \frac{-\mathrm{j}\omega\mu}{k}$$

(2) 因为

$$\nabla \times H = \frac{1}{r}\left[-\boldsymbol{e}_r \frac{\partial(rH_\theta)}{\partial z} + \boldsymbol{e}_z \frac{\partial(rH_\theta)}{\partial r}\right] = \boldsymbol{e}_r \frac{Bk}{r} \sin kz = \mathrm{j}\omega\varepsilon E$$

所以

$$\frac{A}{B} = \frac{k}{\mathrm{j}\omega\varepsilon}$$

$$\frac{-\mathrm{j}\omega\mu}{k} = \frac{k}{\mathrm{j}\omega\varepsilon}, \quad k = \omega\sqrt{\mu\varepsilon}$$

(3) 因为是理想导体构成的同轴线，所以边界条件为

$$\boldsymbol{n}\times\boldsymbol{H}=\boldsymbol{J}_S,\quad \boldsymbol{n}\cdot\boldsymbol{D}=\rho_S$$

在 $r=a$ 的导体面上，法线 $\boldsymbol{n}=\boldsymbol{e}_r$，所以

$$\boldsymbol{J}_{Sa}=\boldsymbol{n}\times\boldsymbol{H}\big|_{r=a}=\boldsymbol{e}_z\frac{B}{r}\cos kz\big|_{r=a}=\boldsymbol{e}_z\frac{B}{a}\cos kz$$

$$\rho_{Sa}=\boldsymbol{n}\cdot\boldsymbol{D}\big|_{r=a}=\frac{\varepsilon A}{r}\sin kz\big|_{r=a}=\frac{\varepsilon A}{a}\sin kz$$

在 $r=b$ 的导体面上，法线 $\boldsymbol{n}=-\boldsymbol{e}_r$，所以

$$\boldsymbol{J}_{Sb}=\boldsymbol{n}\times\boldsymbol{H}\big|_{r=b}=-\boldsymbol{e}_z\frac{B}{r}\cos kz\big|_{r=b}=-\boldsymbol{e}_z\frac{B}{b}\cos kz$$

$$\rho_{Sb}=\boldsymbol{n}\cdot\boldsymbol{D}\big|_{r=b}=-\frac{\varepsilon A}{r}\sin kz\big|_{r=b}=-\frac{\varepsilon A}{b}\sin kz$$

5－12 一根半径为 a 的长直圆柱导体上通过直流电流 I。假设导体的电导率 σ 为有限值，求导体表面附近的坡印廷矢量，计算长度为 L 的导体所损耗的功率。

解： 直流电流均匀分布在导体横截面上，因为

$$\boldsymbol{J}=\boldsymbol{e}_z\frac{I}{\pi a^2},\quad \boldsymbol{E}=\frac{\boldsymbol{J}}{\sigma}$$

所以

$$\boldsymbol{E}=\boldsymbol{e}_z\frac{I}{\sigma\pi a^2}$$

在导体表面上，有

$$\oint_l\boldsymbol{H}\cdot\mathrm{d}\boldsymbol{l}=I,\quad \boldsymbol{H}=\boldsymbol{e}_\phi\frac{I}{2\pi a}$$

导体表面上的坡印廷矢量为

$$\boldsymbol{S}=\boldsymbol{E}\times\boldsymbol{H}=-\boldsymbol{e}_r\frac{I^2}{2\pi^2a^3\sigma}$$

所以，长度为 L 的导体所损耗的功率为

$$P=\int_v\boldsymbol{J}\cdot\boldsymbol{E}\mathrm{d}v=\int_v\sigma E^2\mathrm{d}v=\frac{I^2L}{\sigma\pi a^2}$$

5－13 将下列场矢量的瞬时值与复数值相互表示：

(1) $\boldsymbol{E}(t)+\boldsymbol{e}_xE_{ym}\cos(\omega t-kx+\alpha)+\boldsymbol{e}_zE_{zm}\sin(\omega t-kx+\alpha)$

(2) $\boldsymbol{H}(t)=\boldsymbol{e}_xH_0k\left(\dfrac{a}{\pi}\right)\sin\left(\dfrac{\pi x}{a}\right)\sin(kz-\omega t)+\boldsymbol{e}_zH_0\cos\left(\dfrac{\pi x}{a}\right)\cos(kz-\omega t)$

(3) $E_{zm}=E_0\sin(k_xx)\sin(k_yy)\mathrm{e}^{-\mathrm{j}k_zz}$

(4) $E_{xm}=2\mathrm{j}E_0\sin\theta\cos(k_x\cos\theta)\mathrm{e}^{-\mathrm{j}kz\sin\theta}$

解： 根据场量的瞬时值与复数值的相互关系可解得答案如下。

(1) 因为

$$\boldsymbol{E}(x,y,z,t)=\mathrm{Re}\left[\boldsymbol{e}_xE_{ym}\mathrm{e}^{\mathrm{j}(\omega t-kx+\alpha)}+\boldsymbol{e}_zE_{zm}\mathrm{e}^{\mathrm{j}\left(\omega t-kx+\alpha-\frac{\pi}{2}\right)}\right]$$

所以

$$E(x, y, z) = (e_x E_{ym} e^{-jkx} - je_z E_{zm} e^{-jkx}) e^{j\alpha}$$

(2) 因为

$$H(x, y, z, t) = \mathrm{Re}\left[e_x H_0 k\left(\frac{a}{\pi}\right)\sin\left(\frac{\pi x}{a}\right)e^{j\left(\omega t - kz + \frac{\pi}{2}\right)} + e_z H_0 \cos\left(\frac{\pi x}{a}\right)e^{j(\omega t - kz)}\right]$$

所以

$$H(x, y, z) = e_x H_0 k\left(\frac{a}{\pi}\right)\sin\left(\frac{\pi x}{a}\right)e^{j\left(-kz + \frac{\pi}{2}\right)} + e_z H_0 \cos\left(\frac{\pi x}{a}\right)e^{-jkz}$$

(3)

$$\begin{aligned} E(x, y, z, t) &= \mathrm{Re}[e_z E_0 \sin(k_x x) \sin(k_y y) e^{j(-kz)} e^{j\omega t}] \\ &= e_z E_0 \sin(k_x x) \sin(k_y y) \cos(\omega t - k_z z) \end{aligned}$$

(4)

$$\begin{aligned} E(x, y, z, t) &= \mathrm{Re}\left[e_x 2E_0 \sin\theta \cos(k_x x \cos\theta) e^{j\left(-kz\sin\theta + \frac{\pi}{2}\right)} e^{j\omega t}\right] \\ &= e_x 2E_0 \sin\theta \cos(k_x x \cos\theta) \cos\left(\omega t + \frac{\pi}{2} - kz\sin\theta\right) \end{aligned}$$

5-14 一振幅为 50 V/m、频率为 1 GHz 的电场存在于相对介电常数为 2.5、损耗角正切为 0.001 的有耗电介质中，求每立方米媒质中消耗的平均功率。

解：由题意，有

$$\tan\delta_\varepsilon = \frac{\varepsilon''}{\varepsilon'}$$

所以

$$\varepsilon'' = \varepsilon' \cdot \tan\delta_\varepsilon = 0.001 \times 2.5 \times \left(\frac{10^{-9}}{36\pi}\right)$$

单位体积中媒质消耗的平均功率为

$$P = \frac{1}{2}\omega\varepsilon'' E_m^2 = 0.174\ \mathrm{W/m^2}$$

5-15 已知无源、自由空间中的电场强度矢量 $E = e_y E_m \sin(\omega t - kz)$。

(1) 由麦克斯韦方程求磁场强度。

(2) 证明 ω/k 等于光速。

(3) 求坡印廷矢量的时间平均值。

解：(1) 无源即 $J_S = 0$，$\rho_S = 0$。由麦克斯韦方程可知：

$$\nabla \times E = -e_x \frac{\partial E_y}{\partial z} = e_x k E_m \cos(\omega t - kz) = -\mu \frac{\partial H}{\partial t}$$

积分之，并忽略与时间无关（表示静场）的常数，得

$$H = -e_x \frac{kE_m}{\mu_0 \omega} \sin(\omega t - kz)$$

(2) 将上式和 $D = \varepsilon_0 E$ 代入麦克斯韦方程 $\nabla \times H = J + \partial D/\partial t$，有

$$\nabla \times H = e_y \frac{\partial H_x}{\partial z} = e_y \frac{k^2 E_m}{\mu_0 \omega} \cos(\omega t - kz) = \varepsilon_0 \frac{\partial E}{\partial t} = e_y \varepsilon_0 \omega E_m \cos(\omega t - kz)$$

由此得

$$\frac{k^2}{\mu_0\omega}=\varepsilon_0\omega,\quad \frac{\omega^2}{k^2}=\frac{1}{\mu_0\varepsilon_0}$$

即

$$\frac{\omega}{k}=\sqrt{\frac{1}{\mu_0\varepsilon_0}}=c$$

(3) 坡印廷矢量的时间平均值为

$$\boldsymbol{S}_{\mathrm{av}}=\frac{1}{T}\int_0^T\boldsymbol{E}\times\boldsymbol{H}\mathrm{d}t=\boldsymbol{e}_z\frac{1}{2}\frac{kE_{\mathrm{m}}^2}{\mu_0\omega}$$

5-16 已知真空中电场强度 $\boldsymbol{E}=\boldsymbol{e}_xE_0\cos k_0(z-ct)+\boldsymbol{e}_yE_0\sin k_0(z-ct)$,式中 $k_0=2\pi/\lambda_0=\omega/c$,试求:

(1) 磁场强度和坡印廷矢量的瞬时值。

(2) 对于给定的 z 值(例如 $z=0$),试确定 $\boldsymbol{E}$ 随时间变化的轨迹。

(3) 磁场能量密度、电场能量密度和坡印廷矢量的时间平均值。

解: (1) 由麦克斯韦方程可得

$$\nabla\times\boldsymbol{E}=-\boldsymbol{e}_x\frac{\partial E_y}{\partial z}+\boldsymbol{e}_y\frac{\partial E_x}{\partial z}$$

$$=-\boldsymbol{e}_xE_0k_0\cos k_0(z-ct)-\boldsymbol{e}_yE_0k_0\sin k_0(z-ct)=-\mu_0\frac{\partial\boldsymbol{H}}{\partial t}$$

对上式积分,得磁场强度的瞬时值为

$$\boldsymbol{H}=-\boldsymbol{e}_x\frac{E_0}{\mu_0c}\sin k_0(z-ct)+\boldsymbol{e}_y\frac{E_0}{\mu_0c}\cos k_0(z-ct)$$

故坡印廷矢量的瞬时值

$$\boldsymbol{S}=\boldsymbol{E}\times\boldsymbol{H}=\boldsymbol{e}_z\frac{E_0^2}{\mu_0c}$$

(2) 因为 $\boldsymbol{E}$ 的模和幅角分别为

$$|\boldsymbol{E}|=\sqrt{E_x^2+E_y^2}=E_0$$

$$\theta=\tan\frac{E_0\sin k_0(z-ct)}{E_0\cos k_0(z-ct)}=k_0(z-ct)$$

所以,$\boldsymbol{E}$ 随时间变化的轨迹为圆。

(3) 磁场能量密度、电场能量密度和坡印廷矢量的时间平均值分别为

$$w_{\mathrm{av,e}}=\frac{1}{4}\mathrm{Re}[\boldsymbol{E}\cdot\boldsymbol{D}^*]$$

$$=\frac{1}{4}[(\boldsymbol{e}_xE_0\mathrm{e}^{-\mathrm{j}k_0z}+\boldsymbol{e}_yE_0\mathrm{e}^{\mathrm{j}\left(\frac{\pi}{2}-k_0z\right)})\cdot(\boldsymbol{e}_x\varepsilon_0E_0\mathrm{e}^{\mathrm{j}k_0z}+\boldsymbol{e}_y\varepsilon_0E_0\mathrm{e}^{-\mathrm{j}\left(\frac{\pi}{2}-k_0z\right)})]$$

$$=\frac{1}{2}\varepsilon_0E_0^2$$

$$w_{\mathrm{av,m}}=\frac{1}{2}\varepsilon_0E_0^2$$

$$\boldsymbol{S}_{\mathrm{av}}=\mathrm{Re}\left[\frac{1}{2}\boldsymbol{E}\times\boldsymbol{H}^{*}\right]=\boldsymbol{e}_{z}\frac{E_{0}^{2}}{2\mu_{0}c}$$

5－17　设真空中同时存在两个正弦电磁场，其电场强度分别为

$$\boldsymbol{E}_{1}=\boldsymbol{e}_{x}E_{10}\mathrm{e}^{-\mathrm{j}k_{1}z},\quad \boldsymbol{E}_{2}=\boldsymbol{e}_{x}E_{20}\mathrm{e}^{-\mathrm{j}k_{2}z}$$

试证明总的平均功率流密度等于两个正弦电磁场的平均功率流密度之和。

解：由麦克斯韦方程，有

$$\nabla\times\boldsymbol{E}_{1}=\boldsymbol{e}_{y}\frac{\partial E_{x}}{\partial z}=\boldsymbol{e}_{y}(-\mathrm{j}k_{1})E_{10}\mathrm{e}^{-\mathrm{j}k_{1}z}=-\mathrm{j}\omega\mu_{0}\boldsymbol{H}_{1}$$

对该式积分，得

$$\boldsymbol{H}_{1}=\boldsymbol{e}_{y}\frac{k_{1}}{\omega\mu_{0}}E_{10}\mathrm{e}^{-\mathrm{j}k_{1}z}$$

故

$$\boldsymbol{S}_{1}=\mathrm{Re}\left[\frac{1}{2}\boldsymbol{E}_{1}\times\boldsymbol{H}_{1}^{*}\right]=\boldsymbol{e}_{z}\frac{k_{1}E_{10}^{2}}{2\mu_{0}\omega}$$

同理可得

$$\nabla\times\boldsymbol{E}_{2}=-\boldsymbol{e}_{x}\frac{\partial E_{y}}{\partial z}=-\boldsymbol{e}_{x}(-\mathrm{j}k_{2})E_{20}\mathrm{e}^{-\mathrm{j}k_{2}z}=-\mathrm{j}\omega\mu_{0}\boldsymbol{H}_{2}$$

$$\boldsymbol{H}_{2}=-\boldsymbol{e}_{x}\frac{k_{2}}{\omega\mu_{0}}E_{20}\mathrm{e}^{-\mathrm{j}k_{2}z}$$

$$\boldsymbol{S}_{2}=\mathrm{Re}\left[\frac{1}{2}\boldsymbol{E}_{2}\times\boldsymbol{H}_{2}^{*}\right]=\boldsymbol{e}_{z}\frac{k_{2}E_{20}^{2}}{2\mu_{0}\omega}$$

另一方面，因为

$$\boldsymbol{E}=\boldsymbol{E}_{1}+\boldsymbol{E}_{2}$$

$$\nabla\times\boldsymbol{E}=-\boldsymbol{e}_{x}\frac{\partial E_{y}}{\partial z}+\boldsymbol{e}_{y}\frac{\partial E_{x}}{\partial z}=-\mathrm{j}\omega\mu_{0}\boldsymbol{H}$$

所以

$$\boldsymbol{H}=-\boldsymbol{e}_{x}\frac{k_{2}}{\omega\mu_{0}}E_{20}\mathrm{e}^{-\mathrm{j}k_{2}z}+\boldsymbol{e}_{y}\frac{k_{1}}{\omega\mu_{0}}E_{10}\mathrm{e}^{-\mathrm{j}k_{1}z}$$

$$\boldsymbol{S}=\mathrm{Re}\left[\frac{1}{2}\boldsymbol{E}\times\boldsymbol{H}^{*}\right]=\boldsymbol{e}_{z}\frac{1}{2}\left(\frac{k_{1}E_{10}^{2}}{\mu_{0}\omega}+\frac{k_{2}E_{20}^{2}}{\mu_{0}\omega}\right)=\boldsymbol{S}_{1}+\boldsymbol{S}_{2}$$

5－18　证明真空中无源区域的：

(1) 麦克斯韦方程组。

(2) 坡印廷矢量。

(3) 能量密度在下列变换

$$\boldsymbol{E}'=\boldsymbol{E}\cos\theta+c\boldsymbol{B}\sin\theta$$

$$\boldsymbol{B}'=-\frac{\boldsymbol{E}}{c}\sin\theta+\boldsymbol{B}\cos\theta$$

下不变。其中：$c=1/\sqrt{\mu_{0}\varepsilon_{0}}$；$\theta$ 为任意的恒定角度。

证明：(1) 麦克斯韦方程组在题给变换下不变。麦克斯韦方程组为

$$\nabla \times \boldsymbol{H} = \frac{\partial \boldsymbol{D}}{\partial t} \tag{5-10}$$

$$\nabla \times \boldsymbol{E} = -\frac{\partial \boldsymbol{B}}{\partial t} \tag{5-11}$$

$$\nabla \cdot \boldsymbol{B} = 0 \tag{5-12}$$

$$\nabla \cdot \boldsymbol{D} = 0 \tag{5-13}$$

计及变换

$$\nabla \times \boldsymbol{H}' = \frac{1}{\mu_0}\nabla \times \left(-\frac{\boldsymbol{E}}{c}\sin\theta + \boldsymbol{B}\cos\theta\right) = \frac{\sin\theta}{\mu_0 c}\frac{\partial \boldsymbol{B}}{\partial t} + \cos\theta\frac{\partial \boldsymbol{D}}{\partial t}$$

$$\frac{\partial \boldsymbol{D}'}{\partial t} = \varepsilon_0 \frac{\partial \boldsymbol{E}'}{\partial t} = \frac{\sin\theta}{\mu_0 c}\frac{\partial \boldsymbol{B}}{\partial t} + \cos\theta\frac{\partial \boldsymbol{D}}{\partial t}$$

所以

$$\nabla \times \boldsymbol{H}' = \frac{\partial \boldsymbol{D}'}{\partial t}$$

同理可证：

$$\nabla \times \boldsymbol{E}' = \nabla \times (\boldsymbol{E}\cos\theta + c\boldsymbol{B}\sin\theta) = -\cos\theta\frac{\partial \boldsymbol{B}}{\partial t} + c\sin\theta\mu_0\frac{\partial \boldsymbol{D}}{\partial t}$$

$$-\frac{\partial \boldsymbol{B}'}{\partial t} = -\cos\theta\frac{\partial \boldsymbol{B}}{\partial t} + c\sin\theta\mu_0\frac{\partial \boldsymbol{D}}{\partial t}$$

所以

$$\nabla \times \boldsymbol{E}' = -\frac{\partial \boldsymbol{B}'}{\partial t}$$

(2) 坡印廷矢量在题给变换下不变。

$$\begin{aligned}\boldsymbol{S}' = \boldsymbol{E}' \times \boldsymbol{H}' &= \frac{1}{\mu_0}(\boldsymbol{E}\cos\theta + c\boldsymbol{B}\sin\theta) \times \left(-\frac{\boldsymbol{E}}{c}\sin\theta + \boldsymbol{B}\cos\theta\right)\\ &= \frac{\cos^2\theta}{\mu_0}\boldsymbol{E}\times\boldsymbol{B} + \frac{\sin^2\theta}{\mu_0}\boldsymbol{E}\times\boldsymbol{B} = \boldsymbol{E}\times\boldsymbol{H} = \boldsymbol{S}\end{aligned}$$

(3) 能量密度在题给变换下不变。

$$\begin{aligned}w' &= \frac{1}{2}\boldsymbol{E}'\cdot\boldsymbol{D}' + \frac{1}{2}\boldsymbol{B}'\cdot\boldsymbol{H}'\\ &= \frac{1}{2}\varepsilon_0 \left|\boldsymbol{E}\cos\theta + c\boldsymbol{B}\sin\theta\right|^2 + \frac{1}{2\mu_0}\left|-\frac{\boldsymbol{E}}{c}\sin\theta + \boldsymbol{B}\cos\theta\right|^2\\ &= \frac{1}{2}\varepsilon_0\left[|\boldsymbol{E}|^2\cos^2\theta + c^2|\boldsymbol{B}|^2\sin^2\theta + 2c\boldsymbol{E}\cdot\boldsymbol{B}\sin\theta\cos\theta\right]\\ &\quad + \frac{1}{2\mu_0}\left[\frac{1}{c^2}|\boldsymbol{E}|^2\sin^2\theta + |\boldsymbol{B}|^2\cos^2\theta - 2\frac{1}{c}\boldsymbol{E}\cdot\boldsymbol{B}\sin\theta\cos\theta\right]\\ &= \frac{1}{2}\boldsymbol{E}\cdot\boldsymbol{D} + \frac{1}{2}\boldsymbol{B}\cdot\boldsymbol{H}\end{aligned}$$

5-19　证明均匀、线性、各向同性的导体媒质中，无源区域的正弦电磁场满足波动方程：

$$\nabla^2 \boldsymbol{E} - \mathrm{j}\omega\mu\sigma\boldsymbol{E} + \omega^2\mu\varepsilon\boldsymbol{E} = 0$$

$$\nabla^2 \boldsymbol{H} - \mathrm{j}\omega\mu\sigma\boldsymbol{H} + \omega^2\mu\varepsilon\boldsymbol{H} = 0$$

证明：在无源的导电媒质中，正弦电磁场满足的麦克斯韦方程组为

$$\nabla \times \boldsymbol{H} = \sigma\boldsymbol{E} + \mathrm{j}\omega\boldsymbol{D} \tag{5-14}$$

$$\nabla \times \boldsymbol{E} = -\mathrm{j}\omega\boldsymbol{B} \tag{5-15}$$

$$\nabla \cdot \boldsymbol{B} = 0 \tag{5-16}$$

$$\nabla \cdot \boldsymbol{D} = 0 \tag{5-17}$$

对式(5-14)两边取旋度可得

$$\nabla \times \nabla \times \boldsymbol{H} = \sigma\nabla \times \boldsymbol{E} + \mathrm{j}\omega\nabla \times \boldsymbol{D}$$

由矢量恒等式

$$\nabla \times \nabla \times \boldsymbol{A} = \nabla(\nabla \cdot \boldsymbol{A}) - \nabla^2\boldsymbol{A}$$

有

$$\nabla(\nabla \cdot \boldsymbol{H}) - \nabla^2\boldsymbol{H} = \sigma\nabla \times \boldsymbol{E} + \mathrm{j}\omega\nabla \times \boldsymbol{D}$$

由(5-15)、(5-16)式可得

$$\nabla^2\boldsymbol{H} = -\sigma\nabla \times \boldsymbol{E} - \mathrm{j}\omega\varepsilon\nabla \times \boldsymbol{E} = \mathrm{j}\omega\sigma\boldsymbol{B} - \omega^2\varepsilon\boldsymbol{B}$$

所以

$$\nabla^2 \boldsymbol{H} - \mathrm{j}\omega\mu\sigma\boldsymbol{H} + \omega^2\mu\varepsilon\boldsymbol{H} = 0$$

同理可证：

$$\nabla^2 \boldsymbol{E} - \mathrm{j}\omega\mu\sigma\boldsymbol{E} + \omega^2\mu\varepsilon\boldsymbol{E} = 0$$

5-20　证明有源区域内电场强度矢量 **E** 和磁场强度矢量 **H** 满足有源波动方程：

$$\nabla^2\boldsymbol{E} - \mu\varepsilon\frac{\partial^2\boldsymbol{E}}{\partial t^2} = \frac{1}{\varepsilon}\nabla\rho + \mu\frac{\partial\boldsymbol{J}}{\partial t}$$

$$\nabla^2\boldsymbol{H} - \mu\varepsilon\frac{\partial^2\boldsymbol{H}}{\partial t^2} = -\nabla \times \boldsymbol{J}$$

证明：麦克斯韦方程组为

$$\nabla \times \boldsymbol{H} = \boldsymbol{J} + \frac{\partial\boldsymbol{D}}{\partial t} \tag{5-18}$$

$$\nabla \times \boldsymbol{E} = -\frac{\partial\boldsymbol{B}}{\partial t} \tag{5-19}$$

$$\nabla \cdot \boldsymbol{B} = 0 \tag{5-20}$$

$$\nabla \cdot \boldsymbol{D} = \rho \tag{5-21}$$

取式(5-18)两边的散度得

$$\begin{aligned}\nabla \cdot \nabla \times \boldsymbol{H} &= \nabla(\nabla \cdot \boldsymbol{H}) - \nabla^2\boldsymbol{H} \\ &= \nabla \times \boldsymbol{J} + \nabla \times \frac{\partial\boldsymbol{D}}{\partial t} = \nabla \times \boldsymbol{J} + \varepsilon\frac{\partial(\nabla \times \boldsymbol{E})}{\partial t} \\ &= \nabla \times \boldsymbol{J} - \mu\varepsilon\frac{\partial^2\boldsymbol{H}}{\partial t^2}\end{aligned}$$

计及式(5-20)可得

$$\nabla^2 \boldsymbol{H} - \mu\varepsilon \frac{\partial^2 \boldsymbol{H}}{\partial t^2} = -\nabla \times \boldsymbol{J}$$

同理可证：

$$\begin{aligned}\nabla \times \nabla \times \boldsymbol{E} &= \nabla(\nabla \cdot \boldsymbol{E}) - \nabla^2 \boldsymbol{E} \\ &= \frac{1}{\varepsilon}\nabla\rho - \nabla^2 \boldsymbol{E} = -\frac{\partial(\nabla \times \boldsymbol{B})}{\partial t} \\ &= -\mu\frac{\partial \boldsymbol{J}}{\partial t} - \mu\varepsilon\frac{\partial^2 \boldsymbol{E}}{\partial t^2}\end{aligned}$$

由此可得

$$\nabla^2 \boldsymbol{E} - \mu\varepsilon \frac{\partial^2 \boldsymbol{E}}{\partial t^2} = \frac{1}{\varepsilon}\nabla\rho + \mu\frac{\partial \boldsymbol{J}}{\partial t}$$

5-21 在麦克斯韦方程中，若忽略 $\partial \boldsymbol{D}/\partial t$ 或 $\partial \boldsymbol{B}/\partial t$，证明矢量位和标量位满足泊松方程：

$$\nabla^2 \boldsymbol{A} = -\mu \boldsymbol{J}, \quad \nabla^2 \varphi = -\frac{\rho}{\varepsilon}$$

证明： 由题意可知，在题给条件下的麦克斯韦方程组为

$$\nabla \times \boldsymbol{H} = \boldsymbol{J} \tag{5-22}$$

$$\nabla \times \boldsymbol{E} = 0 \tag{5-23}$$

$$\nabla \cdot \boldsymbol{B} = 0 \tag{5-24}$$

$$\nabla \cdot \boldsymbol{D} = \rho \tag{5-25}$$

根据矢量位的定义和矢量恒等式有

$$\boldsymbol{B} = \nabla \times \boldsymbol{A} = \mu \boldsymbol{H}$$

$$\nabla \times \nabla \times \boldsymbol{A} = \nabla(\nabla \cdot \boldsymbol{A}) - \nabla^2 \boldsymbol{A} = \mu\nabla \times \boldsymbol{H} = \mu \boldsymbol{J}$$

取库仑规范

$$\nabla \cdot \boldsymbol{A} = 0$$

得

$$\nabla^2 \boldsymbol{A} = -\mu \boldsymbol{J}$$

同理可证：

$$\boldsymbol{E} = -\nabla\varphi, \quad \nabla \cdot \boldsymbol{E} = -\nabla \cdot \nabla\varphi = -\nabla^2\varphi, \quad \nabla \cdot \boldsymbol{D} = -\varepsilon\nabla^2\varphi = \rho$$

所以

$$\nabla^2 \varphi = -\frac{\rho}{\varepsilon}$$

5-22 证明洛仑兹条件和电流连续方程是等效的。

证明： 洛仑兹条件为

$$\nabla \cdot \boldsymbol{A} + \mu\varepsilon\frac{\partial \varphi}{\partial t} = 0$$

对上式两边进行 ∇^2 运算，考虑到 $\nabla^2(\nabla \cdot \mathbf{A}) = \nabla \cdot (\nabla^2 \mathbf{A})$，并将 A、φ 的波动方程

$$\nabla^2 \mathbf{A} - \mu\varepsilon \frac{\partial^2 \mathbf{A}}{\partial t^2} = -\mu \boldsymbol{J}$$

$$\nabla^2 \varphi - \mu\varepsilon \frac{\partial^2 \varphi}{\partial t^2} = -\frac{\rho}{\varepsilon}$$

代入上式，得

$$\mu\varepsilon \frac{\partial^2}{\partial t^2}\left(\nabla \cdot \mathbf{A} + \mu\varepsilon \frac{\partial \varphi}{\partial t}\right) = \mu\left(\nabla \cdot \boldsymbol{J} + \frac{\partial \rho}{\partial t}\right)$$

再将洛仑兹条件代入上式左边，便得到电流连续性方程：

$$\nabla \cdot \boldsymbol{J} + \frac{\partial \rho}{\partial t} = 0$$

5－23　试证明在下列变换

$$\boldsymbol{E}' = \boldsymbol{E}\cos\theta + c\boldsymbol{B}\sin\theta$$

$$\boldsymbol{B}' = -\frac{\boldsymbol{E}}{c}\sin\theta + \boldsymbol{B}\cos\theta$$

中总能量密度 $\frac{1}{2}\varepsilon \boldsymbol{E}^2 + \frac{1}{2}\mu_0 \boldsymbol{H}^2$ 也具有不变性。其中 $c = \frac{1}{\sqrt{\varepsilon_0 \mu_0}}$，$\theta$ 为任意的恒定角度。

证明：参阅习题 5－18 答案中(3)。

第六章　平面电磁波

一、基本内容与公式

1. 均匀平面电磁波在无界理想媒质中传播时，电场强度矢量和磁场强度矢量的振幅不变，它们在时间上同相，在空间上互相垂直，并与电磁波传播方向垂直，三者构成右手螺旋关系。这种均匀平面电磁波可以表示为

$$\boldsymbol{E}=\boldsymbol{E}_0\mathrm{e}^{-\mathrm{j}\boldsymbol{k}\cdot\boldsymbol{r}} \qquad \boldsymbol{H}=\boldsymbol{H}_0\mathrm{e}^{-\mathrm{j}\boldsymbol{k}\cdot\boldsymbol{r}}$$

$$\boldsymbol{H}=\frac{1}{\eta}\boldsymbol{e}_k\times\boldsymbol{E}\quad \text{或}\quad \boldsymbol{E}=\eta\boldsymbol{e}_k\times\boldsymbol{H}$$

$$\boldsymbol{e}_k\cdot\boldsymbol{E}=0 \qquad \boldsymbol{e}_k\cdot\boldsymbol{H}=0$$

式中：$\eta=\sqrt{\dfrac{\mu}{\varepsilon}}$；$\boldsymbol{k}=k\boldsymbol{e}_k=\omega\sqrt{\mu\varepsilon}\boldsymbol{e}_k$。

2. 均匀平面电磁波在导电媒质中传播时，电场强度矢量和磁场强度矢量在空间上仍互相垂直，且与电磁波传播方向三者构成右手螺旋关系；但是电场和磁场的振幅按指数函数衰减，它们在时间上不再同相。此外，电磁波的波长变短，相速减慢。这种电磁波可以表示为

$$\boldsymbol{E}=\boldsymbol{e}_xE_{\mathrm{m}}\mathrm{e}^{-\alpha z}\cos(\omega t-\beta z+\phi_0)$$

$$\boldsymbol{H}=\boldsymbol{e}_y\frac{1}{|\eta_{\mathrm{c}}|}E_{\mathrm{m}}\mathrm{e}^{-\alpha z}\cos(\omega t-\beta z+\phi_0-\theta)$$

$$\eta_{\mathrm{c}}=\sqrt{\frac{\mu}{\varepsilon-\mathrm{j}\dfrac{\sigma}{\omega}}}=|\eta_{\mathrm{c}}|\mathrm{e}^{\mathrm{j}\theta}$$

式中：

$$\alpha=\omega\sqrt{\frac{\mu\varepsilon}{2}\left[\sqrt{1+\left(\frac{\sigma}{\omega\varepsilon}\right)^2}-1\right]}$$

$$\beta=\omega\sqrt{\frac{\mu\varepsilon}{2}\left[\sqrt{1+\left(\frac{\sigma}{\omega\varepsilon}\right)^2}+1\right]}$$

3. 空间固定点上电磁波的电场强度矢量的空间取向随时间变化的方式称为极化方式。

当构成电场强度矢量的两个相互垂直的分量的相位相同或相位相差180°时，电场强度矢量的极化方式为线极化；当这两个相互垂直的分量的相位相差90°且振幅相等时，电场强度矢量的极化方式为圆极化；当这两个相互垂直的分量的振幅和相位均为任意时，电场强度矢量的极化方式为椭圆极化。

4. 在正弦电磁场作用下，媒质的电磁特性通常与频率有关。这种电磁参量与频率有关的媒质称为色散媒质。电磁波的相速随频率而变化的现象称为色散。相速是单色波等相位面变化的速度，而群速才是电磁信号传播的速度。

5. 平面电磁波从一种媒质入射到另一种媒质时，在分界面上一部分能量被反射回来，另一部分能量被传输进入第二种媒质。无限大平面分界面发生的反射波和透射波也是平面波。反射波和透射波场量的振幅和相位取决于分界面两侧媒质的参量、入射波的极化和入射角的大小。

对于非磁性媒质，入射波自介电常数大的媒质向介电常数小的媒质入射时，若入射角大于临界角θ_c，则可以发生全反射。此外，对于平行极化的斜入射，也可以在某一入射角没有反射，即发生全透射，这个角称为布儒斯特角。

电磁波垂直入射到分界平面时，在分界面上发生反射，并在入射波所在区域形成合成的行驻波或驻波。

二、例题示范

例 6-1　真空中传播的均匀平面电磁波的电场复矢量振幅为

$$\boldsymbol{E}(\boldsymbol{r}) = 40\pi(\boldsymbol{e}_x + \mathrm{j}4\boldsymbol{e}_y + \mathrm{j}3\boldsymbol{e}_z)\mathrm{e}^{-\mathrm{j}\pi(0.6y-0.8z)} \quad (\mathrm{mV/m})$$

试求：

(1) 波传播方向的单位矢量。

(2) 波的频率。

(3) 波的磁场强度的瞬时值$\boldsymbol{H}(\boldsymbol{r}, t)$。

解：(1) 由题给均匀平面电磁波的电场复矢量振幅表达式可知：

$$\boldsymbol{k}\cdot\boldsymbol{r} = \pi(0.6y - 0.8z)$$

故$\boldsymbol{k}$的模值为π，即

$$\boldsymbol{k} = k\boldsymbol{n}, \quad \boldsymbol{n} = \frac{\boldsymbol{k}}{k}, \quad k = \pi$$

波传播方向的单位矢量为

$$\boldsymbol{n} = 0.6\boldsymbol{e}_y - 0.8\boldsymbol{e}_z$$

(2) 又由$k = \dfrac{2\pi}{\lambda}$知，波的频率为

$$f = \frac{c\cdot k}{2\pi} = \frac{3\times10^8\pi}{2\pi} = 1.5\times10^8\ \mathrm{Hz}$$

(3) 真空中传播的均匀平面电磁波的磁场强度复矢量振幅为

$$\boldsymbol{H}(\boldsymbol{r})=\frac{\boldsymbol{n}\times\boldsymbol{E}(\boldsymbol{r})}{\eta}=\frac{\boldsymbol{n}\times\boldsymbol{E}(\boldsymbol{r})}{\eta_0}$$

$$=\frac{(0.6\boldsymbol{e}_y-0.8\boldsymbol{e}_z)\times40\pi(\boldsymbol{e}_x+\mathrm{j}4\boldsymbol{e}_y+\mathrm{j}3\boldsymbol{e}_z)\mathrm{e}^{-\mathrm{j}\pi(0.6y-0.8z)}}{120\pi}$$

$$=\frac{1}{3}(\mathrm{j}5\boldsymbol{e}_x+0.8\boldsymbol{e}_y-0.6\boldsymbol{e}_z)\mathrm{e}^{-\mathrm{j}\pi(0.6y-0.8z)}$$

波的磁场强度的瞬时值 $\boldsymbol{H}(\boldsymbol{r},t)$ 为

$$\boldsymbol{H}(\boldsymbol{r},t)=\frac{1}{3}(\mathrm{j}5\boldsymbol{e}_x+0.8\boldsymbol{e}_y-0.6\boldsymbol{e}_z)\cos[\omega t-\pi(0.6y-0.8z)]\ (\mathrm{mA/m})$$

例 6-2 假设真空中一平面波的磁场强度矢量为

$$\boldsymbol{H}=10^{-6}\left(\frac{3}{2}\boldsymbol{e}_x+\boldsymbol{e}_y+\boldsymbol{e}_z\right)\cos\left[\omega t+\pi\left(x-y-\frac{1}{2}z\right)\right]\quad(\mathrm{A/m})$$

试求：

(1) 波的传播方向。

(2) 波长和频率。

(3) 电场强度矢量。

(4) 坡印廷矢量的平均值。

解：(1) 由磁场强度矢量瞬时表达式得知

$$-\pi\left(x-y-\frac{1}{2}z\right)=\boldsymbol{k}\cdot\boldsymbol{r}=k_xx+k_yy+k_zz$$

由此可得

$$\boldsymbol{k}=\pi\left(-\boldsymbol{e}_x+\boldsymbol{e}_y+\frac{1}{2}\boldsymbol{e}_z\right)=k\boldsymbol{e}_k$$

$$k=\pi\sqrt{(-1)^2+1^2+\left(\frac{1}{2}\right)^2}=\frac{3}{2}\pi\ \mathrm{rad/m}$$

传播方向的单位矢量为

$$\boldsymbol{e}_k=\frac{\boldsymbol{k}}{k}=\frac{2}{3}\left(-\boldsymbol{e}_x+\boldsymbol{e}_y+\frac{1}{2}\boldsymbol{e}_z\right)$$

(2) 波长和频率为

$$\lambda=\frac{2\pi}{k}=\frac{2\pi}{\frac{3}{2}\pi}=\frac{4}{3}\ \mathrm{m}$$

$$f=\frac{c}{\lambda}=\frac{3\times10^8}{4/3}=\frac{9}{4}\times10^8=2.25\times10^8=225\ \mathrm{MHz}$$

(3) 磁场强度矢量表达式为

$$\boldsymbol{H}=\boldsymbol{H}_0\mathrm{e}^{-\mathrm{j}\boldsymbol{k}\cdot\boldsymbol{r}}\mathrm{e}^{\mathrm{j}\omega t}=(H_x\boldsymbol{e}_x+H_y\boldsymbol{e}_y+H_z\boldsymbol{e}_z)\mathrm{e}^{-\mathrm{j}\boldsymbol{k}\cdot\boldsymbol{r}}\mathrm{e}^{\mathrm{j}\omega t}$$

$$=10^{-6}\left(\frac{3}{2}\boldsymbol{e}_x+\boldsymbol{e}_y+\boldsymbol{e}_z\right)\mathrm{e}^{-\mathrm{j}\pi\left(-\boldsymbol{e}_x+\boldsymbol{e}_y+\frac{1}{2}\boldsymbol{e}_z\right)\cdot\boldsymbol{r}}\mathrm{e}^{\mathrm{j}\omega t}$$

由麦克斯韦方程组得知

$$\boldsymbol{E}=\frac{1}{\mathrm{j}\omega\varepsilon_0}\nabla\times\boldsymbol{H}=\frac{1}{\mathrm{j}\omega\varepsilon_0}\left(\frac{\partial}{\partial x}\boldsymbol{e}_x+\frac{\partial}{\partial y}\boldsymbol{e}_y+\frac{\partial}{\partial z}\boldsymbol{e}_z\right)\times\boldsymbol{H}$$

$$=-\frac{\mathrm{j}}{\mathrm{j}\omega\varepsilon_0}(k_x\boldsymbol{e}_x+k_y\boldsymbol{e}_y+k_z\boldsymbol{e}_z)\times\boldsymbol{H}=-\frac{\mathrm{j}k}{\mathrm{j}\omega\varepsilon_0}\boldsymbol{e}_k\times\boldsymbol{H}$$

$$=-\frac{\omega\sqrt{\mu_0\varepsilon_0}}{\omega\varepsilon_0}\boldsymbol{e}_k\times\boldsymbol{H}=-\eta_0\boldsymbol{e}_k\times\boldsymbol{H}$$

$$\boldsymbol{E}=-\eta_0\boldsymbol{e}_k\times\boldsymbol{H}$$

$$=-\eta_0\frac{2}{3}\left(-\boldsymbol{e}_x+\boldsymbol{e}_y+\frac{1}{2}\boldsymbol{e}_z\right)\times10^{-6}\left(\frac{3}{2}\boldsymbol{e}_x+\boldsymbol{e}_y+\boldsymbol{e}_z\right)\mathrm{e}^{-\mathrm{j}\pi(-\boldsymbol{e}_x+\boldsymbol{e}_y+\frac{1}{2}\boldsymbol{e}_z)\cdot\boldsymbol{r}}\mathrm{e}^{\mathrm{j}\omega t}$$

$$=4\pi\times10^{-5}\left(-\boldsymbol{e}_x+\frac{7}{2}\boldsymbol{e}_y+5\boldsymbol{e}_z\right)\mathrm{e}^{-\mathrm{j}\pi(-\boldsymbol{e}_x+\boldsymbol{e}_y+\frac{1}{2}\boldsymbol{e}_z)\cdot\boldsymbol{r}}\mathrm{e}^{\mathrm{j}\omega t}$$

电场强度矢量瞬时表达式：

$$\boldsymbol{E}=\mathrm{Re}[\boldsymbol{E}]=4\pi\times10^{-5}\left(-\boldsymbol{e}_x+\frac{7}{2}\boldsymbol{e}_y+5\boldsymbol{e}_z\right)\cos\left[\omega t+\pi\left(x-y-\frac{1}{2}z\right)\right]\quad(\mathrm{V/m})$$

(4) 坡印廷矢量的时间平均值：

$$\boldsymbol{S}_{\mathrm{av}}=\frac{1}{T}\int_0^T(\boldsymbol{E}\times\boldsymbol{H})\mathrm{d}t\approx8\times10^{-10}\left(\frac{-2\boldsymbol{e}_x+2\boldsymbol{e}_y+\boldsymbol{e}_z}{3}\right)\ (\mathrm{W/m^2})$$

例 6-3　在相对磁导率 $\mu_r=1$ 的理想介质中传播电场瞬时值为

$$\boldsymbol{E}(\boldsymbol{r},t)=30\pi(\sqrt{3}\boldsymbol{e}_x+\boldsymbol{e}_z)\cos[3\pi\times10^8t-\pi(x-\sqrt{3}z)]\ (\mathrm{V/m})$$

的均匀平面电磁波，试求：

(1) 该波的波长 λ。

(2) 理想介质的相对介电常数 ε_r。

(3) 该波坡印廷矢量的平均值 $\boldsymbol{S}_{\mathrm{av}}$。

解：(1) 由题设可知，$\omega=3\pi\times10^8$，又因为 $\omega=2\pi f=2\pi\frac{v_p}{\lambda}$，所以 $\lambda=\frac{2\pi v_p}{\omega}$。而

$$\boldsymbol{k}=k\boldsymbol{n}=\pi(\boldsymbol{e}_x-\boldsymbol{e}_z\sqrt{3})=2\pi\cdot\left(\boldsymbol{e}_x\frac{1}{2}-\boldsymbol{e}_z\frac{\sqrt{3}}{2}\right),\quad k=2\pi=\frac{\omega}{v_p}$$

$$v_p=\frac{\omega}{k}=\frac{3\pi\times10^8}{2\pi}=1.5\times10^8\ \mathrm{m/s}$$

该波的波长 λ 为

$$\lambda=\frac{2\pi v_p}{\omega}=\frac{2\pi\times1.5\times10^8}{3\pi\times10^8}=1\ \mathrm{m}$$

(2) 又因为，$k=\omega\sqrt{\varepsilon_0\varepsilon_r\mu_0\mu_r}$，代入各值可得理想介质的相对介电常数为

$$\varepsilon_r=\frac{k^2}{\omega^2\mu_0\mu_r\varepsilon_0}=4$$

(3) 电场强度的复矢量为

$$\boldsymbol{E}(\boldsymbol{r})=30\pi\sqrt{3}\mathrm{e}^{-\mathrm{j}\pi(x-\sqrt{3}z)}\boldsymbol{e}_x+30\pi\mathrm{e}^{-\mathrm{j}\pi(x-\sqrt{3}z)}\boldsymbol{e}_z=E_x\boldsymbol{e}_x+E_z\boldsymbol{e}_z$$

由 $\nabla \times \boldsymbol{E} = -\mathrm{j}\omega\mu_0 \boldsymbol{H}$ 得

$$\boldsymbol{H}(\boldsymbol{r}) = -\frac{1}{\mathrm{j}\omega\mu_0}\nabla \times \boldsymbol{E}(\boldsymbol{r})$$

其中：

$$\nabla \times \boldsymbol{E} = \begin{vmatrix} \boldsymbol{e}_x & \boldsymbol{e}_y & \boldsymbol{e}_z \\ \dfrac{\partial}{\partial x} & \dfrac{\partial}{\partial y} & \dfrac{\partial}{\partial z} \\ E_x & 0 & E_z \end{vmatrix} = \mathrm{j}120\pi^2 \mathrm{e}^{-\mathrm{j}\pi(x-\sqrt{3}z)}\boldsymbol{e}_y$$

故

$$\begin{aligned}\boldsymbol{H}(\boldsymbol{r}) &= -\frac{1}{\mathrm{j}\omega\mu_0}\mathrm{j}120\pi^2 \mathrm{e}^{-\mathrm{j}\pi(x-\sqrt{3}z)}\boldsymbol{e}_y \\ &= -\mathrm{e}^{-\mathrm{j}\pi(x-\sqrt{3}z)}\boldsymbol{e}_y\end{aligned}$$

坡印廷矢量的平均值为

$$\begin{aligned}\boldsymbol{S}_{\mathrm{av}} &= \frac{1}{2}\mathrm{Re}(\boldsymbol{E} \times \boldsymbol{H}^*) \\ &= \frac{1}{2}\mathrm{Re}\left[30\sqrt{3}\pi\boldsymbol{e}_x \times (-\boldsymbol{e}_y) + 30\pi\boldsymbol{e}_z \times (-\boldsymbol{e}_y)\right] \\ &= 15\pi(\boldsymbol{e}_x - \sqrt{3}\boldsymbol{e}_z)\end{aligned}$$

例 6 - 4 电场复矢量振幅为 $\boldsymbol{E}_\mathrm{i}(\boldsymbol{r}) = 5(\boldsymbol{e}_x - \mathrm{j}\boldsymbol{e}_y)\mathrm{e}^{-\mathrm{j}\pi z}$ V/m 的均匀平面电磁波由 $\mu_\mathrm{r} = 1$，$\varepsilon_\mathrm{r} = 9$ 的理想介质垂直射向空气。若界面为 $z = 0$ 的平面：

(1) 试说明入射波的极化状态。

(2) 试求反射波电场的复矢量振幅 $\boldsymbol{E}_\mathrm{r}(\boldsymbol{r})$。

(3) 试求当入射角 θ_i 为何值时，反射波为线极化波。

(4) 试求当入射角 θ_i 为何值时进入空气的平均功率的 z 分量为零。

解：(1) 入射波的极化状态。由题设知，电场的 $\boldsymbol{x}$ 分量和 $\boldsymbol{y}$ 分量幅度相等，相位相差 90°，故入射波的极化状态是右旋圆极化波。

(2) 因为入射波为垂直入射，且 $\eta_1 = \frac{1}{3}\eta_0$，$\eta_2 = \eta_0 = 120\pi$，故界面为 $z = 0$ 的平面处的反射系数

$$\Gamma = \frac{\eta_2 - \eta_1}{\eta_2 + \eta_1} = \frac{1}{2}$$

所以反射波电场的复矢量振幅为

$$\boldsymbol{E}_\mathrm{r} = \Gamma\boldsymbol{E}_\mathrm{i}$$

代入各值得

$$\boldsymbol{E}_\mathrm{r}(\boldsymbol{r}) = 2.5(\boldsymbol{e}_x - \mathrm{j}\boldsymbol{e}_y)\mathrm{e}^{+\mathrm{j}\pi z}$$

(3) 因为入射波为圆极化波，可以分解为两个相互垂直的线极化波，即垂直极化波和水平极化波。当入射角 θ_i 为布儒斯特角时，水平极化波发生全透射现象，而由于垂直极化

波不存在全透射现象，故此时反射波只有垂直极化波，也即反射波为线极化波。

$$\theta_i = \theta_B = \arctan\sqrt{\frac{\varepsilon_2}{\varepsilon_1}} = \text{arctg}3 \approx 71.6°$$

(4) 当波从光密介质射向光疏介质时会发生全反射，此时没有功率进入空气。故此时的入射角 θ_i 为

$$\theta_i \geqslant \theta_c = \arcsin\sqrt{\frac{\varepsilon_2}{\varepsilon_1}} = \arcsin 3 \approx 19.5°$$

例 6－5　真空中传播的均匀平面电磁波的电场复矢量振幅为

$$\boldsymbol{E}(\boldsymbol{r}, t) = 377(\boldsymbol{e}_x + \text{j}0.8\boldsymbol{e}_y + \text{j}0.6\boldsymbol{e}_z)\text{e}^{-\text{j}\pi(3y-4z)} \quad (\text{V/m})$$

试求：

(1) 波传播方向的单位矢量 $\boldsymbol{n}$。

(2) 波的磁场复振幅矢量 $\boldsymbol{H}(\boldsymbol{r})$。

(3) 波的角频率 ω。

解：由电场复矢量振幅表示式可得

$$\pi(3y - 4z) = \boldsymbol{k}\cdot\boldsymbol{r} = k_y y + k_z z$$

故得出

$$k = \pi\sqrt{3^2 + (-4)^2} = 5\pi, \quad \boldsymbol{k} = \pi(3\boldsymbol{e}_y - 4\boldsymbol{e}_z)$$

(1) 传播方向的单位矢量为

$$\boldsymbol{n} = \frac{\boldsymbol{k}}{k} = \frac{3}{5}\boldsymbol{e}_y - \frac{4}{5}\boldsymbol{e}_z$$

真空中传播的均匀平面电磁波的波阻抗为

$$\eta_0 = 120\pi = 377$$

(2) 波的磁场复振幅矢量为

$$\boldsymbol{H} = \frac{1}{\eta}\boldsymbol{n}\times\boldsymbol{E} = (\text{j}5\boldsymbol{e}_x + 0.8\boldsymbol{e}_y - 0.6\boldsymbol{e}_z)\text{e}^{-\text{j}\pi(3y-4z)}$$

(3) 波的角频率 ω 为

$$k = \omega\sqrt{\mu\varepsilon}, \quad \omega = \frac{k}{\sqrt{\mu\varepsilon}}$$

所以

$$\omega = \frac{5\pi}{\sqrt{\frac{1}{36\pi}\times 10^{-9}\times 4\pi\times 10^{-7}}} = 15\pi\times 10^8$$

例 6－6　假设真空中一平面电磁波的波矢量

$$\boldsymbol{k} = \frac{\pi}{2\sqrt{2}}(\boldsymbol{e}_x + \boldsymbol{e}_y) \quad (\text{rad/m})$$

电场强度振幅 $E_m = 3\sqrt{3}$ V/m，极化于 z 轴方向。试求：

(1) 电场强度的瞬时表达式。

(2) 对应的磁场强度矢量。

解: (1) 由题意可知

$$\boldsymbol{E}(\boldsymbol{r},\ t) = \boldsymbol{e}_z E_{\mathrm{m}} \cos(\omega t - \boldsymbol{k} \cdot \boldsymbol{r})$$

$$= \boldsymbol{e}_z 3\sqrt{3}\ \cos\left[\omega t - \frac{\pi}{2\sqrt{2}}(x+y)\right]$$

其中:

$$\omega = kc = \frac{3\pi}{2} \times 10^8 \quad \mathrm{rad/s}$$

(2) $\boldsymbol{H}(\boldsymbol{r},\ t) = \dfrac{1}{\eta_0}\ \dfrac{\boldsymbol{k}}{k} \times \boldsymbol{E}(\boldsymbol{r},\ t)$

$$= 40\sqrt{\frac{3}{2}}\pi(\boldsymbol{e}_x - \boldsymbol{e}_y) \times \cos\left[\frac{3\pi}{2} \times 10^8 t - \frac{\pi}{2\sqrt{2}}(x+y)\right]\ (\mathrm{A/m})$$

例 6-7 均匀平面电磁波在 $\mu_r = 1$ 的理想介质中传播，其电场强度为

$$\boldsymbol{E}(\boldsymbol{r},\ t) = \boldsymbol{e}_x \cos\left(2\pi(10^8 t - z) + \frac{\pi}{5}\right) \quad (\mathrm{V/m})$$

试求:

(1) 理想介质的相对介电常数 ε_{r}。

(2) 平面电磁波的相速度 v_{p}。

(3) 平面电磁波的坡印廷矢量的平均值 $\boldsymbol{S}_{\mathrm{av}}$。

解: (1) 由电场强度表示式可得

$$\omega = 2\pi \times 10^8, \quad k = 2\pi$$

从而有

$$k = \omega\sqrt{\mu\varepsilon} = \omega\sqrt{\mu_0 \mu_r \varepsilon_0 \varepsilon_r} = 2\pi$$

得出理想介质的相对介电常数为

$$\varepsilon_{\mathrm{r}} = \frac{\left(\dfrac{k}{\omega}\right)^2}{\mu_{\mathrm{r}} \mu_0 \varepsilon_0} = 9$$

(2) 由于

$$f = \frac{\omega}{2\pi},\ k = \frac{2\pi}{\lambda}$$

可得平面电磁波的相速度为

$$v_{\mathrm{p}} = \lambda \cdot f = \frac{\omega}{k} = 10^8\ \mathrm{m/s}$$

(3) 电场强度复矢量为

$$\boldsymbol{E} = \boldsymbol{e}_x \mathrm{e}^{-\mathrm{j}\left(2\pi z - \frac{\pi}{5}\right)}$$

所以 $k = 2\pi$，$\boldsymbol{k} = k\boldsymbol{n} = 2\pi \boldsymbol{e}_z$，从而波传播方向的单位矢量为 $\boldsymbol{n} = \boldsymbol{e}_z$，而

$$\eta = \sqrt{\frac{\mu}{\varepsilon}} = \sqrt{\frac{\mu_0}{\varepsilon_0}} \cdot \frac{1}{\sqrt{\varepsilon_r}} = 120\pi \cdot \frac{1}{\sqrt{9}} = 40\pi$$

从而

$$\boldsymbol{H} = \frac{1}{\eta}\boldsymbol{n} \times \boldsymbol{E} = \frac{1}{40\pi}\boldsymbol{e}_y \mathrm{e}^{-\mathrm{j}\left(2\pi z - \frac{\pi}{5}\right)}$$

所以平面电磁波的坡印廷矢量的平均值为

$$\boldsymbol{S}_{\mathrm{av}} = \frac{1}{2}\mathrm{Re}(\boldsymbol{E} \times \boldsymbol{H}^*) = \frac{1}{80\pi}\boldsymbol{e}_z$$

例 6-8　有一电场复矢量振幅为 $\boldsymbol{E}(r) = 5(\boldsymbol{e}_x + \mathrm{j}\boldsymbol{e}_y)\mathrm{e}^{-\mathrm{j}2\pi z}$ (V/m)的均匀平面电磁波由空气垂直射向相对介电常数 $\varepsilon_r = 2.25$，相对磁导率 $\mu_r = 1$ 的理想介质，其界面为 $z = 0$ 的无限大平面。试求：

(1) 反射波的极化状态。

(2) 反射波的电场振幅 E_{rm}。

(3) 透射波的电场振幅 E_{tm}。

解：(1) 依据题意知

$$\eta_1 = \eta_0 = 120\pi, \quad \eta_2 = \eta_0\sqrt{\frac{\mu_r}{\varepsilon_r}} = \sqrt{\frac{1}{2.25}} \cdot 120\pi = 80\pi$$

界面 $z = 0$ 处的反射系数为

$$\Gamma = \frac{\eta_2 - \eta_1}{\eta_2 + \eta_1} = -\frac{40}{200} = -0.2$$

所以反射波的电场为

$$\begin{aligned}\boldsymbol{E}_r &= (-0.2) \cdot 5(\boldsymbol{e}_x + \mathrm{j}\boldsymbol{e}_y)\mathrm{e}^{\mathrm{j}2\pi z} \\ &= -(\boldsymbol{e}_x + \mathrm{j}\boldsymbol{e}_y)\mathrm{e}^{\mathrm{j}2\pi z}\end{aligned}$$

因此，入射波为左旋圆极化，反射波为右旋圆极化。

(2) 反射波的电场振幅：

$$E_{\mathrm{rm}} = |\boldsymbol{E}_r| = \sqrt{2}\ \ \mathrm{V/m}$$

(3) 界面 $z = 0$ 处的透射系数：

$$T = \frac{2\eta_2}{\eta_2 + \eta_1} = \frac{160}{200} = 0.8$$

透射波的电场：

$$\boldsymbol{E}_t = 0.8 \times 5(\boldsymbol{e}_x + \mathrm{j}\boldsymbol{e}_y)\mathrm{e}^{-\mathrm{j}2\pi z} = 4(\boldsymbol{e}_x + \mathrm{j}\boldsymbol{e}_y)\mathrm{e}^{-\mathrm{j}2\pi z}$$

从而透射波的电场振幅为

$$E_{\mathrm{tm}} = |\boldsymbol{E}_t| = 4\sqrt{2}\ \ \mathrm{V/m}$$

例 6-9　一右旋圆极化波由空气向一理想介质平面($z = 0$)垂直入射，坐标与图 6-1 相同，媒质的电磁参数为 $\varepsilon_2 = 9\varepsilon_0$，$\varepsilon_1 = \varepsilon_0$，$\mu_1 = \mu_2 = \mu_0$。试求反射波、透射波的电场强度及相对平均功率密度；它们各是何种极化波？

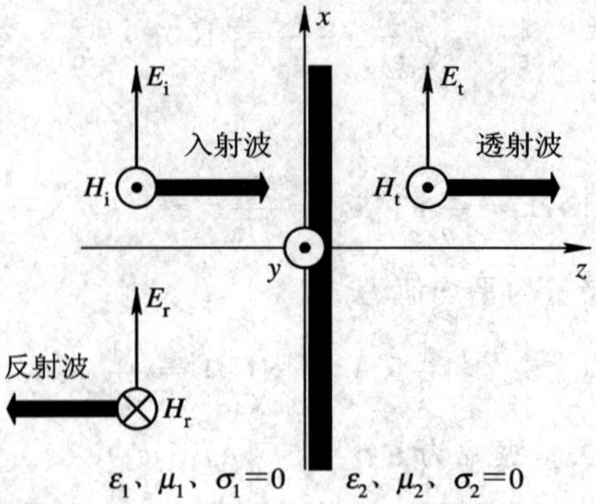

图 6-1　例 6-9 用图

解: 设入射波的电场强度矢量为

$$\boldsymbol{E}_i = \frac{1}{\sqrt{2}}(\boldsymbol{e}_x - j\boldsymbol{e}_y)E_0 e^{-jk_1 z}, \quad k_1 = \omega\sqrt{\mu_0\varepsilon_0}$$

则反射波和透射波的电场强度矢量为

$$\boldsymbol{E}_r = \frac{\Gamma}{\sqrt{2}}(\boldsymbol{e}_x - j\boldsymbol{e}_y)E_0 e^{jk_1 z}$$

$$\boldsymbol{E}_t = \frac{T}{\sqrt{2}}(\boldsymbol{e}_x - j\boldsymbol{e}_y)E_0 e^{-jk_2 z}$$

$$k_2 = \omega\sqrt{\mu_2\varepsilon_2} = 3\omega\sqrt{\mu_0\varepsilon_0}$$

式中反射系数和透射系数为

$$\Gamma = \frac{\eta_2 - \eta_1}{\eta_2 + \eta_1} = -0.5$$

$$T = \frac{2\eta_2}{\eta_2 + \eta_1} = 0.5$$

入射波、反射波和透射波都可以看成是两个振幅相等、旋向相反、互相正交的线极化波的合成，所以相对平均功率密度为

$$\left|\frac{\boldsymbol{S}_{av,r}}{\boldsymbol{S}_{av,i}}\right| = |\Gamma|^2 = 0.5^2 = 25\%$$

$$\left|\frac{\boldsymbol{S}_{av,t}}{\boldsymbol{S}_{av,i}}\right| = 1 - |\Gamma|^2 = 1 - 0.25 = 75\%$$

因为反射系数和透射系数都是实数，所以，根据反射波和透射波电场强度矢量的表示式可见，反射波是左旋圆极化波，透射波是右旋圆极化波。

例 6-10　已知 $\varphi(x, y, z)$ 为标量场，$\boldsymbol{A}(x, y, z)$ 为一矢量场，$\boldsymbol{r} = \boldsymbol{e}_x x + \boldsymbol{e}_y y + \boldsymbol{e}_z z$，$\boldsymbol{E}_0$ 和 $\boldsymbol{k}$ 均为常矢量。求证：

(1) $\nabla \cdot (\varphi A) = \varphi\nabla \cdot \boldsymbol{A} + \nabla\varphi \cdot \boldsymbol{A}$。

(2) 当 $\boldsymbol{E} = \boldsymbol{E}_0 e^{j\boldsymbol{k}\cdot\boldsymbol{r}}$ 时，$\nabla \times \boldsymbol{E} = j\boldsymbol{k} \times \boldsymbol{E}$。

解：(1) 求证 $\nabla\cdot(\varphi A)=\varphi\nabla\cdot\boldsymbol{A}+\nabla\varphi\cdot\boldsymbol{A}$。

$$\begin{aligned}
&\nabla\cdot[\varphi(\boldsymbol{e}_xA_x+\boldsymbol{e}_xA_y+\boldsymbol{e}_zA_z)]\\
&=\frac{\partial}{\partial t}(\varphi A_x)+\frac{\partial}{\partial t}(\varphi A_y)+\frac{\partial}{\partial t}(\varphi A_z)\\
&=\varphi\left(\frac{\partial A_x}{\partial x}+\frac{\partial A_y}{\partial y}+\frac{\partial A_z}{\partial z}\right)+A_x\frac{\partial\varphi}{\partial x}+A_y\frac{\partial\varphi}{\partial y}+A_z\frac{\partial\varphi}{\partial z}\\
&=\varphi\nabla\cdot\boldsymbol{A}+(A_x\boldsymbol{e}_x+A_y\boldsymbol{e}_y+A_z\boldsymbol{e}_z)\cdot\left(\frac{\partial\varphi}{\partial x}\boldsymbol{e}_x+\frac{\partial\varphi}{\partial y}\boldsymbol{e}_y+\frac{\partial\varphi}{\partial z}\boldsymbol{e}_z\right)\\
&=\varphi\nabla\cdot\boldsymbol{A}+(\nabla\varphi)\cdot\boldsymbol{A}
\end{aligned}$$

(2) 当 $\boldsymbol{E}=\boldsymbol{E}_0\mathrm{e}^{\mathrm{j}\boldsymbol{k}\cdot\boldsymbol{r}}$ 时，$\nabla\times\boldsymbol{E}=\mathrm{j}\boldsymbol{k}\times\boldsymbol{E}$。

$$\boldsymbol{k}\cdot\boldsymbol{r}=k_xx+k_yy+k_zz,\quad \boldsymbol{E}_0=\boldsymbol{e}_xE_x+\boldsymbol{e}_yE_y+\boldsymbol{e}_zE_z$$

$$\nabla\times\boldsymbol{E}=\nabla\times(\boldsymbol{E}_0\mathrm{e}^{\mathrm{j}\boldsymbol{k}\cdot\boldsymbol{r}})=\nabla(\mathrm{e}^{\mathrm{j}\boldsymbol{k}\cdot\boldsymbol{r}})\times\boldsymbol{E}_0+\mathrm{e}^{\mathrm{j}\boldsymbol{k}\cdot\boldsymbol{r}}\nabla\times\boldsymbol{E}_0$$

由于 $\boldsymbol{E}_0$ 为常矢量，$\nabla\times\boldsymbol{E}_0=0$，故有

$$\begin{aligned}
\nabla\times\boldsymbol{E}&=[\nabla\mathrm{e}^{\mathrm{j}(k_xx+k_yy+k_zz)}]\times\boldsymbol{E}_0=\{[\boldsymbol{e}_x\mathrm{j}k_x+\boldsymbol{e}_y\mathrm{j}k_y+\boldsymbol{e}_z\mathrm{j}k_z]\mathrm{e}^{\mathrm{j}\boldsymbol{k}\cdot\boldsymbol{r}}\}\times\boldsymbol{E}_0\\
&=\mathrm{j}\boldsymbol{k}\times\boldsymbol{E}_0\mathrm{e}^{\mathrm{j}\boldsymbol{k}\cdot\boldsymbol{r}}=\mathrm{j}\boldsymbol{k}\times\boldsymbol{E}
\end{aligned}$$

例 6－11　真空中波长为 1.5 μm 的远红外电磁波以 75° 的入射角从 $\varepsilon_r=1.5$、$\mu_r=1$ 的媒质斜入射到空气中，求空气界面上的电场强度与距空气界面一个波长处的电场强度之比。

解：临界角为

$$\theta_c=\arcsin\sqrt{\frac{\varepsilon_2}{\varepsilon_1}}=\arcsin\sqrt{\frac{1}{1.5}}=54.74^\circ$$

因为入射角大于临界角，斜入射电磁波发生全反射，所以

$$\cos\theta_t=-\mathrm{j}\sqrt{\left(\sqrt{\frac{\varepsilon_1}{\varepsilon_2}}\cdot\sin\theta_i\right)^2-1}=-\mathrm{j}0.633$$

$$k_2\alpha=k_2\times0.633=\frac{2\pi}{\lambda_2}\times0.633$$

$$\frac{E(\lambda_2)}{E(0)}=\mathrm{e}^{-k_2\alpha\lambda_2}=\mathrm{e}^{-2\pi\times0.633}=0.0188$$

例 6－12　理想介质(μ_0，$\varepsilon_r\varepsilon_0$)中的平面波，已知 $E_y=1\mathrm{e}^{\mathrm{j}(6\pi\times10^8t+4\pi z)}$。试求：

(1) 空气中的波长 λ_0。

(2) 相对介电常数 ε_r。

(3) 介质中的波长。

(4) 沿 z 方向的相位速度 v_p。

(5) 功率密度的平均值 $\boldsymbol{S}_{av}$。

解　依据题意，平面波的角频率 $\omega=6\pi\times10^8$ rad/s，则频率

$$f=\frac{\omega}{2\pi}=3\times10^8\ \mathrm{Hz},\quad k=4\pi$$

而在真空(或空气)($\varepsilon_0\mu_0$)中平面波的速度

$$v=\frac{1}{\sqrt{\varepsilon_0\mu_0}}=c=3\times10^8\ \mathrm{m/s}$$

(1) 故空气中的波长

$$\lambda_0=\frac{c}{f}=\frac{3\times10^8}{3}\times10^8=1\ \mathrm{m}$$

(2)～(3) 理想介质中均匀平面波的速度应为

$$v_{\mathrm{p}}=\frac{1}{\sqrt{\varepsilon_{\mathrm{r}}\varepsilon_0\mu_0}}=\frac{c}{\sqrt{\varepsilon_{\mathrm{r}}}},\ \lambda=\frac{v_{\mathrm{p}}}{f}=\frac{c}{\sqrt{\varepsilon_{\mathrm{r}}}f}=\frac{\lambda_0}{\sqrt{\varepsilon_{\mathrm{r}}}}(\mathrm{m}),\ k=\frac{2\pi}{\lambda}$$

故

$$\lambda=\frac{2\pi}{k}=\frac{2\pi}{4\pi}=\frac{1}{2},\ \varepsilon_{\mathrm{r}}=\left(\frac{\lambda_0}{\lambda}\right)^2=4,\ v_{\mathrm{p}}=\frac{c}{\sqrt{\varepsilon_{\mathrm{r}}}}=1.5\times10^8\ \mathrm{m/s}$$

(4) 为了方便起见，将电场的复数表达式变换为瞬时值表达式：

$$\boldsymbol{E}(z,t)=\boldsymbol{e}_y\cos(6\pi\times10^8t+4\pi z)=\boldsymbol{e}_y\cos[6\pi\times10^8t-4\pi(-z)]\quad(\mathrm{V/m})$$

从而知道平面波在$(-z)$方向传播，同时$\boldsymbol{e}_y\times\boldsymbol{e}_x=(-\boldsymbol{e}_z)$，可知磁场在$\boldsymbol{e}_x$方向上。因此$z$方向的相速$\boldsymbol{v}_{\mathrm{p}}=1.5\times10^8(-\boldsymbol{e}_z)$ (m/s)。

(5) 为了求解功率密度的平均值$\boldsymbol{S}_{\mathrm{av}}$，先确定磁场的复数表达式和介质中的波阻抗，即

$$\boldsymbol{H}=\boldsymbol{e}_x\left(\frac{1}{\eta}\right)\mathrm{e}^{\mathrm{j}(6\pi\times10^8t+4\pi z)}\quad(\mathrm{A/m})$$

其中$\eta=\sqrt{\dfrac{\mu_0}{4\varepsilon_0}}=60\pi\Omega$。因此

$$\begin{aligned}\boldsymbol{S}_{\mathrm{av}}&=\frac{1}{2}\mathrm{Re}[\boldsymbol{E}\times\boldsymbol{H}^*]\\&=\frac{1}{2}\mathrm{Re}\left[1\mathrm{e}^{\mathrm{j}(6\pi\times10^8t+4\pi z)}\times\frac{1}{60\pi}\mathrm{e}^{-\mathrm{j}(6\pi\times10^8t+4\pi z)}(\boldsymbol{e}_y\times\boldsymbol{e}_x)\right]\\&=\left(\frac{1}{120\pi}\right)(-\boldsymbol{e}_z)\quad(\mathrm{W/m^2})\end{aligned}$$

三、习题及参考答案

6-1 理想媒质中一平面电磁波的电场强度矢量为

$$\boldsymbol{E}(t)=\boldsymbol{e}_x5\cos2\pi(10^8t-z)\quad(\mathrm{V/m})$$

(1) 求媒质及自由空间中的波长。

(2) 已知媒质$\mu=\mu_0$，$\varepsilon=\varepsilon_0\varepsilon_{\mathrm{r}}$，求媒质的$\varepsilon_{\mathrm{r}}$。

(3) 写出磁场强度矢量的瞬时表达式。

解：(1) 媒质及自由空间中的波长。

媒质中的波长：

$$\lambda_{\mathrm{p}}=\frac{2\pi}{k}=\frac{2\pi}{2\pi}=1\ \mathrm{m}$$

空气中的波长：

$$\lambda_0=\frac{c}{f}=\frac{c}{\frac{\omega}{2\pi}}=3\ \mathrm{m}$$

（2）由题意知

$$k=2\pi=\omega\sqrt{\mu_0\varepsilon_0\varepsilon_r},\quad c=\frac{1}{\sqrt{\varepsilon_0\mu_0}},\ \omega=2\pi\times10^8$$

所以 $\varepsilon_r=9$。

（3）媒质的波阻抗 $\eta=\sqrt{\frac{\mu_0}{9\varepsilon_0}}=40\pi$，磁场强度矢量的瞬时表达式为

$$\boldsymbol{H}(t)=\frac{1}{\eta}\boldsymbol{e}_z\times\boldsymbol{E}(t)=\frac{1}{\eta}\boldsymbol{e}_y5\cos2\pi(10^8t-z)=\boldsymbol{e}_y\frac{1}{8\pi}\cos2\pi(10^8t-z)\quad(\mathrm{A/m})$$

6－2　电磁波在真空中传播，其电场强度矢量的复数表达式为

$$\boldsymbol{E}(t)=(\boldsymbol{e}_x-\mathrm{j}\boldsymbol{e}_y)10^{-4}\mathrm{e}^{-\mathrm{j}20\pi z}\quad(\mathrm{V/m})$$

试求：

（1）工作频率 f。

（2）磁场强度矢量的复数表达式。

（3）坡印廷矢量的瞬时值和时间平均值。

解：（1）由题意可得

$$k=20\pi=\omega\sqrt{\mu_0\varepsilon_0}=\frac{\omega}{c},\quad \omega=6\pi\times10^9$$

所以工作频率为

$$f=3\times10^9\ \mathrm{Hz}$$

（2）磁场强度矢量的复数表达式为

$$\boldsymbol{H}=\frac{1}{\eta}\boldsymbol{e}_z\times\boldsymbol{E}=\frac{1}{\eta_0}(\boldsymbol{e}_y+\mathrm{j}\boldsymbol{e}_x)10^{-4}\mathrm{e}^{-\mathrm{j}20\pi z}\quad(\mathrm{A/m})$$

其中波阻抗 $\eta_0=120\ \pi\Omega$。

（3）坡印廷矢量的瞬时值和时间平均值。

电磁波的瞬时值为

$$\boldsymbol{E}(t)=\mathrm{Re}[\boldsymbol{E}\mathrm{e}^{\mathrm{j}\omega t}]=(\boldsymbol{e}_x-\mathrm{j}\boldsymbol{e}_y)10^{-4}\cos(\omega t-20\pi z)\quad(\mathrm{V/m})$$

$$\boldsymbol{H}(t)=\mathrm{Re}[\boldsymbol{H}\mathrm{e}^{\mathrm{j}\omega t}]=\frac{1}{\eta_0}(\boldsymbol{e}_y+\mathrm{j}\boldsymbol{e}_x)10^{-4}\cos(\omega t-20\pi z)\quad(\mathrm{A/m})$$

所以，坡印廷矢量的瞬时值为

$$\boldsymbol{S}(t)=\boldsymbol{E}(t)\times\boldsymbol{H}(t)=\frac{1}{\eta_0}10^{-8}\cos^2(\omega t-20\pi z)(\boldsymbol{e}_x-\mathrm{j}\boldsymbol{e}_y)\times(\boldsymbol{e}_y+\mathrm{j}\boldsymbol{e}_x)=0\ \mathrm{W/m^2}$$

同理可得坡印廷矢量的时间平均值为

$$\boldsymbol{S}_{\mathrm{av}}=\mathrm{Re}\left[\frac{1}{2}\boldsymbol{E}\times\boldsymbol{H}^*\right]=0\ \mathrm{W/m^2}$$

6-3 假设真空中有一均匀平面电磁波，它的电场强度矢量为

$$\boldsymbol{E}=\boldsymbol{e}_x 4\cos(6\pi\times10^8 t-2\pi z)+\boldsymbol{e}_y 3\cos\left(6\pi\times10^8 t-2\pi z-\frac{\pi}{3}\right)\ (\mathrm{V/m})$$

求对应磁场强度矢量和功率流密度的时间平均值。

解： 磁场强度矢量为

$$\begin{aligned}\boldsymbol{H}(t)&=\frac{1}{\eta_0}\boldsymbol{e}_z\times\boldsymbol{E}(t)\\&=\frac{1}{\eta_0}\boldsymbol{e}_y 4\cos(6\pi\times10^8 t-2\pi z)-\frac{1}{\eta_0}\boldsymbol{e}_x 3\cos\left(6\pi\times10^8 t-2\pi z-\frac{\pi}{3}\right)\ (\mathrm{A/m})\end{aligned}$$

电场强度的复矢量形式为

$$\boldsymbol{E}=\boldsymbol{e}_x 4\mathrm{e}^{-\mathrm{j}2\pi z}+\boldsymbol{e}_y 3\mathrm{e}^{-\mathrm{j}\left(2\pi z+\frac{\pi}{3}\right)}\quad(\mathrm{V/m})$$

磁场强度的复矢量形式为

$$\boldsymbol{H}=\frac{1}{\eta_0}\boldsymbol{e}_z\times\boldsymbol{E}=\frac{1}{\eta_0}\boldsymbol{e}_y 4\mathrm{e}^{-\mathrm{j}2\pi z}-\frac{1}{\eta_0}\boldsymbol{e}_x 3\mathrm{e}^{-\mathrm{j}\left(2\pi z+\frac{\pi}{3}\right)}\quad(\mathrm{A/m})$$

故功率流密度的时间平均值为

$$\boldsymbol{S}_{\mathrm{av}}=\mathrm{Re}\left[\frac{1}{2}\boldsymbol{E}\times\boldsymbol{H}^*\right]=\frac{5}{48\pi}\ \mathrm{W/m^2}$$

6-4 理想介质中，有一均匀平面电场波沿 z 方向传播，其频率 $\omega=2\pi\times10^9$ rad/s。当 $t=0$ 时，在 $z=0$ 处，电场强度的振幅 $E_0=2$ mV/m，介质的 $\varepsilon_r=4$，$\mu_r=1$。求当 $t=1\ \mu$s 时，在 $z=62$ m 处的电场强度矢量、磁场强度矢量和坡印廷矢量。

解： 根据题意，设均匀平面电场为

$$\boldsymbol{E}(t)=\boldsymbol{e}_x E_0\cos(\omega t-kz)\ \ (\mathrm{mV/m})$$

式中：

$$\omega=2\pi\times10^9\quad(\mathrm{rad/s}),\quad k=\omega\sqrt{\mu\varepsilon}=\frac{40\pi}{3}$$

所以

$$\boldsymbol{E}(t)=\boldsymbol{e}_x 2\cos\left(2\pi\times10^9 t-\frac{40\pi}{3}z\right)\ (\mathrm{mV/m})$$

当 $t=1\ \mu$s、$z=62$ m 时，电场强度矢量、磁场强度矢量和坡印廷矢量为

$$\boldsymbol{E}=-\boldsymbol{e}_x\quad(\mathrm{mV/m})$$

$$\boldsymbol{H}(t)=\frac{4}{\eta_0}\boldsymbol{e}_y\cos\left(2\pi\times10^9 t-\frac{40\pi}{3}z\right)\ (\mathrm{mA/m})$$

故此时

$$\boldsymbol{H}=-\frac{2}{\eta_0}\boldsymbol{e}_y\quad(\mathrm{mA/m})$$

$$\boldsymbol{S}=\boldsymbol{E}\times\boldsymbol{H}=\boldsymbol{e}_z\frac{1}{60\pi}\quad(\mathrm{mW/m^2})$$

6-5 已知空气中一均匀平面电磁波的磁场强度复矢量为

$$\boldsymbol{H} = (-\boldsymbol{e}_x A + \boldsymbol{e}_y 2\sqrt{6} + \boldsymbol{e}_z 4)\mathrm{e}^{-\mathrm{j}\pi(4x+3z)} \quad (\mu\mathrm{A/m})$$

试求：

（1）波长、传播方向单位矢量及传播方向与 z 轴的夹角。

（2）常数 A。

（3）电场强度复矢量。

解：（1）波长、传播方向单位矢量及传播方向与 z 轴的夹角分别为

$$|\boldsymbol{k}| = \sqrt{k_x + k_z} = \sqrt{(4\pi)^2 + (3\pi)^2} = 5\pi, \quad \lambda = \frac{2\pi}{k} = 0.4 \text{ m}$$

$$\boldsymbol{e}_k = \frac{4\pi\boldsymbol{e}_x + 3\pi\boldsymbol{e}_z}{|\boldsymbol{k}|} = 0.8\boldsymbol{e}_x + 0.6\boldsymbol{e}_z, \quad \cos\theta_z = 0.6$$

故 $\theta_z = 53°$。

（2）因为 $\nabla \cdot \boldsymbol{H} = 0$，所以

$$\nabla \cdot \boldsymbol{H} = \frac{\partial H_x}{\partial x} + \frac{\partial H_y}{\partial y} + \frac{\partial H_z}{\partial z} = 4\pi\mathrm{j}A - 12\pi\mathrm{j} = 0$$

解之得 $A = 3$。

（3）电场强度复矢量为

$$\begin{aligned}\boldsymbol{E} &= \eta_0 \boldsymbol{H} \times \boldsymbol{e}_k = \eta_0(-\boldsymbol{e}_x 3 + \boldsymbol{e}_y 2\sqrt{6} + \boldsymbol{e}_z 4)\mathrm{e}^{-\mathrm{j}\pi(4x+3z)} \times (0.8\boldsymbol{e}_x + 0.6\boldsymbol{e}_z) \\ &= \eta_0\left(\frac{6}{5}\sqrt{6}\boldsymbol{e}_x + 5\boldsymbol{e}_y - \frac{8}{5}\sqrt{6}\boldsymbol{e}_z\right)\mathrm{e}^{-\mathrm{j}\pi(4x+3z)} \quad (\mathrm{V/m})\end{aligned}$$

6－6　设无界理想媒质中，有电场强度复矢量：

$$\boldsymbol{E}_1 = \boldsymbol{e}_z E_{01}\mathrm{e}^{-\mathrm{j}kz}, \quad \boldsymbol{E}_2 = \boldsymbol{e}_z E_{02}\mathrm{e}^{-\mathrm{j}kz}$$

（1）$\boldsymbol{E}_1$、$\boldsymbol{E}_2$ 是否满足 $\nabla^2\boldsymbol{E} + k^2\boldsymbol{E} = 0$？

（2）由 $\boldsymbol{E}_1$、$\boldsymbol{E}_2$ 求磁场强度复矢量，并说明 $\boldsymbol{E}_1$、$\boldsymbol{E}_2$ 是否表示电磁波。

解：采用直角坐标系。

（1）考虑到

$$\begin{aligned}\nabla^2\boldsymbol{E}_1 &= \boldsymbol{e}_x\left(\frac{\partial^2}{\partial x^2} + \frac{\partial^2}{\partial y^2} + \frac{\partial^2}{\partial z^2}\right)E_{1x} + \boldsymbol{e}_y\left(\frac{\partial^2}{\partial x^2} + \frac{\partial^2}{\partial y^2} + \frac{\partial^2}{\partial z^2}\right)E_{1y} + \boldsymbol{e}_z\left(\frac{\partial^2}{\partial x^2} + \frac{\partial^2}{\partial y^2} + \frac{\partial^2}{\partial z^2}\right)E_{1z} \\ &= -k^2\boldsymbol{e}_z E_{01}\mathrm{e}^{-\mathrm{j}kz} \\ &= k^2\boldsymbol{E}_1\end{aligned}$$

于是

$$\nabla^2\boldsymbol{E}_1 + k^2\boldsymbol{E}_1 = 0$$

同理，可得

$$\nabla^2\boldsymbol{E}_2 + k^2\boldsymbol{E}_2 = 0$$

（2）根据题意知

$$\boldsymbol{H}_1 = \frac{1}{\eta_0}\boldsymbol{e}_z \times \boldsymbol{E}_1 = 0, \quad \boldsymbol{H}_2 = \frac{1}{\eta_0}\boldsymbol{e}_z \times \boldsymbol{E}_2 = 0$$

所以 $\boldsymbol{S}_1=0$，$\boldsymbol{S}_2=0$，$\boldsymbol{E}_1$、$\boldsymbol{E}_2$ 所形成的场在空间均无能量传播，即 $\boldsymbol{E}_1$、$\boldsymbol{E}_2$ 均不能表示电磁波。

6-7 理想媒质中平面波的电场强度矢量为

$$\boldsymbol{E}=\boldsymbol{e}_z 100\cos(2\pi\times10^6 t-2\pi\times10^2 x)\quad(\mu\text{V/m})$$

试求：

(1) 磁感应强度。

(2) 如果媒质的 $\mu_r=1$，求 ε_r。

解：(1) 依题意知，磁感应强度为

$$\boldsymbol{B}=\mu\boldsymbol{H}=\frac{\mu}{\eta}\boldsymbol{e}_x\times\boldsymbol{E}=-10^{-4}\boldsymbol{e}_y 100\cos(2\pi\times10^6 t-2\pi\times10^2 x)\quad(\mu\text{H/m})$$

(2) 如果媒质的 $\mu_r=1$，则

$$k=2\pi\times10^2=\omega\sqrt{\mu_0\varepsilon}=\omega\frac{\sqrt{\varepsilon_r}}{c}$$

所以 $\varepsilon_r=9\times10^8$。

6-8 假设真空中一均匀平面电磁波的电场强度复矢量为

$$\boldsymbol{E}=3(\boldsymbol{e}_x-\sqrt{2}\boldsymbol{e}_y)\mathrm{e}^{-\mathrm{j}\frac{\pi}{6}(2x+\sqrt{2}y-\sqrt{3}z)}\quad(\text{V/m})$$

试求：

(1) 电场强度的振幅、波矢量和波长。

(2) 电场强度矢量和磁场强度矢量的瞬时表达式。

解：(1) 依题意知，电场强度的振幅为

$$E_0=\sqrt{E_{0x}^2+E_{0y}^2}=3\sqrt{3}\ \ \text{V/m}$$

而

$$k=\sqrt{k_x^2+k_y^2+k_z^2}=\frac{\pi}{2}$$

所以波矢量 $\boldsymbol{k}=k\boldsymbol{e}_k$，其中：

$$\boldsymbol{e}_k=\frac{2}{3}\boldsymbol{e}_x+\frac{\sqrt{2}}{3}\boldsymbol{e}_y-\frac{\sqrt{3}}{3}\boldsymbol{e}_z$$

从而

$$\lambda=\frac{2\pi}{k}=4\ \text{m}$$

(2) 电场强度矢量的瞬时表达式为

$$\boldsymbol{E}(t)=\text{Re}[\boldsymbol{E}\mathrm{e}^{\mathrm{j}\omega t}]=3(\boldsymbol{e}_x-\sqrt{2}\boldsymbol{e}_y)\cos\left[\omega t-\frac{\pi}{6}(2x+\sqrt{2}y-\sqrt{3}z)\right]\ (\text{V/m})$$

磁场强度矢量的瞬时表达式为

$$\boldsymbol{H}(t)=\frac{1}{\eta_0}\boldsymbol{e}_k\times\boldsymbol{E}(t)=-\frac{1}{\eta}(\sqrt{6}\boldsymbol{e}_x+\sqrt{3}\boldsymbol{e}_y+3\sqrt{2}\boldsymbol{e}_z)$$

$$\cdot\cos\left[\omega t-\frac{\pi}{6}(2x+\sqrt{2}y-\sqrt{3}z)\right]\ (\text{A/m})$$

6－9　为了抑制无线电干扰室内电子设备，通常采用厚度为5个趋肤深度的一层铜皮（$\mu=\mu_0$，$\varepsilon=\varepsilon_0$，$\sigma=5.8\times10^7$ S/m）包裹该室。若要求屏蔽的频率是10 kHz～100 MHz，则铜皮的厚度应是多少？

解：因为工作频率越高，趋肤深度越小，故铜皮的最小厚度应不低于屏蔽10 kHz时所对应的厚度。因为趋肤深度

$$\delta=\sqrt{\frac{2}{\omega\mu\sigma}}=\sqrt{\frac{1}{\pi f_1\mu\sigma}}=0.000\ 66\ \text{m}$$

所以，铜皮的最小厚度为

$$h=5\delta=0.0033\ \text{m}$$

6－10　频率为540 MHz的广播信号通过一导电媒质（$\varepsilon_r=2.1$，$\mu_r=1$，$\sigma/\omega\varepsilon=0.2$）。试求：

（1）衰减常数和相移常数。

（2）相速和波长。

（3）波阻抗。

解：依题意，导电媒质现在可作为良介质近似处理。

（1）衰减常数和相移常数：

$$\alpha=\frac{\sigma}{2}\sqrt{\frac{\mu}{\varepsilon}}=0.36\pi,\quad \beta=\omega\sqrt{\mu\varepsilon}=3.6\pi$$

（2）
$$v_p=\frac{\omega}{\beta}=3\times10^8\ \text{m/s},\ \lambda=\frac{2\pi}{\beta}=\frac{5}{9}\ \text{m}$$

（3）
$$\eta=\sqrt{\frac{\mu}{\varepsilon}}=\sqrt{\frac{\mu_0}{\varepsilon_0(2.1-\text{j}0.2)}}=178.7\text{e}^{\text{j}2.72}\ (\Omega)$$

6－11　如果要求电子仪器的铝外壳（$\sigma=3.54\times10^7$ S/m，$\mu_r=1$）至少为5个趋肤深度，为防止20 kHz～200 MHz的无线电干扰，铝外壳应取多厚？

解：因为工作频率越高，趋肤深度越小，故铝壳的最小厚度应不低于屏蔽20 kHz时所对应的厚度：

$$\delta_0=\sqrt{\frac{2}{\omega\mu\sigma}}=\sqrt{\frac{1}{\pi f_1\mu\sigma}}=0.000\ 598\ \text{m}$$

因为铝壳为5个趋肤深度，故铝壳的厚度应为

$$h=5\delta_0=0.003\ \text{m}$$

6－12　在导电媒质中，如存在自由电荷，其密度将随时间按指数律衰减（$\rho=\rho_0\text{e}^{-\frac{\sigma}{\varepsilon}t}$）。

（1）确定良导体中t等于周期T时，电荷密度与初始值之比。

（2）什么频率限上铜不能再被看作良导体？

解：（1）良导体中t等于周期T时，电荷密度与初始值之比

$$T=\frac{2\pi}{\omega},\ \rho_T=\rho_0\text{e}^{-\frac{\sigma}{\varepsilon}T}=\rho_0\text{e}^{-\frac{2\pi\sigma}{\varepsilon\omega}}$$

在良导体中$\frac{\sigma}{\varepsilon\omega}\gg 1$，故 $\mathrm{e}^{-\frac{2\pi\sigma}{\varepsilon\omega}}\to 0$，所以

$$\frac{\rho_T}{\rho_0}=0$$

因为良导体满足 $\frac{\sigma}{\varepsilon\omega}\gg 1$，所以当 $\frac{\sigma}{\varepsilon\omega}\leqslant 1$ 时，铜将不再被视为良导体。即

$$f>1.044\times 10^{16}\ \mathrm{Hz}$$

可见，在非常宽的频带内铜都可以视为良导体。

6-13 证明椭圆极化波 $\boldsymbol{E}=(\boldsymbol{e}_xE_1+\mathrm{j}\boldsymbol{e}_yE_2)\mathrm{e}^{-\mathrm{j}kz}$ 可以分解为两个不等幅的、旋向相反的圆极化波。

证明：对于椭圆极化波 $\boldsymbol{E}$，$E_1\neq E_2$，令

$$\boldsymbol{E}=\boldsymbol{E}_1+\boldsymbol{E}_2=(\boldsymbol{e}_xA+\mathrm{j}\boldsymbol{e}_yA)\mathrm{e}^{-\mathrm{j}kz}+[\boldsymbol{e}_x(E_1-A)+\mathrm{j}\boldsymbol{e}_y(E_2-B)]\mathrm{e}^{-\mathrm{j}kz}$$

当 $A=B$、$E_1-A=-(E_2-A)$、$A\neq E_1-A$ 同时满足时，有 $A=B=\frac{E_1+E_2}{2}$。此时，$\boldsymbol{E}_1$ 与 $\boldsymbol{E}_2$ 的旋向相反。所以，此时椭圆极化波 E 可分解为两个不等幅的、旋向相反的圆极化波。当 $A=-B$、$E_1-A=E_2-B$ 时，有 $A=\frac{E_1-E_2}{2}$，$B=\frac{E_1-E_2}{2}$，且 $A\neq E_1-A$，$\boldsymbol{E}_1$ 与 $\boldsymbol{E}_2$ 的旋向相反。所以，此时椭圆极化波 $\boldsymbol{E}$ 仍可分解为两个不等幅的、旋向相反的圆极化波。

6-14 已知平面波的电场强度为

$$\boldsymbol{E}=[\boldsymbol{e}_x(2+\mathrm{j}3)+\boldsymbol{e}_y4+\boldsymbol{e}_z3]\mathrm{e}^{\mathrm{j}(1.8y-2.4z)}\quad(\mathrm{V/m})$$

试确定其传播方向和极化状态；是否横电磁波？

解：传播方向上的单位矢量为

$$\boldsymbol{e}_k=\frac{k_y\boldsymbol{e}_y+k_z\boldsymbol{e}_z}{\sqrt{k_y^2+k_z^2}}=-\frac{3}{5}\boldsymbol{e}_y+\frac{4}{5}\boldsymbol{e}_z$$

$\boldsymbol{e}_k\cdot\boldsymbol{E}=0$，即 $\boldsymbol{E}$ 的所有分量均与其传播方向垂直，所以此波为横电磁波。

改写电场为

$$\boldsymbol{E}=\left[\boldsymbol{e}_x\sqrt{13}\mathrm{e}^{\mathrm{j}\arctan\frac{3}{2}}+5\left(\boldsymbol{e}_y\frac{4}{5}+\boldsymbol{e}_z\frac{3}{5}\right)\right]\mathrm{e}^{-\mathrm{j}3\left(-\frac{3}{5}\boldsymbol{e}_y+\frac{4}{5}\boldsymbol{e}_z\right)\cdot\boldsymbol{r}}$$

$$=\left[\boldsymbol{e}_x\sqrt{13}\mathrm{e}^{\mathrm{j}\arctan\frac{3}{2}}+5\boldsymbol{e}_y'\right]\mathrm{e}^{-\mathrm{j}3\boldsymbol{e}_k\cdot\boldsymbol{r}}$$

显然 $\boldsymbol{e}_x$、$\boldsymbol{e}_y'$均与 $\boldsymbol{e}_k$ 垂直。此外，在上式中两个分量的振幅并不相等，所以为右旋椭圆极化波。

6-15 假设真空中一平面电磁波的波矢量为

$$\boldsymbol{k}=\frac{\pi}{2\sqrt{2}}(\boldsymbol{e}_x+\boldsymbol{e}_y)$$

其电场强度的振幅 $E_{\mathrm{m}}=3\sqrt{3}\ \mathrm{V/m}$，极化于 z 轴方向。试求：

(1) 电场强度的瞬时表达式。

(2) 对应的磁场强度矢量。

解：(1) 电场强度的瞬时表达式为

$$\boldsymbol{E}(\boldsymbol{r},t)=\boldsymbol{e}_z 3\sqrt{3}\cos\left[\omega t-\frac{\pi}{2\sqrt{2}}(x+y)\right]\ (\mathrm{V/m})$$

其中：

$$\omega=kc=\frac{3\pi}{2}\times 10^8\ \mathrm{rad/s}$$

(2) 对应的磁场强度矢量为

$$\begin{aligned}\boldsymbol{H}(t)&=\frac{1}{\eta_0}\frac{\boldsymbol{k}}{|\boldsymbol{k}|}\times\boldsymbol{E}(t)\\&=\frac{1}{\eta_0}\boldsymbol{e}_k\times\boldsymbol{E}(t)\\&=40\sqrt{\frac{3}{2}}\pi(-\boldsymbol{e}_y+\boldsymbol{e}_x)\cos\left[\omega t-\frac{\pi}{2\sqrt{2}}(x+y)\right]\ (\mathrm{A/m})\end{aligned}$$

6-16　真空中沿 z 方向传播的均匀平面电磁波的电场强度复矢量 $\boldsymbol{E}=\boldsymbol{E}_0\mathrm{e}^{-\mathrm{j}kz}$，式中 $\boldsymbol{E}_0=\boldsymbol{E}_\mathrm{r}+\mathrm{j}\boldsymbol{E}_\mathrm{i}$，且 $E_\mathrm{r}=2E_\mathrm{i}=b$，$b$ 为实常数。又 $\boldsymbol{E}_\mathrm{r}$ 在 x 方向，$\boldsymbol{E}_\mathrm{i}$ 与 x 轴正方向的夹角为 60°。试求电场强度和磁场强度的瞬时值，并说明波的极化。

解：将 $\boldsymbol{E}_\mathrm{i}$ 分解为沿 $\boldsymbol{e}_x$、$\boldsymbol{e}_y$ 的两个分量，则 $\boldsymbol{E}_0$ 可用直角坐标分量表示为

$$\begin{aligned}\boldsymbol{E}_0&=\boldsymbol{e}_x(E_\mathrm{r}+\mathrm{j}E_\mathrm{i}\cos 60^\circ)+\boldsymbol{e}_y\mathrm{j}E_\mathrm{i}\sin 60^\circ\\&=\boldsymbol{e}_x\left(b+\mathrm{j}\,\frac{1}{4}b\right)+\boldsymbol{e}_y\mathrm{j}\,\frac{\sqrt{3}}{4}b\\&=\boldsymbol{e}_x\,\frac{\sqrt{17}}{4}b\mathrm{e}^{\mathrm{j}\arctan\frac{1}{4}}+\boldsymbol{e}_y\,\frac{\sqrt{3}}{4}b\mathrm{e}^{\mathrm{j}\frac{\pi}{2}}\end{aligned}$$

$$\begin{aligned}\boldsymbol{E}(\boldsymbol{r},t)&=\mathrm{Re}[\boldsymbol{E}_0\mathrm{e}^{-\mathrm{j}kz}\mathrm{e}^{\mathrm{j}\omega t}]\\&=\boldsymbol{e}_x 1.03b\cos(\omega t-kz+14^\circ)-\boldsymbol{e}_y 0.433b\sin(\omega t-kz)\end{aligned}$$

$$\begin{aligned}\boldsymbol{H}(\boldsymbol{r},t)&=\frac{1}{\eta_0}\boldsymbol{e}_z\times\boldsymbol{E}(\boldsymbol{r},t)\\&=\boldsymbol{e}_x 1.15\times 10^{-3}b\sin(\omega t-kz)+\boldsymbol{e}_y 2.73\times 10^{-3}b\cos(\omega t-kz+14^\circ)\end{aligned}$$

由于电场的 y 分量相位领先电场的 x 分量相位，且两分量的幅值不相等，所以为左旋椭圆极化。

6-17　证明任意一圆极化波的坡印廷矢量瞬时值是个常数。

证明：设任一圆极化波电场强度矢量为

$$\boldsymbol{E}(t)=A(\boldsymbol{e}_x\pm\mathrm{j}\boldsymbol{e}_y)\cos(\omega t-kz)$$

式中 A 为不等于零的任意常数。由例 6-8 得知

$$\boldsymbol{H}(t)=\frac{1}{\eta_0}\boldsymbol{e}_z\times\boldsymbol{E}(t)=\frac{A}{\eta_0}(\boldsymbol{e}_y\mp\mathrm{j}\boldsymbol{e}_x)\cos(\omega t-kz)$$

坡印廷矢量瞬时值为

$$\boldsymbol{S}(t)=\boldsymbol{E}(t)\times\boldsymbol{H}(t)=[A(\boldsymbol{e}_x\pm \mathrm{j}\boldsymbol{e}_y)\cos(\omega t-kz)]\times\left[\frac{A}{\eta_0}(\boldsymbol{e}_y\mp \mathrm{j}\boldsymbol{e}_x)\cos(\omega t-kz)\right]$$

$$=\left[\frac{A^2}{\eta_0}\cos^2(\omega t-kz)\right][(\boldsymbol{e}_x\pm \mathrm{j}\boldsymbol{e}_y)\times(\boldsymbol{e}_y\mp \mathrm{j}\boldsymbol{e}_x)]$$

$$=\frac{A^2}{\eta_0}\cos^2(\omega t-kz)[\boldsymbol{e}_z+(-\boldsymbol{e}_z)]=0$$

上式表明任意圆极化波的坡印廷矢量的瞬时值等于零。

证明完毕。

6-18 真空中一平面电磁波的电场强度矢量为

$$\boldsymbol{E}=\sqrt{2}(\boldsymbol{e}_x+\mathrm{j}\boldsymbol{e}_y)\mathrm{e}^{-\mathrm{j}\frac{\pi}{2}z}\quad (\mathrm{V/m})$$

(1) 此电磁波是何种极化? 旋向如何?

(2) 写出对应的磁场强度矢量。

解: 此电磁波的 x 分量的相位滞后 y 分量的相位，且两分量的振幅相等，故此波为左旋圆极化波。其对应的磁场强度矢量为

$$\boldsymbol{H}=\frac{1}{\eta_0}\boldsymbol{e}_z\times\boldsymbol{E}=\frac{\sqrt{2}}{\eta_0}(\boldsymbol{e}_y-\mathrm{j}\boldsymbol{e}_x)\mathrm{e}^{-\mathrm{j}\frac{\pi}{2}z}\quad (\mathrm{A/m})$$

6-19 判断下列平面电磁波的极化方式，并指出其旋向。

(1) $\boldsymbol{E}=\boldsymbol{e}_xE_0\sin(\omega t-kz)+\boldsymbol{e}_yE_0\cos(\omega t-kz)$

(2) $\boldsymbol{E}=\boldsymbol{e}_xE_0\sin(\omega t-kz)+\boldsymbol{e}_y2E_0\sin(\omega t-kz)$

(3) $\boldsymbol{E}=\boldsymbol{e}_xE_0\sin\left(\omega t-kz+\frac{\pi}{4}\right)+\boldsymbol{e}_yE_0\cos\left(\omega t-kz-\frac{\pi}{4}\right)$

(4) $\boldsymbol{E}=\boldsymbol{e}_xE_0\sin\left(\omega t-kz-\frac{\pi}{4}\right)+\boldsymbol{e}_yE_0\cos(\omega t-kz)$

解: (1) 此电场强度的复矢量为

$$\boldsymbol{E}=E_0(-\mathrm{j}\boldsymbol{e}_x+\boldsymbol{e}_y)\mathrm{e}^{-\mathrm{j}kz}$$

场的 x 分量的相位滞后 y 分量的相位 $\pi/2$，且两分量的振幅相等，故此波为左旋圆极化波。

(2) 由题可知，场的 x 分量的相位与 y 分量的相位相同，故此波为线极化波。

(3) 此电场强度的复矢量为

$$\boldsymbol{E}=\boldsymbol{e}_xE_0\mathrm{e}^{-\mathrm{j}\left(kz+\frac{\pi}{4}\right)}+\boldsymbol{e}_yE_0\mathrm{e}^{-\mathrm{j}\left(kz+\frac{\pi}{4}\right)}$$

场的 x 分量的相位与 y 分量的相位相同，故此波为线极化波。

(4) 此电场强度的复矢量为

$$\boldsymbol{E}=\boldsymbol{e}_xE_0\mathrm{e}^{-\mathrm{j}\left(kz+\frac{3\pi}{4}\right)}+\boldsymbol{e}_yE_0\mathrm{e}^{-\mathrm{j}kz}$$

场的 y 分量的相位超前 x 分量的相位 $3\pi/4$，故此波为左旋椭圆极化波。

6-20 证明两个传播方向及频率相同的圆极化波叠加时，若它们的旋向相同，则合成波仍是同一旋向的圆极化波；若它们的旋向相反，则合成波是椭圆极化波，其旋向与振

幅大的圆极化波相同。

证明：情况 1　任设两个传播方向、频率及旋向均相同的圆极化波：

$$\boldsymbol{E}_A = A(\boldsymbol{e}_x + \mathrm{j}\boldsymbol{e}_y)\mathrm{e}^{-\mathrm{j}kz}, \quad \boldsymbol{E}_B = B(\boldsymbol{e}_x + \mathrm{j}\boldsymbol{e}_y)\mathrm{e}^{-\mathrm{j}kz}$$

式中 A、B 为非 0 的实常数，且 $A+B\neq 0$。则合成波

$$\boldsymbol{E} = \boldsymbol{E}_A + \boldsymbol{E}_B = (A+B)(\boldsymbol{e}_x + \mathrm{j}\boldsymbol{e}_y)\mathrm{e}^{-\mathrm{j}kz}$$

其仍为与 $\boldsymbol{E}_A$、$\boldsymbol{E}_B$ 同旋向的圆极化波。

情况 2　任设两个传播方向、频率相同、旋向相反的圆极化波：

$$\boldsymbol{E}_A = A(\boldsymbol{e}_x + \mathrm{j}\boldsymbol{e}_y)\mathrm{e}^{-\mathrm{j}kz}, \quad \boldsymbol{E}_B = B(\boldsymbol{e}_x - \mathrm{j}\boldsymbol{e}_y)\mathrm{e}^{-\mathrm{j}kz}$$

式中 A、B 为非 0 的实常数，且 $A+B\neq 0$。则合成波

$$\boldsymbol{E} = \boldsymbol{E}_A + \boldsymbol{E}_B = (A+B)\boldsymbol{e}_x\mathrm{e}^{-\mathrm{j}kz} + \mathrm{j}(A-B)\boldsymbol{e}_y\mathrm{e}^{-\mathrm{j}kz}$$

若 $|A|>|B|$，则

$$\mathrm{j}(A-B)\boldsymbol{e}_y \times (A+B)\boldsymbol{e}_x = -\mathrm{j}(|A|^2 - |B|^2)\boldsymbol{e}_z$$

与波的传播方向相反，故 $\boldsymbol{E}$ 为左旋椭圆极化波，与 $\boldsymbol{E}_A$ 的旋向相同。若 $|A|<|B|$，则

$$\mathrm{j}(A-B)\boldsymbol{e}_y \times (A+B)\boldsymbol{e}_x = -\mathrm{j}(|A|^2 - |B|^2)\boldsymbol{e}_z$$

与波的传播方向相同，故 $\boldsymbol{E}$ 为右旋椭圆极化波，与 $\boldsymbol{E}_B$ 的旋向相同。

由上可见，此时 $\boldsymbol{E}$ 总为椭圆极化波，且其旋向总与振幅大的圆极化波的旋向相同。

6－21　相速、群速和能速之间有什么关系？群速存在的条件是什么？

解： 群速的定义是包络波上某一恒定相位点推进的速度，即

$$v_\mathrm{g} = \frac{\mathrm{d}\omega}{\mathrm{d}\beta}$$

而相速为

$$v_\mathrm{p} = \frac{\omega}{\beta}$$

所以

$$v_\mathrm{g} = \frac{\mathrm{d}\omega}{\mathrm{d}\beta} = \frac{\mathrm{d}(v_\mathrm{p}\beta)}{\mathrm{d}\beta} = v_\mathrm{p} + \beta\frac{\mathrm{d}v_\mathrm{p}}{\mathrm{d}\beta} = v_\mathrm{p} + \frac{\omega}{v_\mathrm{p}}\frac{\mathrm{d}v_\mathrm{p}}{\mathrm{d}\omega}v_\mathrm{g}$$

从而得

$$v_\mathrm{g} = \frac{v_\mathrm{p}}{\left(1 - \dfrac{\omega}{v_\mathrm{p}}\dfrac{\mathrm{d}v_\mathrm{p}}{\mathrm{d}\omega}\right)}$$

除一些非正常色散的场合，即 $\dfrac{\mathrm{d}v_\mathrm{p}}{\mathrm{d}\omega} > 0$ 的场合外，能速与相速是相等的。

群速是波的包络上一个点的传播速度，只有当包络的形状不随波的传播而变化时，它才有意义。若信号频谱很宽，则信号包络在传播过程中将发生畸变。因此，只是对窄频带信号，群速才有意义。

6－22　空气中的电场为 $\boldsymbol{E} = (\boldsymbol{e}_x E_{xm} + \mathrm{j}\boldsymbol{e}_y E_{ym})\mathrm{e}^{-\mathrm{j}kz}$ 的均匀平面电磁波垂直投射到理想导体表面($z=0$)，其中 E_{xm}、E_{ym} 是实常数，求反射波的极化状态及导体表面的面电流

密度。

解：对于理想导体，有

$$\eta_2 = 0,\quad \Gamma = -1,\quad T = 0$$

所以，此时反射波可写为

$$\boldsymbol{E}_{\mathrm{r}} = -(\boldsymbol{e}_x E_{x\mathrm{m}} + \mathrm{j}\boldsymbol{e}_y E_{y\mathrm{m}})\mathrm{e}^{\mathrm{j}kz}$$

显然，反射波的 x 分量的相位滞后 y 分量的相位 $\pi/2$，反射波沿 $-z$ 方向传播。所以，反射波为右旋椭圆极化波($E_{x\mathrm{m}} \neq E_{y\mathrm{m}}$)或右旋圆极化波($E_{x\mathrm{m}} = E_{y\mathrm{m}}$)。

由于理想导体内无电磁场，所以 $\boldsymbol{H}_{\mathrm{t}} = 0$。令空气一侧为介质 1，导体一侧为介质 2，又

$$\boldsymbol{H}_{\mathrm{i}} = \frac{1}{\eta_0}(\boldsymbol{e}_y E_{x\mathrm{m}} - \mathrm{j}\boldsymbol{e}_x E_{y\mathrm{m}})\mathrm{e}^{-\mathrm{j}kz},\quad \boldsymbol{H}_{\mathrm{r}} = \frac{1}{\eta_0}(\boldsymbol{e}_y E_{x\mathrm{m}} - \mathrm{j}\boldsymbol{e}_x E_{y\mathrm{m}})\mathrm{e}^{\mathrm{j}kz}$$

$$\boldsymbol{H}_1 = \boldsymbol{H}_{\mathrm{i}} + \boldsymbol{H}_{\mathrm{r}}$$

故

$$\boldsymbol{J}_S = \boldsymbol{n} \times (\boldsymbol{H}_1 - \boldsymbol{H}_2)\big|_{z=0} = -\boldsymbol{e}_z \times \boldsymbol{H}_1\big|_{z=0} = \frac{2}{\eta_0}(\boldsymbol{e}_y E_{x\mathrm{m}} - \mathrm{j}\boldsymbol{e}_x E_{y\mathrm{m}})$$

6-23　设有两种无耗非磁性媒质，均匀平面电磁波自媒质 1 垂直投射到其界面。如果：① 反射波电场振幅为入射波的 1/3；② 反射波的平均功率密度的大小为入射波的 1/3；③ 媒质 1 中合成电场的最小值为最大值的 1/3，且界面处为电场波节。试分别确定 n_1/n_2。

解：对于无耗非磁性媒质，$\mu_{\mathrm{r}} = 1$，Γ 为实数。由题意且考虑无耗非磁性媒质及波阻抗得反射系数为

$$\Gamma = \frac{\eta_2 - \eta_1}{\eta_2 + \eta_1} = \frac{\sqrt{\varepsilon_1} - \sqrt{\varepsilon_2}}{\sqrt{\varepsilon_1} + \sqrt{\varepsilon_2}} = \frac{n_1 - n_2}{n_1 + n_2} = \frac{\dfrac{n_1}{n_2} - 1}{\dfrac{n_1}{n_2} + 1}$$

从而

$$\frac{n_1}{n_2} = \frac{1+\Gamma}{1-\Gamma}$$

① 当反射波电场振幅为入射波的 1/3，即

$$\frac{E_{\mathrm{r0}}}{E_{\mathrm{i0}}} = \frac{1}{3} = |\Gamma|$$

时，将 $\Gamma = 1/3$ 及 $\Gamma = -1/3$ 代入反射系数表达式，得

$$\frac{n_1}{n_2} = 2 \quad 及 \quad \frac{n_1}{n_2} = \frac{1}{2}$$

② 反射波的平均功率密度的大小为入射波的 1/3，即

$$\frac{|\boldsymbol{S}_{\mathrm{av,r}}|}{|\boldsymbol{S}_{\mathrm{av,i}}|} = |\Gamma|^2 = \frac{1}{3}$$

将 $\Gamma = \dfrac{\sqrt{3}}{3}$ 及 $\Gamma = -\dfrac{\sqrt{3}}{3}$ 代入反射系数表达式，得

$$\frac{n_1}{n_2}=2+\sqrt{3} \quad 及 \quad \frac{n_1}{n_2}=2-\sqrt{3}$$

③ 媒质 1 中合成电场的最小值为最大值的 1/3，因此

$$\left|\frac{E_{\min}}{E_{\max}}\right|=\frac{1}{3}=\frac{1-|\Gamma|}{1+|\Gamma|}$$

又界面处为电场波节，故 $|\Gamma|<0$，所以

$$\Gamma=-\frac{1}{2}$$

将其代入反射系数表达式，得

$$\frac{n_1}{n_2}=\frac{1}{3}$$

6-24　若以 $\boldsymbol{S}_{\mathrm{av,i}}$、$\boldsymbol{S}_{\mathrm{av,r}}$、$\boldsymbol{S}_{\mathrm{av,t}}$ 分别表示分界面处入射波、反射波和透射波的平均功率密度，定义垂直入射时的功率反射系数、功率透射系数（波自无耗媒质向有耗媒质垂直入射）为

$$\Gamma_{\mathrm{p}}=\frac{|\boldsymbol{S}_{\mathrm{av,r}}|}{|\boldsymbol{S}_{\mathrm{av,i}}|},\quad T_{\mathrm{p}}=\frac{|\boldsymbol{S}_{\mathrm{av,t}}|}{|\boldsymbol{S}_{\mathrm{av,i}}|}$$

试证明：

$$\Gamma_{\mathrm{p}}+T_{\mathrm{p}}=1$$

证明：由题意知

$$\Gamma_{\mathrm{p}}=\frac{|\boldsymbol{S}_{\mathrm{av,r}}|}{|\boldsymbol{S}_{\mathrm{av,i}}|},\quad T_{\mathrm{p}}=\frac{|\boldsymbol{S}_{\mathrm{av,t}}|}{|\boldsymbol{S}_{\mathrm{av,i}}|}$$

所以

$$|\boldsymbol{S}_{\mathrm{av,r}}|=\Gamma_{\mathrm{p}}|\boldsymbol{S}_{\mathrm{av,i}}|,\quad |\boldsymbol{S}_{\mathrm{av,t}}|=T_{\mathrm{p}}|\boldsymbol{S}_{\mathrm{av,i}}|$$

由能量守恒定律得

$$|\boldsymbol{S}_{\mathrm{av,i}}|=|\boldsymbol{S}_{\mathrm{av,r}}|+|\boldsymbol{S}_{\mathrm{av,t}}|=\Gamma_{\mathrm{p}}|\boldsymbol{S}_{\mathrm{av,i}}|+T_{\mathrm{p}}|\boldsymbol{S}_{\mathrm{av,i}}|$$

所以

$$\Gamma_{\mathrm{p}}+T_{\mathrm{p}}=1$$

6-25　频率为 10 GHz 的机载雷达有一个 $\varepsilon_{\mathrm{r}}=2.25$、$\mu_{\mathrm{r}}=1$ 的介质薄板构成的天线罩。假设其介质损耗可以忽略不计，为使它对垂直入射到其上的电磁波不产生反射，该板应取多厚？

解：天线罩介质薄板中的波长为

$$\lambda=\frac{\lambda_0}{\sqrt{\varepsilon_{\mathrm{r}}}}=\frac{c}{f\sqrt{\varepsilon_{\mathrm{r}}}}=0.02\ \mathrm{m}$$

因为天线罩两侧均为空气，故满足要求的天线罩的厚度为

$$d=\frac{n\lambda}{2}\quad (n=1,2,3,4,\cdots)$$

但最小厚度为

$$d=\frac{\lambda}{2}=0.01\ \text{m}$$

6-26 在 $\varepsilon_{r3}=5$、$\mu_{r3}=1$ 的玻璃上涂一层薄膜消除红外线($\lambda_0=0.75\ \mu\text{m}$)的反射，试确定介质薄膜的厚度和相对介电常数。设玻璃和薄膜可视为理想介质。

解： 设薄膜的相对介电常数为 ε_{r2}，则薄膜中的红外线波长为

$$\lambda_2=\frac{\lambda_0}{\sqrt{\varepsilon_{r2}}}$$

由于

$$\eta_1\neq\eta_3$$

故要消除红外线的反射，则必须满足

$$\eta_2=\sqrt{\eta_1\eta_3}=5^{-\frac{1}{4}}\eta_0$$

所以

$$\varepsilon_{r2}=\sqrt{5}$$

同时，薄膜的最小厚度为

$$d=\frac{\lambda_2}{4}=0.1255\ \mu\text{m}$$

6-27 一圆极化均匀平面电磁波自介质 1 向介质 2 斜入射，若已知 $\mu_1=\mu_2$：

(1) 分析 $\varepsilon_1<\varepsilon_2$ 和 $\varepsilon_1>\varepsilon_2$ 两种情况下反射波和透射波的极化。

(2) 当 $\varepsilon_2=4\varepsilon_1$ 时，欲使反射波为线极化波，入射角应为多大?

解： (1) 设任意一左旋圆极化入射波为

$$\boldsymbol{E}_i=E_{i0}(\text{j}\boldsymbol{e}_y+\cos\theta_i\boldsymbol{e}_x-\sin\theta_i\boldsymbol{e}_z)\text{e}^{-\text{j}k(x\cos\theta_i+z\sin\theta_i)}$$

当 $\varepsilon_1<\varepsilon_2$ 时，$\theta_i>\theta_t$，因此

$$\Gamma_{\parallel}=\frac{\tan(\theta_i-\theta_t)}{\tan(\theta_i+\theta_t)}>0,\quad \Gamma_{\perp}=\frac{-\sin(\theta_i-\theta_t)}{\sin(\theta_i+\theta_t)}<0$$

$$T_{\parallel}>0,\quad T_{\perp}>0,\quad |\Gamma_{\parallel}|\neq|\Gamma_{\perp}|,\quad T_{\parallel}\neq T_{\perp}$$

所以反射波为

$$\boldsymbol{E}_r=E_{i0}(\Gamma_{\perp}\ \text{j}\boldsymbol{e}_y-\Gamma_{\parallel}\cos\theta_i\boldsymbol{e}_x-\Gamma_{\parallel}\ \sin\theta_i\boldsymbol{e}_z)\text{e}^{-\text{j}k(x\cos\theta_i-z\sin\theta_i)}$$

是右旋椭圆极化波。透射波为

$$\boldsymbol{E}_t=E_{i0}(T_{\perp}\ \text{j}\boldsymbol{e}_y+\cos\theta_t\boldsymbol{e}_x-\sin\theta_t\boldsymbol{e}_z)\text{e}^{-\text{j}k(x\cos\theta_t+z\sin\theta_t)}$$

是左旋椭圆极化波。故 $\varepsilon_1<\varepsilon_2$ 时，反射波为椭圆极化波，旋向与入射波相反，透射波为椭圆极化波，旋向与入射波相同。

同理，当 $\varepsilon_1>\varepsilon_2$ 时：

$$\theta_i<\theta_t,\ \Gamma_{\parallel}=\frac{\tan(\theta_i-\theta_t)}{\tan(\theta_i+\theta_t)}<0,\quad \Gamma_{\perp}=\frac{-\sin(\theta_i-\theta_t)}{\sin(\theta_i+\theta_t)}>0$$

$$T_{\parallel}>0,\ T_{\perp}>0,\ |\Gamma_{\parallel}|\neq|\Gamma_{\perp}|,\ T_{\parallel}\neq T_{\perp}$$

此时，$\boldsymbol{E}_r$ 为右旋椭圆极化波，$\boldsymbol{E}_t$ 为左旋椭圆极化波。故 $\varepsilon_1>\varepsilon_2$ 时，反射波为椭圆极化波，

旋向与入射波相反，透射波为椭圆极化波，旋向与入射波相同。

因此，无论 ε_1 与 ε_2 关系如何，反射波均为椭圆极化波，旋向与入射波相反，透射波均为椭圆极化波，旋向与入射波相同。

（2）当 $4\varepsilon_1 = \varepsilon_2$ 时，欲使反射波为线极化波，则入射波的平行极化分量必须发生全透射，且要求入射角

$$\theta_{\mathrm{i}} = \theta_{\mathrm{B}} = \arctan\sqrt{\frac{\varepsilon_2}{\varepsilon_1}} = \arctan 2 = 63.4^\circ$$

6－28　一圆极化平面电磁波自折射率为3的介质斜入射到折射率为1的介质。若发生全透射且反射波为一线极化波，求入射波的入射角。

解：斜入射的均匀平面电磁波，不论其为何种极化方式，都可以分解为两个正交的线极化波。一个极化方向与入射面垂直，称为垂直极化波；另一个极化方向在入射面内，称为平行极化波。即

$$\boldsymbol{E} = \boldsymbol{E}_{\perp} + \boldsymbol{E}_{\parallel}$$

因此，一圆极化平面电磁波自折射率为 3 的介质斜入射到折射率为 1 的介质时，如果入射角等于布儒斯特角，则其平行极化波分量无反射。反射波仅为垂直极化波，它是一线极化波。此时入射波的入射角

$$\theta_{\mathrm{i}} = \theta_{\mathrm{B}} = \arctan\sqrt{\frac{\varepsilon_2}{\varepsilon_1}} = 30^\circ$$

6－29　均匀平面电磁波自空气入射到理想导体表面（$z = 0$）。已知入射波电场为

$$\boldsymbol{E}_i = 5(\boldsymbol{e}_x + \sqrt{3}\boldsymbol{e}_z)\mathrm{e}^{\mathrm{j}6(-\sqrt{3}x+z)} \quad (\mathrm{V/m})$$

试求：

（1）反射波电场和磁场。

（2）理想导体表面的面电荷密度和面电流密度。

解：（1）已知入射波电场强度矢量为

$$\boldsymbol{E}_{\mathrm{i}} = 5(\boldsymbol{e}_x + \sqrt{3}\boldsymbol{e}_z)\mathrm{e}^{\mathrm{j}6(-\sqrt{3}x+z)}$$

由上式可以看出：

$$6(\sqrt{3}x - z) = \boldsymbol{k}\cdot\boldsymbol{r} = 6(\sqrt{3}\boldsymbol{e}_x - \boldsymbol{e}_z)\cdot(x\boldsymbol{e}_x + z\boldsymbol{e}_z) = k\boldsymbol{e}_k\cdot(x\boldsymbol{e}_x + z\boldsymbol{e}_z)$$

$$k = \sqrt{6^2\times 3 + 6^2} = \sqrt{144} = 12$$

传播方向的单位矢量为

$$\boldsymbol{e}_k = \frac{k\boldsymbol{e}_k}{k} = \frac{1}{12}\times 6(\sqrt{3}\boldsymbol{e}_x - \boldsymbol{e}_z) = \frac{1}{2}(\sqrt{3}\boldsymbol{e}_x - \boldsymbol{e}_z)$$

$$\boldsymbol{H}_{\mathrm{i}} = \frac{1}{\eta_0}\boldsymbol{e}_k\times\boldsymbol{E}_i = \frac{1}{\eta_0}\left[\frac{1}{2}(\sqrt{3}\boldsymbol{e}_x - \boldsymbol{e}_z)\right]\times 5(\boldsymbol{e}_x + \sqrt{3}\boldsymbol{e}_z)\mathrm{e}^{\mathrm{j}6(-\sqrt{3}x+z)}$$

$$= \frac{5}{2\eta_0}[(\sqrt{3}\boldsymbol{e}_x - \boldsymbol{e}_z)\times(\boldsymbol{e}_x + \sqrt{3}\boldsymbol{e}_z)]\mathrm{e}^{\mathrm{j}6(-\sqrt{3}x+z)} = -\frac{10}{\eta_0}\boldsymbol{e}_y\mathrm{e}^{\mathrm{j}6(-\sqrt{3}x+z)}$$

根据理想导体表面的边界条件：

$$\boldsymbol{n}\times(\boldsymbol{E}_{\rm i}+\boldsymbol{E}_{\rm r})=0,\quad \boldsymbol{n}=-\boldsymbol{e}_z(\text{理想导体表面法线方向})$$

可得

$$\boldsymbol{E}_r=5(-\boldsymbol{e}_x+\sqrt{3}\boldsymbol{e}_z)\mathrm{e}^{-\mathrm{j}6(-\sqrt{3}x+z)}$$

根据理想导体表面的边界条件：

$$\boldsymbol{n}\cdot(\boldsymbol{H}_{\rm i}+\boldsymbol{H}_{\rm r})=0,\quad \boldsymbol{n}=-\boldsymbol{e}_z(\text{理想导体表面法线方向})$$

可得

$$\boldsymbol{H}_{\rm r}=\frac{10}{\eta_0}\boldsymbol{e}_y\mathrm{e}^{-\mathrm{j}6(-\sqrt{3}x+z)}$$

(2) 根据理想导体表面的边界条件：

$$\boldsymbol{n}\cdot\varepsilon_0(\boldsymbol{E}_{\rm i}+\boldsymbol{E}_{\rm r})=\rho_s,\quad \boldsymbol{n}=-\boldsymbol{e}_z,\quad z=0$$

可得

$$\begin{aligned}\rho_s&=-\boldsymbol{e}_z\cdot[5(\boldsymbol{e}_x+\sqrt{3}\boldsymbol{e}_z)\mathrm{e}^{\mathrm{j}6(-\sqrt{3}x)}+5(-\boldsymbol{e}_x+\sqrt{3}\boldsymbol{e}_z)\mathrm{e}^{-\mathrm{j}6(-\sqrt{3}x)}]\\&=-\varepsilon_0[5\sqrt{3}\mathrm{e}^{\mathrm{j}6(-\sqrt{3}x)}+5\sqrt{3}\mathrm{e}^{-\mathrm{j}6(-\sqrt{3}x)}]=-10\sqrt{3}\varepsilon_0\cos(6\sqrt{3}x)\end{aligned}$$

根据理想导体表面的边界条件：

$$\boldsymbol{n}\times(\boldsymbol{H}_{\rm i}+\boldsymbol{H}_{\rm r})=\boldsymbol{J}_s,\quad \boldsymbol{n}=-\boldsymbol{e}_z,\ z=0$$

可得

$$\begin{aligned}\boldsymbol{J}_s=\boldsymbol{n}\times(\boldsymbol{H}_{\rm i}+\boldsymbol{H}_{\rm r})&=-\boldsymbol{e}_z\times\left[-\frac{10}{\eta_0}\boldsymbol{e}_y\mathrm{e}^{\mathrm{j}6(-\sqrt{3}x)}+\frac{10}{\eta_0}\boldsymbol{e}_y\mathrm{e}^{-\mathrm{j}6(-\sqrt{3}x)}\right]\\&=\boldsymbol{e}_x\left[-\frac{10}{\eta_0}\mathrm{e}^{\mathrm{j}6(-\sqrt{3}x)}+\frac{10}{\eta_0}\mathrm{e}^{-\mathrm{j}6(-\sqrt{3}x)}\right]=\mathrm{j}\frac{20}{\eta_0}\sin(6\sqrt{3}x)\boldsymbol{e}_x\end{aligned}$$

6-30 空气中沿 $\boldsymbol{e}_z$ 方向传播的均匀平面电磁波的电场复振幅为

$$\boldsymbol{E}_{\rm i}=(\boldsymbol{E}_a+\mathrm{j}\boldsymbol{E}_b)\mathrm{e}^{-\mathrm{j}kz}$$

式中 $\boldsymbol{E}_a$ 和 $\boldsymbol{E}_b$ 是没有 z 分量的实常矢。设 $z=0$ 为理想导体表面。

(1) 求反射波的电场复振幅 $\boldsymbol{E}_{\rm r}$ 和磁场复振幅 $\boldsymbol{H}_{\rm r}$。

(2) 证明入射波的瞬时电场矢量 $\boldsymbol{E}_{\rm i}(z,t)$ 和瞬时磁场矢量 $\boldsymbol{H}_{\rm i}(z,t)$ 总是正交的，反射波的瞬时电场矢量 $\boldsymbol{E}_{\rm r}(z,t)$ 和瞬时磁场矢量 $\boldsymbol{H}_{\rm r}(z,t)$ 也总是正交的。

(3) 入射波和反射波的合成波 $\boldsymbol{E}(z,t)$ 和 $\boldsymbol{H}(z,t)$ 也总是正交的吗？

解：(1) $\Gamma=-1$，反射波的电场复振幅和磁场复振幅为

$$\boldsymbol{E}_{\rm r}=-(\boldsymbol{E}_a+\mathrm{j}\boldsymbol{E}_b)\mathrm{e}^{\mathrm{j}kz},\quad \boldsymbol{H}_{\rm r}=\frac{1}{\eta_0}(\boldsymbol{E}'_a+\mathrm{j}\boldsymbol{E}'_b)\mathrm{e}^{\mathrm{j}kz}$$

其中，$\boldsymbol{E}'_a$、$\boldsymbol{E}'_b$分别为 $\boldsymbol{E}_a$、$\boldsymbol{E}_b$ 在 ab 平面内沿逆时针旋转 90° 后的矢量，且有 $\boldsymbol{E}'_b\cdot\boldsymbol{E}'_a=0$，$\boldsymbol{E}_b\cdot\boldsymbol{E}_a=0$。

(2) 入射波的磁场矢量为

$$\boldsymbol{H}_{\mathrm{i}} = \frac{1}{\eta_0}(\boldsymbol{E}'_a + \mathrm{j}\boldsymbol{E}'_b)\mathrm{e}^{-\mathrm{j}kz}$$

所以

$$\boldsymbol{E}_{\mathrm{i}}(z,t) = (\boldsymbol{E}_a + \mathrm{j}\boldsymbol{E}_b)\cos(\omega t - kz), \ \boldsymbol{H}_{\mathrm{i}}(z,t) = \frac{1}{\eta_0}(\boldsymbol{E}'_a + \mathrm{j}\boldsymbol{E}'_b)\cos(\omega t - kz)$$

$$\boldsymbol{E}_{\mathrm{r}}(z,t) = -(\boldsymbol{E}_a + \mathrm{j}\boldsymbol{E}_b)\cos(\omega t + kz), \ \boldsymbol{H}_{\mathrm{r}}(z,t) = \frac{1}{\eta_0}(\boldsymbol{E}'_a + \mathrm{j}\boldsymbol{E}'_b)\cos(\omega t + kz)$$

设 $\boldsymbol{E}_a$、$\boldsymbol{E}_b$ 间夹角为 θ，有

$$\begin{aligned} &\boldsymbol{E}_{\mathrm{i}}(z,t)\cdot\boldsymbol{H}_{\mathrm{i}}(z,t) \\ &= \frac{1}{\eta_0}(\boldsymbol{E}_a\cdot\boldsymbol{E}'_a + \boldsymbol{E}_a\cdot\mathrm{j}\boldsymbol{E}'_b + \mathrm{j}\boldsymbol{E}_b\cdot\boldsymbol{E}'_a - \boldsymbol{E}_b\cdot\boldsymbol{E}'_b)\cos^2(\omega t - kz) \\ &= \frac{1}{\eta_0}\left[(\mathrm{j}\,|\boldsymbol{E}_a|\,|\boldsymbol{E}_b|\cos\left(\frac{\pi}{2}+\theta\right) + \mathrm{j}\,|\boldsymbol{E}_a|\,|\boldsymbol{E}_b|\cos\left(\frac{\pi}{2}-\theta\right)\right]\cos^2(\omega t - kz) \\ &= 0 \end{aligned}$$

同理可得

$$\boldsymbol{E}_{\mathrm{r}}(z,t)\cdot\boldsymbol{H}_{\mathrm{r}}(z,t) = 0$$

所以，入射波的瞬时电场矢量 $\boldsymbol{E}_{\mathrm{i}}(z,t)$ 和瞬时磁场矢量 $H_{\mathrm{i}}(z,t)$ 总是正交的，反射波的瞬时电场矢量 $\boldsymbol{E}_{\mathrm{r}}(z,t)$ 和瞬时磁场矢量 $\boldsymbol{H}_{\mathrm{r}}(z,t)$ 也总是正交的。

(3) 入射波和反射波的合成波为

$$\boldsymbol{E}(z,t) = \boldsymbol{E}_{\mathrm{i}}(z,t) + \boldsymbol{E}_{\mathrm{r}}(z,t), \quad \boldsymbol{H}(z,t) = \boldsymbol{H}_{\mathrm{i}}(z,t) + \boldsymbol{H}_{\mathrm{r}}(z,t)$$

所以

$$\begin{aligned} \boldsymbol{E}(z,t)\cdot\boldsymbol{H}(z,t) &= \boldsymbol{E}_{\mathrm{i}}(z,t)\cdot\boldsymbol{H}_{\mathrm{i}}(z,t) + \boldsymbol{E}_{\mathrm{r}}(z,t)\cdot\boldsymbol{H}_{\mathrm{r}}(z,t) \\ &\quad + \boldsymbol{E}_{\mathrm{i}}(z,t)\cdot\boldsymbol{H}_{\mathrm{r}}(z,t) + \boldsymbol{E}_{\mathrm{r}}(z,t)\cdot\boldsymbol{H}_{\mathrm{i}}(z,t) \\ &= 0 \end{aligned}$$

即入射波与反射波的合成波也总是正交的。

第七章　电磁波的辐射

一、基本内容与公式

1. 时变电荷和电流产生时变电磁场，部分电磁场能量可以脱离波源向远处传播，这种现象称为电磁辐射。引入标量位和矢量位后，我们获得了由时变电荷和电流确定标量位 φ 和矢量位 A 的表达式：

$$\varphi(\boldsymbol{r},\ t)=\frac{1}{4\pi\varepsilon}\int_V \frac{\rho(\boldsymbol{r}')}{R}\mathrm{e}^{-\mathrm{j}\omega\left(t-\frac{R}{v}\right)}\mathrm{d}V',\quad \mathbf{A}(\boldsymbol{r},\ t)=\frac{\mu}{4\pi}\int_V \frac{\boldsymbol{J}(\boldsymbol{r}')}{R}\mathrm{e}^{\mathrm{j}\omega\left(t-\frac{R}{v}\right)}\mathrm{d}V'$$

利用上式可求解天线电流在空间激发的电磁波。基于这种位函数的滞后，我们把标量位 φ 和矢量位 $\mathbf{A}$ 均称为滞后位。它们的值是由时间提前的源决定的，滞后的时间是电磁波传播所需要的时间。

如果时间 R/v 足够小，以至在所讨论区域内可以忽略，即忽略传播效应，则此区域内的场就是似稳场。电路理论正是建立在似稳场的基础上的。

2. 利用滞后位可以计算电基本振子的辐射场，由此可绘制出它的方向图，推导其辐射功率、辐射电阻、方向性系数和增益等参量。

3. 采用与求电基本振子辐射场相类似的方法，推导出了磁基本振子的辐射场。电、磁基本振子的辐射场均为 TEM 非均匀球面波。电磁场的对偶原理提供了解决电磁对偶问题的另一种方法，利用对偶原理确定磁基本振子的辐射场更简单。

4. 辐射和接收电磁能量的装置称为天线。为了评价一幅天线的技术性能优劣，必须规定一些能够表征天线性能的参数。这些参数主要是方向性函数和方向图、方向性系数、辐射功率、增益系数、输入阻抗和极化形式等。

5. 辐射体由横截面半径远小于波长的金属导线构成的天线，称为线天线。线天线是由许许多多电基本振子组成的。由各个电基本振子产生的辐射场的叠加，可以求出线天线的辐射场。叠加必须考虑各个电基本振子产生的辐射场之间在空间和时间上的相互关系，进而确定表征其性能的各参数。

天线阵或阵列天线是以一定规律排列的相同天线的组合。组成天线阵的独立单元称为阵元或天线单元。如果阵元排列在一直线上或一平面上，则称为直线阵或平面阵。可以利用叠加原理求出天线阵的方向图。由相同形式和相同取向的天线单元组成的天线阵，它的方向图是天线单元的方向图乘上阵因子。

6. 微波波段一般不采用线天线，而采用面天线，也称为口径天线。喇叭天线、抛物面天线和透镜天线是几种常用的面天线。面天线通常由初级辐射器和辐射口面两部分组成。初级辐射器又称为馈源，用作初级辐射器的有终端开口的波导、喇叭天线、对称振子等。初级辐射器的作用是把馈线中传输的电磁能量转换为由辐射口面向外辐射的电磁能量。辐射口面的作用是把从初级辐射器获得的电磁能量按所要求的方向性向空间辐射出去。

根据基尔霍夫公式，用一闭合面把辐射源包围起来，闭合面外任意一点的场，可以由此闭合面上的场量和它的法向导数分别来求解。许多面天线的辐射问题可以利用这一公式得到解决。

7. 互易定理是电磁场理论的基本定理之一，有许多应用，它联系着两个场源及场源在空间区域和封闭面上产生的场。互易定理为证明电路理论中的线性网络参数的互易关系提供了理论基础。利用互易定理还可以证明同一副天线具有相同的收发特性。

二、例题示范

例 7－1　电偶极子长 10 m，电流振幅为 1 A，频率为 1 MHz，求：

(1) 在垂直于偶极子轴方向上 10 m 及 100 km 处的电场、磁场、瞬时坡印廷矢量和平均坡印廷矢量。

(2) 该偶极子的辐射功率。

解：(1) 由题设条件知

$$\boldsymbol{I} = 1\ \text{A}$$

$$\mathrm{d}l = 10\ \text{m}$$

$$f = 1\ \text{MHz}$$

则

$$\lambda = \frac{C}{f} = 300\ \text{m}$$

$$k = \frac{2\pi}{\lambda} = 0.0209$$

当距离 $r = 10$ m 时，$kr = 0.209 < 1$，可以认为是近场区，则由电偶极子近场公式

$$\begin{cases} E_r \approx -\mathrm{j}\,\dfrac{I\,\mathrm{d}l}{4\pi r^3}\,\dfrac{2}{\omega\varepsilon}\cos\theta \\ E_\theta \approx -\mathrm{j}\,\dfrac{I\,\mathrm{d}l}{4\pi r^3}\,\dfrac{1}{\omega\varepsilon}\sin\theta \\ H_\varphi \approx \dfrac{I\,\mathrm{d}l}{4\pi r^2}\sin\theta \end{cases}$$

在垂直偶极子轴方向上，$\theta = 90°$，所以在近场区，有

$$E_r = 0$$

$$E_\theta \approx -\mathrm{j}\,\frac{I\,\mathrm{d}l}{4\pi r^3}\,\frac{1}{\omega\varepsilon}$$

$$H_\varphi \approx \frac{I\,\mathrm{d}l}{4\pi r^2}$$

把各参数的值代入可得

$$E_r = 0$$

$$E_\theta = -\mathrm{j}\,\frac{27}{2\pi}\times 10^9$$

$$H_\varphi = \frac{1}{40\pi}$$

下面求瞬时坡印廷矢量。把 E_θ 和 H_φ 转化成瞬时值的形式有

$$\boldsymbol{E}_\theta(r,t) = \frac{I\,\mathrm{d}l}{4\pi r^3}\,\frac{1}{\omega\varepsilon}\cos\left(\omega t - \frac{\pi}{2}\right)\boldsymbol{e}_\theta$$

$$\boldsymbol{H}_\varphi(r,t) = \frac{I\,\mathrm{d}l}{4\pi r^2}\,\cos(\omega t)\boldsymbol{e}_\varphi$$

则瞬时坡印廷矢量为

$$\begin{aligned}\boldsymbol{S} = \boldsymbol{E}\times\boldsymbol{H} &= \frac{I\,\mathrm{d}l}{4\pi r^3}\,\frac{1}{\omega\varepsilon}\,\cos\left(\omega t - \frac{\pi}{2}\right)\boldsymbol{e}_\theta \times \frac{I\,\mathrm{d}l}{4\pi r^2}\,\cos(\omega t)\boldsymbol{e}_\varphi \\ &= \left(\frac{I\,\mathrm{d}l}{4\pi}\right)^2\left(\frac{1}{r}\right)^5\cos(\omega t)\cos\left(\omega t - \frac{\pi}{2}\right)\boldsymbol{e}_r\end{aligned}$$

平均坡印廷矢量 $\boldsymbol{S}_{\mathrm{av}} = \mathrm{Re}\left[\frac{1}{2}\boldsymbol{E}\times\boldsymbol{H}^*\right]$，其中 $\boldsymbol{E}$ 和 $\boldsymbol{H}$ 均为复振幅的形式。由于电场与磁场有 $\frac{\pi}{2}$ 的相位差，故平均坡印廷矢量为零。

当距离 $r = 100$ km 时，$kr = 2090 \gg 1$，为远场区。根据电偶极子远场公式有

$$\begin{cases} E_\theta \approx \mathrm{j}\,\dfrac{I\,\mathrm{d}lk^2}{4\pi r\omega\varepsilon}\sin\theta \mathrm{e}^{-\mathrm{j}kr} = \mathrm{j}\,\dfrac{I\,\mathrm{d}l}{2\lambda r}\eta\sin\theta \mathrm{e}^{-\mathrm{j}kr} \\ H_\varphi \approx \mathrm{j}\,\dfrac{I\,\mathrm{d}lk}{4\pi r}\sin\theta \mathrm{e}^{-\mathrm{j}kr} = \mathrm{j}\,\dfrac{I\,\mathrm{d}l}{2\lambda r}\sin\theta \mathrm{e}^{-\mathrm{j}kr} \end{cases}$$

类似上面的分析可以得到

$$E_\theta = \mathrm{j}\,\frac{2\pi}{10^5}\mathrm{e}^{-\mathrm{j}2090}$$

$$H_\varphi = \mathrm{j}\,\frac{1}{6\times 10^6}\mathrm{e}^{-\mathrm{j}2090}$$

瞬时坡印廷矢量为

$$\boldsymbol{S} = \boldsymbol{E}\times\boldsymbol{H} = \left(\frac{I\,\mathrm{d}l}{2\lambda}\right)^2\frac{1}{r^2}\cos^2\left(\omega t - kr - \frac{\pi}{2}\right)\boldsymbol{e}_r$$

平均坡印廷矢量为

$$\boldsymbol{S}_{\text{av}} = \text{Re}\left[\frac{1}{2}\boldsymbol{E}\times\boldsymbol{H}^*\right] = \frac{1}{2}\,\frac{|E_\theta|^2}{\eta}\boldsymbol{e}_r = \frac{1}{8}\left(\frac{I\,\text{d}l}{\lambda r}\right)^2\eta\boldsymbol{e}_r$$

(2) 计算偶极子的辐射功率。

由公式

$$P_{\text{r}} = 40\pi^2\left(\frac{I\,\text{d}l}{\lambda_0}\right)^2$$

可得

$$P_{\text{r}} = 0.4382\ \text{W}$$

例 7-2　天线位于原点，周围媒质为空气，已知远区场

$$E_\theta = \frac{100}{r}\sin\theta \text{e}^{-\text{j}2\pi r/\lambda}\quad (\text{V/m})$$

求辐射功率。

解： 由辐射功率的定义 $P_{\text{r}} = \oint_S \boldsymbol{S}_{\text{av}}\cdot \text{d}\boldsymbol{S}$ 可知，要求辐射功率需要先求出平均坡印廷矢量。由公式 $\boldsymbol{S}_{\text{av}} = \text{Re}\left[\frac{1}{2}\boldsymbol{E}\times\boldsymbol{H}^*\right]$可知：

$$\boldsymbol{S}_{\text{av}} = \boldsymbol{e}_r\,\frac{1}{2}\,\frac{|E_\theta|^2}{\eta} = \boldsymbol{e}_r\,\frac{1}{2}\,\frac{\left(\frac{100}{r}\sin\theta\right)^2}{\eta}$$

所以辐射功率为

$$\begin{aligned}P_r &= \oint_S \boldsymbol{S}_{\text{av}}\cdot\text{d}\boldsymbol{S} = \int_0^{2\pi}\int_0^{\pi}\frac{\left(\frac{100}{r}\ \sin\theta\right)^2}{\eta}r^2\ \sin\theta\ \text{d}\theta\ \text{d}\phi \\ &= \frac{100^2}{\eta}2\pi\int_0^{\pi}\sin^3\theta\ \text{d}\theta \\ &= \frac{100^2}{\eta}2\pi\cdot\frac{4}{3}\approx 222.2\ \text{W}\end{aligned}$$

例 7-3　某天线的辐射功率为 100 W，方向性系数 $D = 3$。

(1) 求 $r = 10$ km 处最大辐射方向的电场强度振幅。

(2) 若保持功率不变，要使 20 km 处辐射方向的电场强度等于原来 10 km 处的场强，应选择方向性系数 D 等于多少的天线？

解： (1) 根据方向性系数与电场和功率之间的关系式：

$$D = \frac{|E_{\max}|^2 r^2}{60P_{\text{r}0}}$$

其中 $P_{\text{r}0}$ 为无方向性天线的功率。上面方向系数的定义式的前提是待求天线与无方向性天线具有相同的功率，因此可以得到 $P_{\text{r}0} = P = 100$ W。所以

$$|E_{\max}| = \frac{\sqrt{60P_{\text{r}0}D}}{r}$$

代入各个参数得

$$|E_{\max}| = \frac{\sqrt{60 \times 100 \times 3}}{10^4} = 0.0134$$

(2) 若功率保持不变，当 $r = 20$ km 时要使 $|E_{\max}|_1 = |E_{\max}|_2$，则有

$$\frac{\sqrt{60 \times 100 \times D_1}}{10^4} = \frac{\sqrt{60 \times 100 \times D_2}}{2 \times 10^4}$$

其中 $D_1 = 3$。代入可得 $D_2 = 12$。

例 7-4　由于某种应用上的要求，在自由空间中离天线 1 km 的点处需保持 1 V/m 的电场强度，若天线是：

(1) 无方向性天线。

(2) 电偶极子天线。

(3) 对称半波天线。

则必须馈给天线的功率是多少？(不计损耗)

解：由公式

$$|E_{\max}| = \frac{\sqrt{60P_{r0}D}}{r}$$

可得

$$P = \frac{|E|^2 r^2}{60D}$$

无方向性天线、偶极子天线、对称半波天线的方向系数分别为 $D_1 = 1$、$D_2 = 1.5$、$D_3 = 1.64$。把它们分别代入上面的公式就能得到各个天线所需功率：

$$P_1 = \frac{1 \times 10^6}{60 \cdot D_1} = \frac{10^6}{60} = 16\ 666.7\ \text{W}$$

$$P_2 = \frac{1 \times 10^6}{60 \times D_2} = \frac{10^6}{60 \times 1.5} = 11\ 111\ \text{W}$$

$$P_3 = \frac{1 \times 10^6}{60 \times D_3} = \frac{10^6}{60 \times 1.64} = 10\ 162.6\ \text{W}$$

例 7-5　求长度为 3 m 的线天线的辐射场，设其工作频率为 100 MHz，试画出其主平面上的方向图。

解：对称振子的归一化场强方向图为

$$F(\theta,\varphi) = \frac{\cos(kl\ \cos\theta) - \cos kl}{f_m \sin\theta}$$

其中 f_m 为场强方向图的最大值。由题目的条件知，$\lambda = 3$ m，所以该线天线为全波振子天线，它的最大辐射方向是

$$\theta = 90°$$

$$f_m = 1 - \cos kl = 2$$

故其归一化场强方向函数为

$$F(\theta)=\frac{\cos(\pi\cos\theta)+1}{2\sin\theta}=\frac{\cos^2\left(\frac{\pi}{2}\cos\theta\right)}{\sin\theta}$$

故可得其主平面方向图为图 7-1。

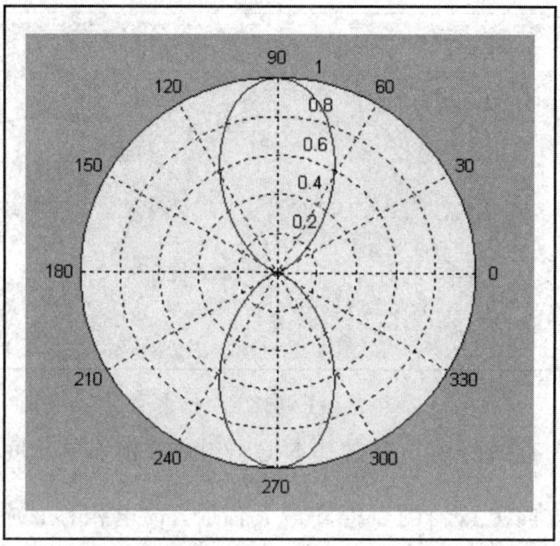

图 7-1　例 7-5 结果

例 7-6　考虑由两个半波天线构成的均匀直线阵，间隔为 1.5λ，两个天线上的电流等幅同相，试画出水平面内($\theta=90°$)的辐射方向图。

解：由方向图乘积定理知，一个 N 元均匀直线阵的方向性函数为

$$F(\phi)=f_1(\phi)\cdot f_N(\Psi)$$

其中：$f_1(\phi)$为阵元的方向性函数；$f_N(\Psi)$为阵因子方向性函数；$\Psi=kd\cos\phi+\beta$。

由题设条件知道：

$$\theta=90°,\ \beta=0,\ N=2,\ d=1.5\lambda$$

半波振子的方向性函数为

$$f_1(\phi)=\frac{\cos\left(\frac{\pi}{2}\cos\theta\right)}{\sin\theta}$$

阵因子方向性函数为

$$f_N(\Psi)=\left|\frac{\sin\frac{N\Psi}{2}}{\sin\frac{\Psi}{2}}\right|$$

代入各个参数得到

$$f_1(\phi)=1$$

$$f_N(\Psi) = 2\cos\left(\frac{3}{2}\pi\cos\phi\right)$$

最后得到天线阵辐射方向性函数为

$$F(\phi) = 2\cos\left(\frac{3}{2}\pi\cos\phi\right)$$

故其方向图为图 7-2。

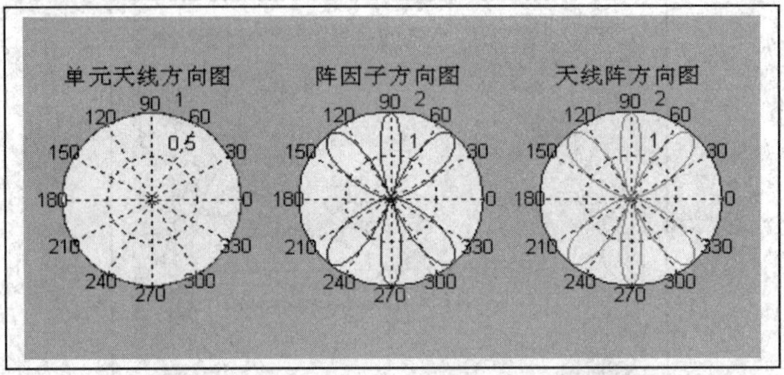

图 7-2　例 7-6 结果

例 7-7　一个均匀直线阵由 6 个电基本振子组成，相邻单元间的距离为$\frac{\lambda}{4}$，如图 7-3 所示。为了在 $\phi = 90^\circ$ 方向上(e_y)的点得到最大辐射，馈电相移 α 应为多少？

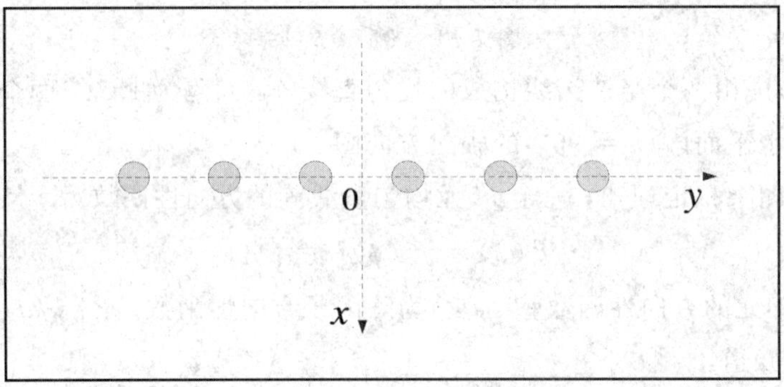

图 7-3　例 7-7 用图

解：由题设条件知天线阵的最大辐射方向与单元的最大辐射方向相同。根据方向图乘积定理：一个 N 元均匀直线阵的方向性函数为

$$F(\phi) = f_1(\phi) \cdot f_N(\Psi)$$

其中：$f_1(\phi)$为阵元的方向性函数；$f_N(\Psi)$为阵因子方向性函数；$\Psi = kd\sin\phi + \alpha$。由题设条件知道：

$$N = 6,\ \phi = 90^\circ,\ d = \frac{\lambda}{4}$$

电基本振子辐射方向性函数为

$$f_1(\phi) = \sin\theta$$

阵因子方向性函数为

$$f_N(\Psi)=\left|\frac{\sin\frac{N\Psi}{2}}{\sin\frac{\Psi}{2}}\right|$$

天线阵最大辐射条件为

$$\frac{\mathrm{d}f_N(\Psi)}{\mathrm{d}\Psi}=0$$

代入 $f_N(\Psi)$ 的表达式可得

$$\tan\frac{N\Psi}{2}=N\tan\frac{\Psi}{2}$$

此式当且仅当 $\Psi=0$ 时成立，所以

$$\Psi=\frac{2\pi}{\lambda}\frac{\lambda}{4}\sin\phi+\alpha=0$$

故 $\alpha=-\frac{\pi}{2}$。

例 7-8　为了在垂直于赫兹偶极子轴线的方向上，距离偶极子 100 km 处得到的电场强度的有效值大于 100 μV/m，赫兹偶极子必须至少辐射多大功率？

解： 赫兹偶极子的辐射场为

$$E_\theta=\mathrm{j}\frac{I\,\mathrm{d}l}{2\lambda r}\frac{k}{w\varepsilon}\mathrm{e}^{-\mathrm{j}kr}\sin\theta$$

当 $\theta=90^\circ$ 时，电场强度得到最大值为

$$|E_{90^\circ}|=\frac{I\,\mathrm{d}l}{2\lambda r}\frac{k}{w\varepsilon}=\eta\frac{I\,\mathrm{d}l}{2\lambda r}$$

于是

$$\frac{I\,\mathrm{d}l}{\lambda}=\frac{2r|E_{90^\circ}|}{\eta}$$

将 $r=1\times10^5$ m，$|E_{90^\circ}|\geqslant\sqrt{2}\times10^{-4}$ V/m 代入上式，得

$$\frac{I\,\mathrm{d}l}{\lambda}\geqslant\frac{2\times10^5\times\sqrt{2}\times10^{-4}}{\eta}$$

而辐射功率为

$$P=80\pi^2I^2\left(\frac{\mathrm{d}l}{\lambda}\right)=\frac{\pi}{3}\eta\left(\frac{I\,\mathrm{d}l}{\lambda}\right)^2$$

有

$$P\geqslant\frac{\pi}{3}\eta\left(\frac{2\times10^5\times\sqrt{2}\times10^{-4}}{\eta}\right)^2$$

得

$$P\geqslant2.22\ \mathrm{W}$$

例 7-9　求波源频率 $f=1$ MHz、线长 $l=1$ m 的导线的辐射电阻。

(1) 设导线是长直的。

(2) 设导线弯成环形形状。

解: (1) 波源的波长为

$$\lambda = \frac{\nu_0}{f} = \frac{3\times 10^8}{10^6} = 300\ \text{m}$$

由此可知，导线的线度小于波长，故可将该长直导线视为电偶极子天线，其辐射电阻为

$$R_r = 80\pi^2\left(\frac{dl}{\lambda}\right)^2 = 8.8\times 10^{-3}\ \Omega$$

(2) 对于环形导线可视为磁偶极子天线，其辐射电阻为

$$R_r = 320\pi^6 \times \left(\frac{a}{\lambda_0}\right)^4$$

式中 a 为圆环的半径。由 $2\pi a = 1$，于是将 $a = \frac{1}{2\pi}$ 代入上式，得

$$R_r = 2.44\times 10^{-8}\ \Omega$$

由以上的计算结果可知，环形天线的辐射电阻远远小于长直天线的辐射电阻，即环形天线的辐射能力远远小于长直天线的辐射能力。

例 7-10 由三个间距为$\frac{\lambda}{2}$的各向同性元组成的三元阵，各单元天线上电流的相位相同，振幅为 1 : 2 : 1，试讨论该天线阵的方向图。

解: 该三元阵可等效为两个间距为$\frac{\lambda}{2}$的二元阵组成的二元阵，如图 7-4 所示。于是元因子和阵因子均是二元阵，其方向图函数均为 $\left|\cos\left(\frac{\pi}{2}\cos\phi\right)\right|$(等幅同相二元阵阵因子)。根据方向图相乘原理，可得该三元阵的方向性函数为

$$F(\phi) = \left|\cos\left(\frac{\pi}{2}\cos\phi\right)\right|^2$$

天线阵的方向图如图 7-4 所示。

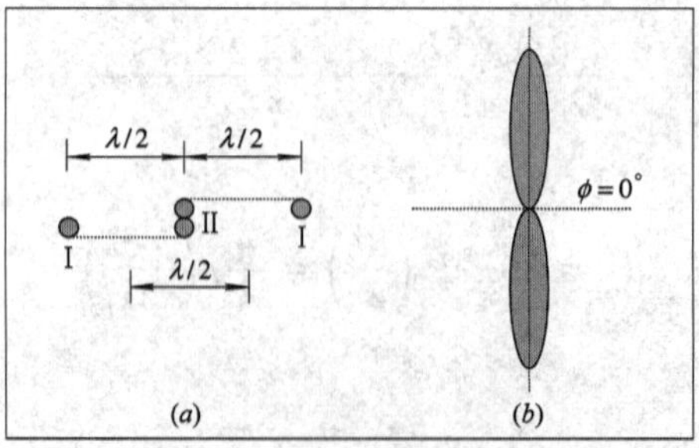

图 7-4 例 7-10 结果

例 7-11 求半波天线的主瓣宽度。

解: 天线的主瓣宽度定义为最大辐射方向上两个半功率(两个$\frac{|E_{max}|}{\sqrt{2}}$)点之间的夹角

$2\theta_{0.5}$，如图 7-5 所示。

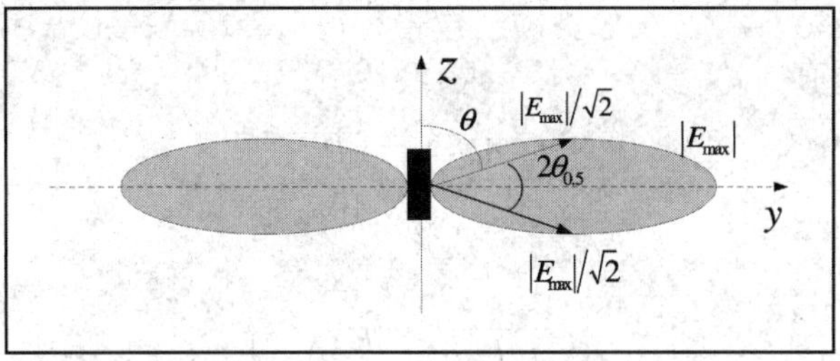

图 7-5　例 7-11 用图

半波天线的方向性函数为

$$F(\theta)=\frac{\cos\left(\frac{\pi}{2}\cos\theta\right)}{\sin\theta}$$

半功率点(场强为$\frac{|E_{\max}|}{\sqrt{2}}$) 时所对应的角度 θ 可由下列公式求得

$$F(\theta)=\frac{\cos\left(\frac{\pi}{2}\cos\theta\right)}{\sin\theta}=\frac{1}{\sqrt{2}}$$

解得

$$\theta=51^\circ$$

于是主瓣宽度为

$$2\theta_{0.5}=2(90^\circ-\theta)=2(90^\circ-51^\circ)=78^\circ$$

三、习题及参考答案

7-1　距离电偶极子多远的地方，其电磁场公式中与 r 成反比的项等于与 r^2 成反比的项。

解： 电偶极子产生的电磁场中与 r 成反比的项(以电场为例) 为

$$\boldsymbol{e}_\theta \frac{I\,\mathrm{d}lk^3\sin\theta}{4\pi\omega\varepsilon}\frac{\mathrm{j}}{kr}$$

与 r^2 成反比的项为

$$\boldsymbol{e}_\theta \frac{I\,\mathrm{d}lk^3\sin\theta}{4\pi\omega\varepsilon}\frac{1}{(kr)^2}$$

所以

$$r=\frac{1}{k}=\frac{\lambda}{2\pi}=0.159\lambda$$

7-2　假设一电偶极子在垂直于它的方向上距离 100 km 处所产生的电磁强度的振幅等于 100 μV/m，试求电偶极子所辐射的功率。

解： 由 E_θ 的表示式知，电偶极子的远区辐射场的电场强度振幅为

$$E_m = \frac{I_m\, dl}{2\lambda_0 r}\eta_0 \sin\theta$$

又根据 P_r 的表示式，有

$$\frac{I_m\, dl}{\lambda_0} = \sqrt{\frac{P_r}{40\pi^2}}$$

因此

$$P_r = \left(\frac{r}{\sin\theta} \cdot \frac{E_m}{3}\right)^2 \frac{1}{10}$$

代入具体数值得

$$P_r = \frac{10}{9} = 1.1\ \text{W}$$

7-3　计算一长度等于 0.1λ 的电偶极子的辐射电阻。

解： 根据式 $R_r = 80\pi^2\left(\frac{Idl}{\lambda_0}\right)^2$，知电偶极子的辐射电阻为

$$R_r = 80\pi^2\left(\frac{dl_0}{\lambda_0}\right)^2 = 80\pi^2\left(\frac{0.1\lambda_0}{\lambda_0}\right)^2 = 7.8957\ \Omega$$

7-4　假设坐标原点上有电矩为 $\boldsymbol{p} = \boldsymbol{e}_z p$ 的电偶极子和磁矩为 $\boldsymbol{m} = \boldsymbol{e}_z m$ 的磁偶极子天线。问什么条件下两天线所辐射的电磁波在远区相叠加为一圆极化电磁波。

解： 电偶极子的远区场为

$$E_\theta = \frac{jIdl}{2\lambda r}\eta e^{-jkr} \sin\theta = -\frac{\omega p}{2\lambda r}\eta e^{-jkr} \sin\theta$$

$$H_\phi = \frac{jIdl}{2\lambda r} e^{-jkr} \sin\theta = -\frac{\omega p}{2\lambda r} e^{-jkr} \sin\theta$$

磁偶极子的远区场为

$$E_\phi = \frac{\omega\mu m}{2\lambda r} e^{-jkr} \sin\theta$$

$$H_\theta = -\frac{\omega m}{2\lambda r}\frac{1}{\eta} e^{-jkr} \sin\theta$$

由形成圆极化电磁波所要求的振幅条件 $|E_\theta| = |E_\phi|$ 知

$$\frac{\omega\mu m}{2\lambda r} = \frac{\omega p\eta}{2\lambda r}$$

故所求条件为

$$\frac{m}{p} = \frac{1}{\sqrt{\mu\varepsilon}}$$

7-5　推导磁偶极子天线的辐射功率公式。

解： 磁偶极子天线的辐射场为

$$H_\theta = -\frac{ISk^2}{4\pi r} \sin\theta \cdot e^{-jkr} = -\frac{\pi IS}{\lambda^2 r} \sin\theta \cdot e^{-jkr}$$

$$E_{\phi}=\frac{ISR^{2}}{4\pi r}\eta\sin\theta\cdot e^{-jkr}=\frac{\pi IS}{\lambda^{2}r}\eta\sin\theta\cdot e^{-jkr}=-\eta H_{\theta}$$

所以，磁偶极子的辐射功率为

$$\boldsymbol{S}_{av}=\mathrm{Re}\left[\frac{1}{2}E_{\phi}\times H_{\theta}^{*}\right]=\mathrm{Re}\left[-\boldsymbol{e}_{r}\frac{1}{2}E_{\phi}\cdot H_{\theta}^{*}\right]$$

$$=\boldsymbol{e}_{r}\frac{1}{2}\eta\left(\frac{\pi IS}{\lambda^{2}r}\right)^{2}\sin^{2}\theta$$

$$P_{r}=\oint_{S}\boldsymbol{S}_{av}\cdot d\boldsymbol{S}=\int_{0}^{2\pi}\int_{0}^{\pi}\frac{1}{2}\eta\left(\frac{\pi IS}{\lambda^{2}r}\right)^{2}\sin^{2}\theta\cdot r^{2}\sin\theta\,d\theta\,d\phi$$

$$=\frac{4}{3}\eta\pi\cdot\left(\frac{\pi IS}{\lambda^{2}}\right)^{2}$$

在真空中，磁偶极子的辐射功率为

$$P_{r}=160\pi^{2}\cdot\left(\frac{\pi IS}{\lambda_{0}^{2}}\right)^{2}=160\pi^{6}\cdot\left(\frac{a}{\lambda_{0}}\right)^{4}I^{2}$$

7－6　试计算电偶极子和半波阵子的方向性系数。

解：参见例 7－6 及例 7－7。

7－7　已知某天线的辐射功率为 100 W，方向性系数为 $D=3$。

(1) 求 $r=10$ km 处最大辐射方向上的电场强度振幅。

(2) 若保持辐射功率不变，要使 $r=20$ km 处的场强等于原来 $r=10$ km 处的场强，应选取方向性系数 D 等于多少的天线。

解：(1) 最大辐射方向上的电场强度振幅为

$$|\boldsymbol{E}|=E_{m}=\frac{\sqrt{60DP_{r}}}{r}$$

代入具体数值得

$$E_{m}=1.34\times10^{-2}\ \mathrm{V/m}$$

(2) 符合题意的方向性系数为

$$\frac{\sqrt{60P_{r}D_{1}}}{r_{1}}=\frac{\sqrt{60P_{r}D_{2}}}{r_{2}}$$

代入具体数值得

$$D_{2}=12$$

7－8　设电基本振子的轴线沿东西方向放置，在远方有一移动接收电台在正南方向而接收到最大的电场强度。当接收电台沿电基本振子为中心的圆周在地面上移动时，电场强度将逐渐减少。试问当电场强度减少到最大值的 $1/\sqrt{2}$ 时，接收电台的位置偏离正南方向多少度。

解：电基本振子的归一化方向函数为

$$f(\theta)=\sin\theta$$

由题意可知，当电场强度成为原来的 $1/\sqrt{2}$ 时，接收电台的位置偏离正南方向 45°。

7-9　两个半波振子天线平行放置，相距 $\lambda/2$。若要求它们的最大辐射方向在偏离天线阵轴线 $\pm 60^\circ$ 的方向上，问两个半波振子天线馈电电流相位差应为多少。

解： 当两个半波振子天线馈电电流相位差 β 满足条件

$$\cos\phi_m = -\frac{\beta}{kd}$$

时，由它们组成的天线阵的最大辐射方向 ϕ_m 取决于相邻阵元之间的电流相位差 β。因此

$$\beta = -kd\ \cos\phi_m = -\frac{2\pi}{\lambda}\cdot\frac{\lambda}{2}\cdot\cos 60^\circ = -\frac{\pi}{2}$$

7-10　大小分别为 $I_1 l_1$、$I_2 S_2$ 的电基本振子和磁基本振子同频率、同方向，并放置在同一点，求辐射电场。

解： 参见例 7-4。

7-11　计算矩形均匀同相口径天线的方向性系数及增益。

解： 设口径面位于 $z=0$ 平面，如图 7-6 所示。口径场的某一直角坐标分量为

$$E_S = E_{S_0}\,\mathrm{e}^{-\mathrm{j}kz}$$

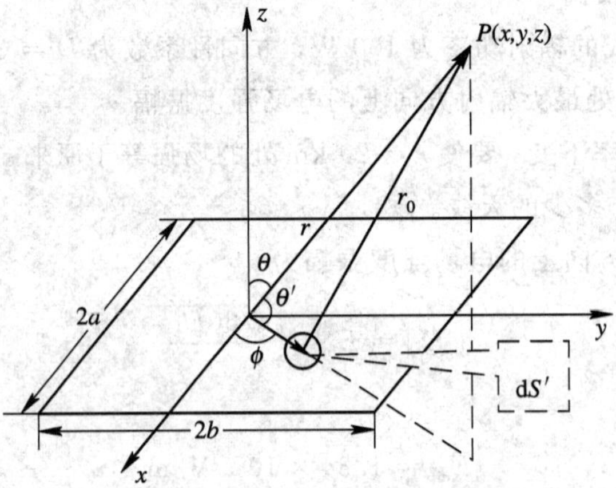

图 7-6　题 7-11 用图

式中 E_{S_0} 是常数。利用口径面 S 上的场在 $\boldsymbol{r}$ 点产生的辐射场的计算式，可得

$$E_P = \mathrm{j}\frac{E_{S_0}}{2\lambda}\int_{-b}^{b}\int_{-a}^{a}\frac{\mathrm{e}^{-\mathrm{j}kr}}{r}(1+\cos\theta')\mathrm{d}x'\mathrm{d}y' \tag{7-1}$$

式中，r 为口径面上$(x', y', 0)$点到场点 $P(x, y, z)$ 的距离：

$$r = \sqrt{(x-x')^2+(y-y')^2+z^2} = \sqrt{x^2+y^2+z^2-2xx'-2yy'+x'^2+y'^2}$$

$$= \sqrt{r_0^2-2xx'-2yy'+x'^2+y'^2} = r_0\sqrt{1-\frac{2}{r_0^2}(xx'+yy')+\left(\frac{x'}{r_0}\right)^2+\left(\frac{y'}{r_0}\right)^2}$$

上式中，$r_0=\sqrt{x^2+y^2+z^2}$，是坐标原点到场点 P 的距离。对于远区，$r_0 \gg x'$，$r_0 \gg y'$，上式可以近似为

$$r = r_0 - \frac{xx' + yy'}{r_0}$$

当 $r_0 \gg a$，$r_0 \gg b$ 时，可以近似取 $\theta \approx \theta'$，$\frac{1}{r} \approx \frac{1}{r_0}$。如果场点采用球坐标表示，即取 $x = r_0 \sin\theta \cos\phi$，$y = r_0 \sin\theta \sin\phi$，那么将以上关系代入式(7－1)，得

$$E_P(r_0, \theta, \phi) = \mathrm{j}\frac{E_{S_0}\mathrm{e}^{-\mathrm{j}kr_0}}{2\lambda r_0}(1+\cos\theta)\int_{-a}^{a}\mathrm{d}x'\int_{-b}^{b}\mathrm{e}^{\mathrm{j}k\sin\theta(x'\cos\phi+y'\sin\phi)}\mathrm{d}y'$$

$$= \mathrm{j}\frac{2abE_{S_0}}{\lambda r_0}(1+\cos\theta)\cdot\frac{\sin(ka\ \sin\theta\cos\phi)}{ka\ \sin\theta\cos\phi}\cdot\frac{\sin(kb\ \sin\theta\cos\phi)}{kb\ \sin\theta\cos\phi}\mathrm{e}^{-\mathrm{j}kr_0}$$

由上式可知，均匀同相矩形口径场的方向性函数为

$$F(\theta\cdot\phi) = (1+\cos\theta)\cdot\frac{\sin(ka\ \sin\theta\cos\phi)}{ka\ \sin\theta\cos\phi}\cdot\frac{\sin(kb\ \sin\theta\cos\phi)}{kb\ \sin\theta\cos\phi} \tag{7-2}$$

由上可见，最大辐射方向在 $\theta = 0$ 处，此时

$$E_P = E_{P_{\max}} = \mathrm{j}\frac{4abE_{S_0}}{\lambda r_0}\mathrm{e}^{-\mathrm{j}kr_0} \tag{7-3}$$

通过口径面的入射波的平均坡印廷矢量为 $\boldsymbol{S}_{\mathrm{av}} = \boldsymbol{a}_z |E_{S_0}|^2/2\eta$。因为口径面上场量分布是均匀的，所以通过口径面的总辐射功率为

$$P = |\boldsymbol{S}_{\mathrm{av}}|\cdot 4ab = \frac{4ab\,|E_{S_0}|^2}{2\eta}$$

另一方面，产生与式(7－2)相等电场的点源天线的总辐射功率为

$$P_0 = 4\pi r r_0^2\cdot\frac{|E_{P_{\max}}|^2}{2\eta} = \frac{32\pi a^2b^2\,|E_{S_0}|^2}{\eta\lambda^2}$$

将以上两式代入定义天线方向性系数的公式，可得均匀激励的矩形口径面的方向性系数为

$$D = \frac{P_0}{P}\bigg|_{\text{相等电场强度}} = \frac{16\pi ab}{\lambda^2} = \frac{4\pi}{\lambda^2}\cdot S$$

式中 $S = 4ab$ 代表口径的面积。上式是由口径面面积 S 和工作波长 λ 计算均匀同相激励口径面方向性系数的通用公式。

根据方向性系数与增益的关系知，矩形均匀同相口径天线的增益为

$$G = \eta_r D$$

式中 η_r 为天线的辐射效率。

7－12　利用互易定理证明紧靠理想导体表面上的切向电流元无辐射场。

证明：设有一理想导体，在无限靠近该导体的表面上有面电流 $\boldsymbol{J}_S$，在空间有一任意电流源 $\boldsymbol{J}_2$，$\boldsymbol{J}_S$ 在空间各处产生的电磁场为 $\boldsymbol{E}_1$、$\boldsymbol{H}_1$，$\boldsymbol{J}_2$ 在空间各处产生的电磁场为 $\boldsymbol{E}_2$、$\boldsymbol{H}_2$。根据互易定理，有 $\int_V \boldsymbol{J}_S\cdot\boldsymbol{E}_2\mathrm{d}V = \int_V \boldsymbol{J}_2\cdot\boldsymbol{E}_1\mathrm{d}V$。由于在理想导体表面电场只有法向分量，而 J_S 为切向电流，故 $J_S\cdot E_2 = 0$，于是 $\int_V \boldsymbol{J}_2\cdot\boldsymbol{E}_1\,\mathrm{d}V = 0$。又由于 $\boldsymbol{J}_2$ 任意，所以 $\boldsymbol{E}_1 = 0$。

7－13　无限大理想导体平面上方距平面 h 处垂直放置一半波振子天线，求远区辐射

场及其方向因子。

解：远区辐射场由两部分组成。一部分为半波天线辐射的直达波，另一部分是理想导体平面的反射波。根据镜像原理，反射波可以看作是半波天线的镜像天线产生的。因此，远区辐射场可以看作是两个半波天线组成的天线阵的辐射场。以1单元(半波天线)为相位参考点，则远区辐射场振幅为

$$E_\theta = \mathrm{j}\,\frac{60I_\mathrm{m}}{r}\left[\frac{\cos\left(\dfrac{\pi}{2}\cos\theta\right)}{\sin\theta}\mathrm{e}^{-\mathrm{j}kr} + \frac{\cos\left(\dfrac{\pi}{2}\cos\theta\right)}{\sin\theta}\mathrm{e}^{-\mathrm{j}kr}\mathrm{e}^{-\mathrm{j}kh\cos\theta}\right]$$

$$= \mathrm{j}\,\frac{60I_\mathrm{m}}{r}\,\frac{\cos\left(\dfrac{\pi}{2}\cos\theta\right)}{\sin\theta}\left(2\mathrm{e}^{\mathrm{j}\frac{kh}{2}\cos\theta}\right)\cos\left(\frac{kh}{2}\cos\theta\right)\mathrm{e}^{-\mathrm{j}kr}$$

远区 E 面方向因子为

$$F(\theta) = \frac{\cos\left(\dfrac{\pi}{2}\cos\theta\right)}{\sin\theta}\cos\left(\frac{kh}{2}\cos\theta\right)$$

第八章　导 行 电 磁 波

一、基本内容与公式

1. 不同的导波装置可以传输不同模式的电磁波。TEM 波模式只能存在于多导体传输系统中，其场的求解可看成二维静止场问题的求解，即将横向电场 $\boldsymbol{E}_t$ 用标量位 $\varphi(u_1, u_2)$ 的横向梯度表示。求解标量位 $\varphi(u_1, u_2)$ 满足的二维拉普拉斯方程，就可以求出各横向场的表示式。在波导中不能传输 TEM 波，只能传输 TM 波或 TE 波。

2. TEM 波不存在截止频率，而 TM 波和 TE 波存在截止频率。其截止频率 f_c 和截止波长 λ_c 为

$$f_c = \frac{k_c}{2\pi\sqrt{\mu\varepsilon}}$$

$$\lambda_c = \frac{v}{f_c} = \frac{2\pi}{k_c}$$

在理想导波装置中的波导波长 λ_g、相速 v_p 及群速 v_g 为

$$\lambda_g = \frac{\lambda}{\sqrt{1-\left(\frac{\lambda}{\lambda_c}\right)^2}}$$

$$v_p = \frac{v}{\sqrt{1-\left(\frac{\lambda}{\lambda_c}\right)^2}}$$

$$v_g = \sqrt{1-\left(\frac{\lambda}{\lambda_c}\right)^2}\,v$$

在理想导波装置中，TEM 波的波阻抗 Z_{TEM}、TM 波的波阻抗 Z_{TM} 及 TE 波的波阻抗 Z_{TE} 分别为

$$Z_{TEM} = \eta = \sqrt{\frac{\mu}{\varepsilon}}$$

$$Z_{TM} = \frac{\beta}{\omega\varepsilon} = \eta\sqrt{1-\left(\frac{\lambda}{\lambda_c}\right)^2}$$

$$Z_{\text{TE}} = \frac{\omega\mu}{p} = \frac{\eta}{\sqrt{1-\left(\frac{\lambda}{\lambda_c}\right)^2}}$$

3. 在矩形波导中，其截止波数 k_c、截止波长 λ_c 分别为

$$k_c = \sqrt{\left(\frac{m\pi}{a}\right)^2 + \left(\frac{n\pi}{b}\right)^2}$$

$$\lambda_c = \frac{2}{\sqrt{\left(\frac{m}{a}\right)^2 + \left(\frac{n}{b}\right)^2}}$$

TE_{10} 波的 λ_g、v_p、v_g 分别为

$$\lambda_g = \frac{\lambda}{\sqrt{1-\left(\frac{\lambda}{2a}\right)^2}}$$

$$v_p = \frac{v}{\sqrt{1-\left(\frac{\lambda}{2a}\right)^2}}$$

$$v_g = \sqrt{1-\left(\frac{\lambda}{2a}\right)^2}$$

4. 在矩形波导中 TE_{10} 波具有最小衰减，在圆柱形波导中 TE_{11} 波具有最小衰减。当频率升高时，圆柱形波导中的 TE_{01} 波的衰减减小。圆柱形波导 TE_{01} 波的这一特点使它特别适合于远距离传输。

5. 同轴线是传输 TEM 波的导波装置，其特性阻抗 Z_0 为

$$Z_0 = \frac{60}{\sqrt{\varepsilon_r}}\ln\frac{b}{a}$$

它可以用场理论进行分析，也可以用路理论进行分析。后者较为简单，可认为是场理论在特定条件下的一种近似处理方法。

6. 谐振腔是频率很高时采用的谐振电路。谐振腔内可以有无限个谐振模式，每一模式对应一个谐振频率。谐振腔的 Q 值比较高。

二、例题示范

例 8-1　图 8-1 所示电路为两无限大理想导体板构成的平板波导，间距为 b，板间为空气，电磁波沿平行于板面的 $+z$ 轴方向传播。设波在 x 方向是均匀的，求可能传播的波型和每种波型的截止频率。

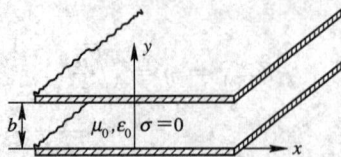

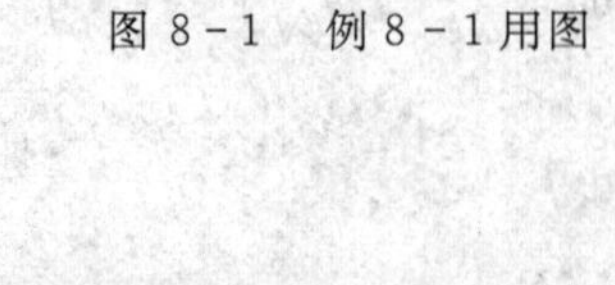

图 8-1　例 8-1 用图

解：由于波在 x 方向均匀，所以各场量与坐标 x 无关，于是纵向分量 E_z、H_z 所满足的标量亥姆霍兹方程为

$$\left.\begin{aligned}\frac{d^2E_z}{dy^2}+k_c^2E_z=0\\ \frac{d^2H_z}{dy^2}+k_c^2H_z=0\end{aligned}\right\}\tag{8-1}$$

式中 $k_c^2=k^2-\beta^2=k^2-k_z^2$。

式(8－1)的解为

$$E_z=(A_1\sin k_cy+A_2\cos k_cy)e^{-j\beta z}$$
$$H_z=(B_1\sin k_cy+B_2\cos k_cy)e^{-j\beta z}$$

(1) 对于 TM 波，由于 $H_z=0$，则根据边界条件

$$E_z\big|_{y=0}=E_z\big|_{y=b}=0$$

可得

$$A_2=0,\quad k_c=\frac{n\pi}{b}$$

取 $A_1=E_0$，则有

$$E_z=E_0\sin\left(\frac{n\pi}{b}y\right)e^{-j\beta z}$$

将上式代入横向场分量的表达式，可得

$$\left.\begin{aligned}E_y&=-\frac{j\beta}{k_c^2}\frac{n\pi}{b}E_0\cos\left(\frac{n\pi}{b}\right)ye^{-j\beta z}\\ H_x&=\frac{j\omega\varepsilon}{k_c^2}\frac{n\pi}{b}E_0\cos\left(\frac{n\pi}{b}y\right)e^{-j\beta z}\\ E_z&=E_0\sin\left(\frac{n\pi}{b}y\right)e^{-j\beta z}\end{aligned}\right\}\tag{8-2}$$

式(8－2)即为 TM 波型的场方程，其截止频率由 $k_c^2=k^2$ 可得

$$f_c=\frac{n}{2b\sqrt{\mu_0\varepsilon_0}}=\frac{n}{2b}c_{光}$$

(2) 对于 TE 波，由于 $E_z=0$，根据边界条件

$$E_x\Big|_{\substack{y=0\\y=b}}=-\frac{j\omega\mu}{k_c^2}\frac{\partial H_z}{\partial y}\Big|_{\substack{y=0\\y=b}}=0$$

可得

$$B_1=0,\quad k_c=\frac{n\pi}{b}$$

取 $B_2=H_0$，则有

$$H_z=H_0\cos\left(\frac{n\pi}{b}y\right)e^{-j\beta z}$$

将上式代入横向场分量的表达式，可得

$$\left.\begin{aligned} E_x &= \frac{j\omega\mu}{k_c^2}\frac{n\pi}{b}H_0\sin\left(\frac{n\pi}{b}y\right)e^{-j\beta z} \\ H_y &= \frac{j\beta}{k_c^2}\frac{n\pi}{b}H_0\sin\left(\frac{n\pi}{b}y\right)e^{-j\beta z} \\ H_z &= H_0\cos\left(\frac{n\pi}{b}y\right)e^{-j\beta z} \end{aligned}\right\} \tag{8-3}$$

式(8－3)即为 TE 波的场方程，其截止频率为

$$f_c = \frac{n}{2b\sqrt{\mu_0\varepsilon_0}} = \frac{n}{2b}c_{光}$$

(3) TEM 波。该传输结构是多导体系统，所以也可传输 TEM 波。若设 $\boldsymbol{E} = E_0 e^{-jkz}\boldsymbol{e}_y$ 并代入相关公式，可知其满足 TEM 波场方程，且

$$\boldsymbol{H} = -\frac{E_0}{\eta_0}e^{-jkz}\boldsymbol{e}_x$$

即

$$\left.\begin{aligned} \boldsymbol{E} &= E_0 e^{-jkz}\boldsymbol{e}_y \\ \boldsymbol{H} &= -\frac{E_0}{\eta_0}e^{-jkz}\boldsymbol{e}_x \end{aligned}\right\} \tag{8-4}$$

式(8－4)是该平板波导可以传播的一种 TEM 波型，其满足的关系式与无界空间的 TEM 波相同。由于 $k_c = 0$，所以其截止频率 $f_c = 0$，$\eta_0 = 120\pi$。

例 8－2 已知横截面为 $a \times b$ 的矩形波导内的纵向场分量为

$$E_z = 0,\ H_z = H_0\cos\left(\frac{\pi}{a}x\right)\cos\left(\frac{\pi}{b}y\right)e^{-j\beta z}$$

式中：H_0 为常量；$\beta = \sqrt{k^2 - k_c^2}$；$k = \omega\sqrt{\mu_0\varepsilon_0}$；$k_c = \sqrt{\left(\frac{\pi}{a}\right)^2 + \left(\frac{\pi}{b}\right)^2}$。

(1) 试求波导内场的其它分量及传输模式。

(2) 试说明为什么波导内部不可能存在 TEM 波。

解：(1) 由横向场分量的表达式可得

$$E_x = \frac{j\omega\mu}{k_c^2}\frac{\pi}{b}H_0\cos\left(\frac{\pi}{a}x\right)\sin\left(\frac{\pi}{b}y\right)e^{-j\beta z}$$

$$E_y = -\frac{j\omega\mu}{k_c^2}\frac{\pi}{a}H_0\sin\left(\frac{\pi}{a}x\right)\cos\left(\frac{\pi}{b}y\right)e^{-j\beta z}$$

$$H_x = \frac{j\beta}{k_c^2}\frac{\pi}{a}H_0\sin\left(\frac{\pi}{a}x\right)\cos\left(\frac{\pi}{b}y\right)e^{-j\beta z}$$

$$H_y = \frac{j\beta}{k_c^2}\frac{\pi}{b}H_0\cos\left(\frac{\pi}{a}x\right)\sin\left(\frac{\pi}{b}y\right)e^{-j\beta z}$$

其传输模式为 TE_{11} 波。

(2) 空心波导内不能存在 TEM 波。这是因为，如果内部存在 TEM 波，则要求磁场应完全在波导的横截面内，而且是闭合回线。由麦克斯韦方程可知，回线上磁场的环路积分

应等于与回路交链的轴向电流。此处是空心波导，不存在轴向的传导电流，故必要求有轴向的位移电流。由位移电流的定义式 $\boldsymbol{J}_{\mathrm{d}} = \dfrac{\partial \boldsymbol{D}}{\partial t}$ 可知，这时必有轴向变化的电场存在。这与 TEM 波电场、磁场仅存在于垂直于传播方向的横截面内的命题是完全矛盾的，所以波导内不能存在 TEM 波。

例 8-3　(1) 解释下列技术名词：① MKSA 制单位；② 电磁场；③ 电磁波；④ 表面电阻与表面电抗；⑤ 相速；⑥ 群速。

(2) 求填充 ε_{r} 介质的矩形波导中，传输 TE_{10} 波的截止波长 λ_{c} 与波导波长 λ_{g} 及截止频率。

解：(1) 名词解释。

① MKSA 制单位：MKSA 制单位为国际单位制，其基本单位是米(m)、千克(kg)、秒(s)、安培(A)。

② 电磁场：带电体周围所存在的对电荷有作用力的物质称为电场；电流周围或永久磁铁周围存在的对电流有作用力的物质称为磁场。电场和磁场同时在空间中存在时，称其为电磁场。

③ 电磁波：变化的电场产生变化的磁场；而变化的磁场也产生变化的电场。这种随时间变化、以一定速度在媒质中传播能量的电磁场称为电磁波。

④ 表面电阻与表面电抗：电磁波在良导体中衰减很快，即随着频率的升高，电磁场有明显的趋肤效应。对这种“趋肤”现象的描述可采用表面阻抗 $Z_S = R_S + \mathrm{j}X_S$，其定义为厚度为一个趋肤深度 δ 的导体单位表面积的阻抗。其实部 R_S 称为表面电阻，虚部 X_S 称为表面电抗，且 $R_S = X_S = \dfrac{1}{\delta\sigma}$。

⑤ 相速：电磁波等相位点移动的速度称为相速，用 v_{p} 表示，且 $v_{\mathrm{p}} = \dfrac{\omega}{\beta}$。

⑥ 群速：包络波上某一恒定相位点移动的速度称为群速，用 v_{g} 表示，且 $v_{\mathrm{g}} = \dfrac{\mathrm{d}\omega}{\mathrm{d}\beta}$。

(2) TE_{10} 波的截止波长为

$$\lambda_{\mathrm{c}} = 2a$$

截止频率为

$$f_{\mathrm{c}} = \frac{v}{\lambda_{\mathrm{c}}} = \frac{c_{\text{光}}}{2a\sqrt{\varepsilon_{\mathrm{r}}}}$$

工作波长为

$$\lambda = \frac{\lambda_0}{\sqrt{\varepsilon}} \quad (\lambda_0\ \text{为自由空间工作波长})$$

波导波长为

$$\lambda_{\mathrm{g}} = \frac{\lambda}{\sqrt{1 - \left(\dfrac{\lambda}{2a}\right)^2}} = \frac{\lambda_0}{\sqrt{\varepsilon_{\mathrm{r}} - \left(\dfrac{\lambda_0}{2a}\right)^2}}$$

例 8-4　矩形波导的横截面尺寸为 23 mm × 10 mm，内充空气。设信号频率 $f=$ 10 GHz。

(1) 求此波导中可传输波的传输模式及最低传输模式的截止频率、相位常数、波导波长、相速、波阻抗。

(2) 若填充 $\varepsilon_r=4$ 的无耗电介质，则 $f=10$ GHz 时，波导中可能存在哪些传输模?

(3) 对于 $\varepsilon_r=4$ 的波导，若要求只传输 TE_{10} 波，则重新确定波导尺寸或重新确定其单模工作的频段。

解：(1) 工作波长为

$$\lambda_0=\frac{c}{f}=3\ \text{cm}$$

截止波长为

$$\lambda_c(TE_{10})=2a=4.6\ \text{cm}$$

$$\lambda_c(TE_{20})=a=2.3\ \text{cm}$$

根据传输条件，只有 $\lambda<\lambda_c$ 的波型才能在波导中传输，故该波导只能传输 TE_{10} 波，其传输参数为

截止频率：　$$f_c=\frac{c}{\lambda_c}=\frac{3\times10^8}{2a}=6.52\ \text{GHz}$$

波导波长：　$$\lambda_g=\frac{\lambda_0}{\sqrt{1-\left(\frac{\lambda_0}{2a}\right)^2}}=3.95\ \text{cm}$$

相位常数：　$$\beta=\frac{2\pi}{\lambda_g}=1.59\times10^2\ \text{rad/s}$$

相速：　$$v_p=\frac{\omega}{\beta}=f\lambda_g=3.95\times10^8\ \text{m/s}$$

波阻抗：　$$Z_{TE_{10}}=\frac{\eta_0}{\sqrt{1-\left(\frac{\lambda_0}{2a}\right)^2}}=1.32\eta_0=496\ \Omega$$

(2) 若 $\varepsilon_r=4$，则 $\lambda=\frac{\lambda_0}{\sqrt{\varepsilon_r}}=1.5$ cm，由 $\lambda_c>\lambda$，即

$$\frac{2}{\sqrt{\left(\frac{m}{a}\right)^2+\left(\frac{n}{b}\right)^2}}>1.5$$

可得

$$m^2+(2.3n)^2<9.4$$

解该不等式可得 $m\leqslant3$，$n\leqslant1$。

对于 $m=3$，$n=1$：

$$\lambda_c\begin{pmatrix}TE_{31}\\TM_{31}\end{pmatrix}=\frac{2ab}{\sqrt{a^2+9b^2}}=1.22\ \text{cm}$$

对于 $m=2$，$n=1$：

$$\lambda_c\begin{pmatrix}TE_{21}\\TM_{21}\end{pmatrix}=\frac{2ab}{\sqrt{a^2+4b^2}}=1.509\ \text{cm}$$

所以，可传输的模式为 TE_{10}、TE_{20}、TE_{01}、TE_{11}、TM_{11}、TE_{30}、TE_{21}、TM_{21}。

(3) 对于填充 $\varepsilon_r=4$ 介质的波导，若 $f=10$ GHz，当只传输 TE_{10} 波时，其单模工作的条件为

$$\lambda_c(TE_{20})<\lambda<\lambda_c(TE_{10})\quad 及\quad \lambda>\lambda_c(TE_{01})$$

即

$$a<\lambda<2a,\quad 2b<\lambda$$

解之有

$$\frac{\lambda}{2}<a<\lambda,\quad b<\frac{\lambda}{2}$$

当 $\lambda=1.5$ cm 时，有

$$0.75\ \text{cm}<a<1.5\ \text{cm},\quad b<0.75\ \text{cm}$$

故可以取 $a=12$ mm，$b=5$ mm。

若 $a\times b=23\ \text{mm}\times 10\ \text{mm}$ 一定，则其单模工作的条件为

$$f_c(TE_{10})<f<f_c(TE_{20})$$

$$f_c(TE_{10})=\frac{\dfrac{c}{\sqrt{\varepsilon_r}}}{\lambda_c(TE_{10})}=\frac{c}{2a\sqrt{\varepsilon_r}}=\frac{3\times 10^8}{4\times 2.3\times 10^{-2}}=3.26\ \text{GHz}$$

$$f_c(TE_{20})=\frac{c}{a\sqrt{\varepsilon_r}}=\frac{3\times 10^8}{2\times 2.3\times 10^{-2}}=6.52\ \text{GHz}$$

所以，其单模工作的频段为

$$3.26\ \text{GHz}<f<6.52\ \text{GHz}$$

从这个例题可以看出，填充 $\varepsilon_r>1$ 的介质的波导与空气波导相比，若尺寸相同，电磁波的频率一定，则填充 $\varepsilon_r>1$ 介质的波导中可能存在的传输模较多。若要求单模工作：f 一定时，则相应的波导尺寸较小；波导尺寸一定时，则相应的工作频率较低。

例 8-5　填充空气介质的矩形波导传输 TE_{10} 波，试求管壁表面的传导电流和管内位移电流。

解：TE_{10} 波的各场分量为

$$E_y=E_0\sin\left(\frac{\pi}{a}x\right)e^{-j\beta z}$$

$$H_x=-\frac{\beta}{\omega\mu}E_0\sin\left(\frac{\pi}{a}x\right)e^{-j\beta z}$$

$$H_z=j\frac{E_0}{\omega\mu}\frac{\pi}{a}\cos\left(\frac{\pi}{a}x\right)e^{-j\beta z}$$

根据边界条件，管壁电流密度 $\boldsymbol{J}_S=\boldsymbol{n}\times\boldsymbol{H}_t$。$\boldsymbol{H}_t$ 为管壁表面上磁场强度分量。于是，两侧壁的面电流密度为

$$\boldsymbol{J}_S\big|_{x=0}=\boldsymbol{e}_x\times\boldsymbol{H}_z=-\mathrm{j}\frac{E_0}{\omega\mu}\frac{\pi}{a}\mathrm{e}^{-\mathrm{j}\beta z}\boldsymbol{e}_y$$

$$\boldsymbol{J}_S\big|_{x=a}=-\boldsymbol{e}_x\times\boldsymbol{H}_z=\mathrm{j}\frac{E_0}{\omega\mu}\frac{\pi}{a}\mathrm{e}^{-\mathrm{j}\beta z}\boldsymbol{e}_y$$

从顶壁流入两侧壁的电流，可取 $\lambda_g/2$ 长的顶壁波导计算可得

$$I_y\big|_{x=0}=\int_0^{\frac{\lambda_g}{2}}-\mathrm{j}\frac{E_0}{\omega\mu}\frac{\pi}{a}\mathrm{e}^{-\mathrm{j}\beta z}\mathrm{d}z=-\frac{2\pi}{a}\frac{E_0}{\omega\mu\beta}$$

$$I_y\big|_{x=a}=\int_0^{\frac{\lambda_g}{2}}\mathrm{j}\frac{E_0}{\omega\mu}\frac{\pi}{a}\mathrm{e}^{-\mathrm{j}\beta z}\mathrm{d}z=\frac{2\pi}{a}\frac{E_0}{\omega\mu\beta}$$

顶壁上的电流密度为

$$\boldsymbol{J}_S\big|_{y=b}=-\boldsymbol{e}_y\times\boldsymbol{H}_x=-\frac{\beta}{\omega\mu}E_0\sin\left(\frac{\pi}{a}x\right)\mathrm{e}^{-\mathrm{j}\beta z}\boldsymbol{e}_z$$

顶壁上流出 $z=0$ 与 $z=\dfrac{\lambda_g}{2}$ 截面的电流为

$$I_z\big|_{z=0}=\int_0^a-\frac{\beta}{\omega\mu}E_0\sin\left(\frac{\pi}{a}x\right)\mathrm{d}x=-\frac{2a}{\pi}\frac{\beta}{\omega\mu}E_0$$

$$I_z\big|_{z=\frac{\lambda_g}{2}}=\int_0^a-\frac{\beta}{\omega\mu}E_0\sin\left(\frac{\pi}{a}x\right)\mathrm{e}^{-\mathrm{j}\pi}\mathrm{d}x=\frac{2a}{\pi}\frac{\beta}{\omega\mu}E_0$$

于是从顶壁($\lambda_g/2$ 长) 流出的总传导电流 I_c 为

$$\begin{aligned}I_c&=2|I_y|+2|I_z|\\&=2\left(\frac{2\pi}{a}\frac{E_0}{\omega\mu\beta}+\frac{2a}{\pi}\frac{\beta}{\omega\mu}E_0\right)\\&=\frac{4a}{\pi}\frac{\omega\varepsilon_0}{\beta}E_0\left[\frac{\left(\frac{\pi}{a}\right)^2}{\omega^2\mu\varepsilon_0}+\frac{\beta^2}{\omega^2\mu\varepsilon_0}\right]\end{aligned}$$

由于

$$k^2=\omega^2\mu\varepsilon_0=k_c^2+\beta^2=\left(\frac{\pi}{a}\right)^2+\beta^2$$

所以

$$I_c=\frac{4a}{\pi}\frac{\omega\varepsilon_0}{\beta}E_0$$

位移电流密度为

$$\boldsymbol{J}_d=\varepsilon_0\frac{\partial\boldsymbol{E}}{\partial t}=\mathrm{j}\omega\varepsilon_0E_0\sin\left(\frac{\pi}{a}x\right)\mathrm{e}^{-\mathrm{j}\beta z}\boldsymbol{e}_y$$

则流入上导体板 $a\times\dfrac{\lambda_g}{2}$ 表面的总位移电流 I_d 为

$$I_d = \int_0^a dx \int_0^{\frac{\lambda_g}{2}} J_d \, dz$$

$$= \int_0^a dx \int_0^{\frac{\lambda_g}{2}} j\omega\varepsilon_0 E_0 \sin\left(\frac{\pi}{a}x\right) e^{-j\beta z} \, dz$$

$$= \int_0^a \frac{2\omega\varepsilon_0}{\beta} E_0 \sin\left(\frac{\pi}{a}x\right) dx$$

$$= \frac{4a}{\pi} \frac{\omega\varepsilon_0}{\beta} E_0$$

即

$$I_c = I_d$$

该题说明，管壁上的传导电流等于管内的位移电流，仍满足电流的连续性。

例 8-6　一填充空气的矩形波导，截面尺寸为 $a \times b$，且 $b < a < 2b$。由于工作于截止频率附近损耗很大，通常取工作频率的下限等于 1.25 倍的截止频率，上限取最近的高次模截止频率的 0.80 倍。现需要单模工作，其传输的信号频率为 4.8 GHz ~ 6.0 GHz。

(1) 试确定波导的尺寸 a 和 b。

(2) 求 $\lambda = 5$ cm 的波在此波导中传输时的极限功率 P_{br}（空气的击穿场强 $E_{br} = 3 \times 10^6$ V/m），并与一般同轴线的击穿功率约 400 kW 相比，可得出什么结论。

(3) 若波导管的电导率 $\sigma = 5.8 \times 10^7$ S/m，其中传输的平均功率为 1 kW，试计算 $\lambda = 5$ cm 时每米波导所消耗的功率。

(4) 如果电磁波频率 $f = 3$ GHz，试求衰减常数。

解：(1) 单模工作时，TE_{10} 波的截止频率为

$$f_{c(TE_{10})} = \frac{c_{光}}{2a}$$

由于 $b > \frac{a}{2}$，与 TE_{10} 波最相近的高次模为 TE_{01} 波，其截止频率为

$$f_c(TE_{01}) = \frac{c_{光}}{2b}$$

则由题意可知

$$1.25 \times \frac{c_{光}}{2a} = 4.8 \times 10^9$$

$$0.80 \times \frac{c_{光}}{2b} = 6.0 \times 10^9$$

解之可得

$$a = 3.91 \text{ cm}$$

$$b = 2.00 \text{ cm}$$

(2)　$\lambda_0 = 5$ cm，$f = 6$ GHz

$$P_{br}=\frac{ab}{4\eta_0}E_{br}^2\sqrt{1-\left(\frac{\lambda_0}{2a}\right)^2}=3589\ \text{kW}$$

显然，波导的极限功率比一般同轴线的极限功率大许多倍，有时甚至可达数十倍。因此大功率传输时，波导传输的功率容量比同轴线的功率容量大得多，也优越得多。

(3) 先求 TE_{10} 波的衰减。由矩形波导传输 TE_{10} 模时计算衰减常数的公式，可得

$$\alpha_c(TE_{10})=\frac{R_S}{b\sqrt{\frac{\mu_0}{\varepsilon_0}}\sqrt{1-\left(\frac{\lambda_0}{2a}\right)^2}}\left[1+\frac{2b}{a}\left(\frac{\lambda_0}{2a}\right)^2\right]$$

$$R_S=\sqrt{\frac{\omega\mu}{2\sigma}}=\sqrt{\frac{\pi\mu_0 c}{\sigma}}\cdot\frac{1}{\sqrt{\lambda}}=4.52\times10^{-2}\ \frac{1}{\sqrt{\lambda(\text{cm})}}$$

$$=2.02\times10^{-2}\ \Omega$$

$$\alpha_c(TE_{10})=\frac{2.02\times10^{-2}}{2\times10^{-2}\times120\pi\times\sqrt{1-\left(\frac{5}{7.82}\right)^2}}\left[1+\frac{4}{3.91}\left(\frac{5}{7.82}\right)^2\right]$$

$$=4.94\times10^{-3}\ \text{Np/m}$$

每米波导所消耗的功率为

$$P_L=P_0(1-e^{-2\alpha_c})=9.83\ \text{W}$$

(4) 当 $f=3$ GHz 时，由 $\gamma^2=\alpha^2=k_c^2-k^2$ 得

$$\alpha=\sqrt{k_c^2-k^2}=\frac{2\pi}{\lambda_c}\sqrt{1-\left(\frac{\lambda_c}{\lambda_0}\right)^2}$$

$$\lambda_c=2a=7.82\ \text{cm}$$

$$\lambda=\frac{3\times10^{10}}{3\times10^9}=10\ \text{cm}$$

所以

$$\alpha=\frac{2\pi}{7.82\times10^{-2}}\sqrt{1-\left(\frac{7.82}{10}\right)^2}=50.1\ \text{Np/m}$$

例 8-7　已知矩形波导中 TM 模的纵向电场为

$$E_z=E_0\sin\frac{\pi}{3}x\sin\frac{\pi}{3}y\cos\left(\omega t-\frac{\sqrt{2}}{3}\pi z\right)$$

式中，x、y、z 的单位为 cm。

(1) 求截止波长与波导波长。

(2) 如果此模式为 TM_{21} 波，求波导尺寸。

解： (1) 由 E_z 的表示式可知

$$k_x=k_y=\frac{\pi}{3},\quad \beta=\frac{2}{3}\pi$$

所以

$$k_c = \sqrt{k_x^2 + k_y^2} = \frac{\sqrt{2}}{3}\pi$$

于是

$$\lambda_c = \frac{2\pi}{k_c} = 3\sqrt{2}\ \text{cm}$$

$$\lambda_g = \frac{2\pi}{\beta} = 3\sqrt{2}\ \text{cm}$$

(2) 若此模为 TM_{21} 波，则有

$$\frac{m\pi}{a} = \frac{2\pi}{a} = \frac{\pi}{3}$$

$$\frac{n\pi}{b} = \frac{\pi}{b} = \frac{\pi}{3}$$

即

$$a = 6\ \text{cm}$$

$$b = 3\ \text{cm}$$

例 8-8　空气填充的矩形波导，其截面尺寸为 $a \times b = 23\ \text{mm} \times 10\ \text{mm}$。若用探针在其中激励 TE_{10} 模，信号源的频率 $f = 10.87$ GHz。

(1) 问距探针多远处波导中的电磁波可以被看成是纯 TE_{10} 波(设高次模振幅衰减到探针处幅值的 1/1000 时，即可忽略不计)。

(2) 若所激励的 TE_{10} 波电场为 $E_y = 50\sin\left(\frac{\pi}{a}x\right)e^{-j\beta z}$ (V/m)，试求波导壁上纵向面电流密度的最大值。

(3) 若在波导传输线的终端接一不匹配负载，则传输线上有反射波，试确定电场的两个相邻最小值点之间的距离。

解：(1) 对于所给的波导及电磁波频率，只有 TE_{10} 波是传输模。探针激励起的高次模均随离开探针的距离按 $e^{-\alpha z}$ 规律衰减。由于

$$\alpha = \frac{2\pi}{\lambda_c}\sqrt{1 - \left(\frac{\lambda_c}{\lambda_0}\right)^2}$$

可见 λ_c 越小，相应模式的 α 越大，衰减也越快。所以，只要求出非传输模中 λ_c 最大的那个模式的幅值衰减到探针处幅值的 1/1000 的距离即可。由于 $b < \frac{a}{2}$，所以最低的非传输模为 TE_{20} 波，其截止波长为

$$\lambda_c = a = 2.3\ \text{cm}$$

工作波长为

$$\lambda_0 = \frac{c}{f} = 2.76\ \text{cm}$$

于是

$$\alpha(\mathrm{TE}_{20}) = \frac{2\pi}{2.3}\sqrt{1-\left(\frac{2.3}{2.76}\right)^2} = 1.51\ \mathrm{Np/cm}$$

则由 $e^{-\alpha z} = 1/1000$，可得

$$z = 4.57\ \mathrm{cm}$$

可见，离探针不远处高次模就变得很小而可以忽略不计了。

(2) 当传输 TE_{10} 波时，磁场只有 H_x、H_z 两个分量，而由 $\boldsymbol{J}_S = \boldsymbol{n}\times\boldsymbol{H}$ 可知，纵向电流 J_z 应由 H_x 分量确定。而

$$-\frac{E_y}{H_x} = Z_{\mathrm{TE}_{10}}$$

故

$$H_x = -\frac{E_y}{Z_{\mathrm{TE}_{10}}} = -\frac{E_y}{\dfrac{120\,\pi}{\sqrt{1-\left(\dfrac{\lambda_0}{\lambda_c}\right)^2}}} = -\frac{50}{1.25\times 120\pi}\sin\left(\frac{\pi}{a}x\right)e^{-j\beta z}$$

$$= -106.1\times 10^{-3}\sin\left(\frac{\pi}{a}x\right)e^{-j\beta z}\quad (\mathrm{A/m})$$

于是，所求最大纵向面电流密度为

$$J_{Sz} = 106.1\times 10^{-3}\quad (\mathrm{A/m})$$

(3) 当终端接不匹配负载时，波导中形成行驻波场分布，电场的两个相邻最小值点之间的距离为

$$d = \frac{\lambda_g}{2} = \frac{1}{2}\frac{\lambda_0}{\sqrt{1-\left(\dfrac{\lambda_0}{2a}\right)^2}} = \frac{1}{2}\times 1.25\times 2.76 = 1.725\ \mathrm{cm}$$

例 8－9　在矩形波导($a\times b$)中，$z<0$ 的区域填充空气(μ_0，ε_0)，$z>0$ 的区域填充介质(μ_0，ε)。当 TE_{10} 模从空气段入射到介质段时，求反射波和透射波。

解：用类似均匀平面波向平面分界面垂直入射时的求解方法。

沿 $+z$ 轴传播的 TE_{10} 波的入射波电场为

$$\boldsymbol{E}_i = E_{imy}\sin\left(\frac{\pi}{a}x\right)e^{-j\beta z}\boldsymbol{e}_y$$

其反射波和透射波仍是 TE_{10} 波，分别设其为

$$\boldsymbol{E}_r = E_{rmy}\sin\left(\frac{\pi}{a}x\right)e^{-j\beta z}\boldsymbol{e}_y$$

$$\boldsymbol{E}_t = E_{tmy}\sin\left(\frac{\pi}{a}x\right)e^{-j\beta_t z}\boldsymbol{e}_y$$

式中：

$$\beta = k_0\sqrt{1-\left(\frac{\lambda_0}{2a}\right)^2}$$

$$\beta_t = k_0 \sqrt{\varepsilon_r - \left(\frac{\lambda_0}{2a}\right)^2}$$

在分界面 $z = 0$ 处，为满足边界条件，必有

$$\left.\begin{aligned} E_{imy} + E_{rmy} &= E_{tmy} \\ H_{imx} + H_{rmx} &= H_{tmx} \end{aligned}\right\} \tag{8 - 5}$$

由于

$$-\frac{E_{imy}}{H_{imx}} = Z_{TE1}$$

$$\frac{E_{rmy}}{H_{rmy}} = Z_{TE1}$$

$$-\frac{E_{tmy}}{H_{tmy}} = Z_{TE2}$$

其中：

$$Z_{TE1} = \frac{120\pi}{\sqrt{1 - \left(\frac{\lambda_0}{2a}\right)^2}}$$

$$Z_{TE2} = \frac{120\pi}{\sqrt{\varepsilon_r - \left(\frac{\lambda_0}{2a}\right)^2}}$$

代入(8 - 5) 式可得

$$-\frac{E_{imy}}{Z_{TE1}} + \frac{E_{rmy}}{Z_{TE1}} = \frac{E_{tmy}}{Z_{TE2}} \tag{8 - 6}$$

设

$$\Gamma = \frac{E_{rmy}}{E_{imy}}$$

$$T = \frac{E_{tmy}}{E_{imy}}$$

分别为分界面处的电场反射系数与透射系数，则由(8 - 4)、(8 - 6) 式可得

$$\Gamma = \frac{Z_{TE2} - Z_{TE1}}{Z_{TE2} + Z_{TE1}}$$

$$T = \frac{2Z_{TE2}}{Z_{TE2} + Z_{TE1}}$$

故反射波电场和透射波电场分别为

$$\boldsymbol{E}_r = \Gamma E_{imy} \sin\left(\frac{\pi}{a}x\right) e^{j\beta z} \boldsymbol{e}_y$$

$$\boldsymbol{E}_t = TE_{imy} \sin\left(\frac{\pi}{a}x\right) e^{-j\beta_t z} \boldsymbol{e}_y$$

反射波磁场与透射波磁场可由 $\boldsymbol{H} = -\frac{1}{j\omega\mu_0} \nabla \times \boldsymbol{E}$ 求得

$$H_{rx}=\frac{\beta}{\omega\mu_0}\Gamma E_{imy}\sin\left(\frac{\pi}{a}x\right)e^{j\beta z}$$

$$H_{rz}=\frac{j}{\omega\mu_0}\Gamma E_{imy}\frac{\pi}{a}\cos\left(\frac{\pi}{a}x\right)e^{j\beta z}$$

$$H_{tx}=-\frac{\beta_t}{\omega\mu_0}TE_{imy}\sin\left(\frac{\pi}{a}x\right)e^{-j\beta_t z}$$

$$H_{tz}=\frac{j}{\omega\mu_0}TE_{imy}\frac{\pi}{a}\cos\left(\frac{\pi}{a}x\right)e^{-j\beta_t z}$$

例 8-10　试比较工作在 TE_{101} 模式的铜制正方形谐振腔，在谐振波长分别为 $\lambda_1=10$ cm 和 $\lambda_2=3$ cm 时的品质因数。由此可得出什么样的结论。

解：由品质因数的定义及计算 Q_0 的相关公式，可得

$$Q_0=\omega_0\frac{\text{谐振器中的平均储能}}{\text{系统中每秒的能量损耗}}=\omega_0\frac{\overline{W}}{P_1}$$

$$=\frac{2}{\delta}\frac{\iiint|\boldsymbol{H}|^2\mathrm{d}V}{\oiint|\boldsymbol{H}_t|^2\mathrm{d}S}$$

对于 TE_{10p} 谐振模，其电磁场分量为

$$E_y=E_0\sin\frac{\pi}{a}x\ \sin\beta z$$

$$H_x=-j\frac{E_0}{Z_{TE_{10}}}\sin\frac{\pi}{a}x\ \cos\beta z$$

$$H_z=j\frac{\pi}{a}\frac{E_0}{k\eta}\cos\frac{\pi}{a}x\ \sin\beta z$$

式中：

$$k=\omega\sqrt{\mu\varepsilon},\ \beta=\frac{p\pi}{l},\ \eta=120\pi,\ \lambda=\frac{2}{\sqrt{\frac{1}{a^2}+\left(\frac{p}{l}\right)^2}}$$

则

$$\iiint|\boldsymbol{H}|^2\mathrm{d}V=\iiint(|H_x|^2+|H_y|^2)\mathrm{d}x\mathrm{d}y\mathrm{d}z$$

$$=\int_0^a\mathrm{d}x\int_0^b\mathrm{d}y\int_0^l\left[\left(\frac{E_0}{Z_{TE_{10}}}\right)^2\sin^2\frac{\pi}{a}x\cos^2\beta z+\left(\frac{\pi E_0}{ak\eta}\right)^2\cos^2\frac{\pi}{a}x\sin^2\beta z\right]\mathrm{d}z$$

$$=\frac{abl}{4\eta^2}E_0^2$$

$$\oiint|\boldsymbol{H}_t|^2\mathrm{d}S=2\int_0^a\int_0^b|H_x|_{z=0}^2\mathrm{d}x\mathrm{d}y+2\int_0^l\int_0^b|H_z|_{x=0}^2\mathrm{d}y\mathrm{d}z$$

$$+2\int_0^l\int_0^a(|H_x|_{y=0}^2+|H_z|_{y=0}^2)\mathrm{d}x\mathrm{d}z$$

$$=\frac{E_0^2}{8\eta^2}\frac{\lambda^2}{a^2l^2}(2p^2a^3b+2bl^3+p^2a^3l+al^3)$$

代入 Q_0 的表示式，可得 TE_{10p} 的品质因数为

$$Q_0 = \frac{abl}{\delta} \frac{p^2a^2 + l^2}{2p^2a^3b + 2bl^3 + p^2a^3l + al^3}$$

对于 TE_{101} 谐振模，有

$$Q_0(TE_{101}) = \frac{abl}{\delta} \frac{a^2 + l^2}{2a^3b + 2bl^3 + a^3l + al^3}$$

$$= \frac{abl}{\delta} \frac{a^2 + l^2}{(a + 2b)l^3 + (l + 2b)a^3}$$

对于正方体谐振腔，由于 $a = b = l$，所以有

$$Q_0 = \frac{a}{3\delta}$$

对于铜制谐振腔，电导率 $\sigma = 5.8 \times 10^7$ S/m，穿透深度为

$$\delta = \sqrt{\frac{2}{\omega\mu_0\sigma}} = \sqrt{\frac{\lambda}{\pi c_{光}\ \mu_0\sigma}} = 3.815 \times 10^{-7}\ \sqrt{\lambda(\text{cm})}$$

而 $\lambda = \sqrt{2}a$，即

$$a = \frac{\lambda}{\sqrt{2}}$$

所以

$$Q_0 = 6.178 \times 10^3\ \sqrt{\lambda(\text{cm})}$$

当 $\lambda_1 = 10$ cm 时：

$$Q_{01} = 19\ 535$$

当 $\lambda_2 = 3$ cm 时：

$$Q_{02} = 10\ 700$$

由此可见，谐振频率越高(谐振波长越短)，正方体谐振腔的固有品质因数越低，所以，在毫米波段不易得到高品质因数的谐振腔。上面所得的结果，只是 Q_0 的理论值。实际上，由于腔壁表面加工的不光滑，以及其它微小变动而引起的扰动，特别是由介质引起的损耗和耦合小孔产生的辐射损耗，都将大大降低 Q_0 值。一般来说，在 $\lambda = 10$ cm 时，Q_0 只有 10 000 左右；而在 $\lambda = 3$ cm 时，Q_0 只有 5000 左右。

例 8 - 11　一空气填充的矩形谐振腔，尺寸为 $0 \leqslant x \leqslant a$，$0 \leqslant y \leqslant b$，$0 \leqslant z \leqslant l$。

(1) 试在 $a > b > l$，$a > l > b$，$a = b = l$ 三种情况下，确定此谐振腔的主模(即谐振频率最低的振荡模式)及谐振频率。

(2) 若 $a = 4$ cm，$b = 3$ cm，$l = 5$ cm，求腔内主模储存的电磁能的时间平均值(设 $E_0 = 50$ V/m)。

解：(1) 以 z 轴为参考“传播方向”，则对 TM_{mnp} 谐振模而言，为满足电磁场的边界条件，m、n 均不能为零，但 p 可以为零；对 TE_{mnp} 谐振模而言，为满足电磁场的边界条件，m、n 不可同时为零，但 p 不能为零。故谐振腔内的较低模式为 TM_{110}、TE_{011}、TE_{101}。此三个模

式究竟哪一个(或几个)为最低模式，取决于腔体的尺寸。由于谐振频率为

$$f_{mnp} = \frac{1}{2\sqrt{\mu_0\varepsilon_0}}\sqrt{\left(\frac{m}{a}\right)^2 + \left(\frac{n}{b}\right)^2 + \left(\frac{p}{l}\right)^2}$$

所以，当 $a > b > l$ 时，最低的谐振频率为

$$f_{110} = \frac{1}{2\sqrt{\mu_0\varepsilon_0}}\sqrt{\frac{1}{a^2} + \frac{1}{b^2}}$$

即 TM_{110} 为主谐振模式。

当 $a > l > b$ 时，最低的谐振频率为

$$f_{101} = \frac{1}{2\sqrt{\mu_0\varepsilon_0}}\sqrt{\frac{1}{a^2} + \frac{1}{l^2}}$$

即 TE_{101} 为主谐振模式。

当 $a = b = l$ 时，最低的谐振频率为

$$f = \frac{1}{\sqrt{2\mu_0\varepsilon_0}\,a} = \frac{c_{光}}{\sqrt{2}a}$$

它即是 TM_{110}、TE_{011} 的谐振频率，也是 TE_{101} 的谐振频率，即三个模式都是主模。

(2) 当 $a = 4$ cm，$b = 3$ cm，$l = 5$ cm 时，TE_{101} 是主谐振模，其场分量为

$$E_y = E_0 \sin\frac{\pi}{a}x \sin\frac{\pi}{l}z$$

$$H_x = -\mathrm{j}\frac{E_0}{Z_{TE_{10}}}\sin\frac{\pi}{a}x \cos\frac{\pi}{l}z$$

$$H_z = \mathrm{j}\frac{E_0}{\omega\mu_0}\frac{\pi}{a}\cos\frac{\pi}{a}x \sin\frac{\pi}{l}z$$

其谐振频率为

$$f_{101} = \frac{1}{2\sqrt{\mu_0\varepsilon_0}}\sqrt{\frac{1}{a^2} + \frac{1}{l^2}}$$

由于 $\overline{W}_e = \overline{W}_m$，故谐振腔内电磁能的时间平均值为

$$\overline{W}_{av} = 2\overline{W}_e = 2\overline{W}_m = 2\times\frac{1}{4}\varepsilon_0\iiint_V |E_y|^2 \mathrm{d}V$$

$$= \frac{\varepsilon_0}{8}ablE_0^2 = 1.66\times 10^{-13}\ \mathrm{J}$$

三、习题及参考答案

8-1 什么叫截止波长？为什么只有 $\lambda < \lambda_c$ 的波才能在波导中传输？

答：导行波系统中，对于不同频率的电磁波有两种工作状态——传输与截止。介于传输与截止之间的临界状态，即由 $\gamma = 0$ 所确定的状态，该状态所确定的频率称为截止频率，该频率所对应的波长称为截止波长。

由于只有在 $\gamma^2 < 0$ 时才能存在导行波，则由 $\gamma^2 = k_c^2 - k^2 < 0$ 可知，此时应有

$$k_c^2 < k^2$$

即

$$\omega_c^2 \mu\varepsilon < \omega\mu\varepsilon$$

所以，只有 $f > f_c$ 或 $\lambda < \lambda_c$ 的电磁波才能在波导中传输。

8－2　何谓工作波长、截止波长和波导波长？它们有何区别和联系？

解： 工作波长就是 TEM 波的相波长。它由频率和光速所确定，即

$$\lambda = \frac{c_{光}}{f\sqrt{\varepsilon_r}} = \frac{\lambda_0}{\sqrt{\varepsilon_r}}$$

式中，λ_0 称为自由空间的工作波长，且 $\lambda_0 = \frac{c_{光}}{f}$。

截止波长是由截止频率所确定的波长，且

$$\lambda_c = \frac{c}{f_c\sqrt{\varepsilon_r}}$$

波导波长是理想导波系统中的相波长，即导波系统内电磁波的相位改变 2π 所经过的距离。波导波长与 λ、λ_c 的关系为

$$\lambda_g = \frac{\lambda}{\sqrt{1 - \left(\frac{\lambda}{\lambda_c}\right)^2}}$$

8－3　何谓相速和群速？为什么空气填充波导中波的相速大于光速，群速小于光速？

解： 相速是电磁波等相位点移动的速度。群速是包络波上某一恒定相位点移动的速度。

根据平面波斜入射理论，波导内的导行波可以被看成平面波向理想金属表面斜入射得到的，如图 8－2 所示。从图中可以看出，由于理想导体边界的作用，平面波从等相位面 D 上的 A 点到等相位面 B 上的 M 点和 F 点所走过的距离是不同的，$\overline{AM} < \overline{AF}$。但在相同的时间内，相位改变量相同。这必要求沿 AF 即 Z 轴方向的导行波的相速 v_p 比沿 AM 方向的平面波的相速 v 大。对于空气媒质，则有 $v_p > c_{光}$。

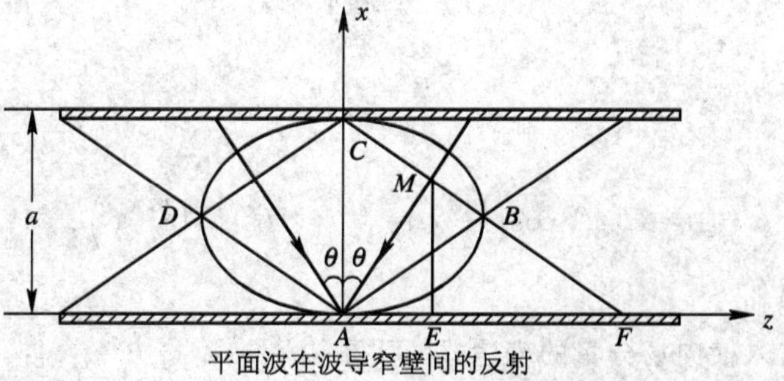

平面波在波导窄壁间的反射

图 8－2　题 8－3 用图

从图 8－2 还可以看出，平面波从 A 点传到 M 点，但其能量只是从 A 点传到 E 点，显然$\overline{AE} < \overline{AM}$，故能量传播的速度 $v_g < v$。对于空气媒质，$v_g < c_{光}$，根据相对论，任何物质的运动速度都不能超过光速，所以，群速这一体现电磁波物质特性、表征电磁波能量传播快慢的物理量的确小于光速。

8－4　如图 8－3 所示，两块无限大金属板，相距为 a，已知其中沿 z 方向电磁场分量为

$$H_z = H_{zm}(A\cos k_x x + B\sin k_x x)\mathrm{e}^{-\mathrm{j}\beta z}$$

$$E_z = 0$$

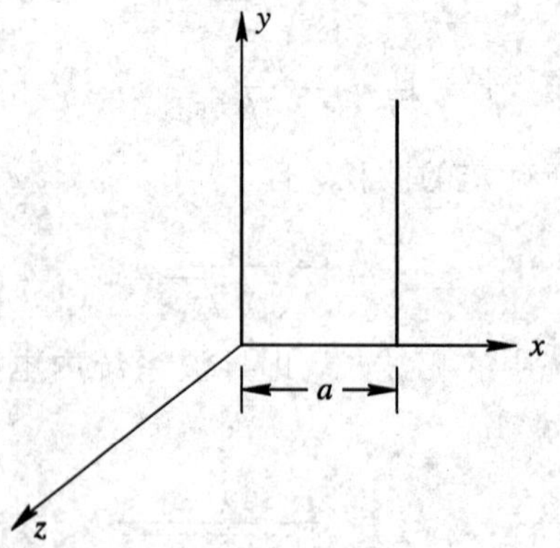

图 8－3　题 8－4 用图

(1) 求其余各场分量，说明该系统传什么波，其截止波长为多少。

(2) 画出金属板上传导电流分布。

解: (1) 由理想导体的边界条件可知

$$E_y\big|_{x=0} = E_y\big|_{x=a} = 0$$

即

$$\left.\frac{\partial H_z}{\partial x}\right|_{\substack{x=0\\x=a}} = 0$$

由此可得

$$k_x = \frac{m\pi}{a}$$

$$B = 0$$

故

$$H_z = H_{zm}A\cos\left(\frac{m\pi}{a}x\right)\mathrm{e}^{-\mathrm{j}\beta z} = H_0\cos\left(\frac{m\pi}{a}x\right)\mathrm{e}^{-\mathrm{j}\beta z} \tag{8-7}$$

式中，$H_0 = H_{zm}A$。

将式(8－7)代入横向场分量的表达式，可得

$$E_y = \frac{\mathrm{j}\omega\mu}{k_c}\frac{\partial H_z}{\partial x} = -\frac{\mathrm{j}\omega\mu}{k_c}\frac{m\pi}{a}H_0\sin\left(\frac{m\pi}{a}x\right)\mathrm{e}^{-\mathrm{j}\beta z}$$

$$H_x = -\frac{\mathrm{j}\beta}{k_c}\frac{\partial H_z}{\partial x} = \frac{\mathrm{j}\beta}{k_c}\frac{m\pi}{a}H_0\sin\left(\frac{m\pi}{a}x\right)\mathrm{e}^{-\mathrm{j}\beta z}$$

$$H_z = H_0\cos\left(\frac{m\pi}{a}x\right)\mathrm{e}^{-\mathrm{j}\beta z}$$

$$E_x = H_y = E_z = 0$$

该系统传输的是 TE_{m0} 波，其最低次导行模为 TE_{10} 波，其截止波长为 $\lambda_c = 2a$。

(2) 其传导电流密度为

$$\boldsymbol{J} = \boldsymbol{n}\times\boldsymbol{H}\big|_{\substack{x=0\\x=a}} = \begin{cases}\boldsymbol{e}_x\times\boldsymbol{H}_z\big|_{x=0}\\ -\boldsymbol{e}_x\times\boldsymbol{H}_z\big|_{x=a}\end{cases} = \begin{cases}-H_0\mathrm{e}^{-\mathrm{j}\beta z}\boldsymbol{e}_y\\ (-1)^m H_0\mathrm{e}^{-\mathrm{j}\beta z}\boldsymbol{e}_y\end{cases}$$

对于其主模式 TE_{10} 波的传导电流分布，与矩形波导 TE_{10} 波的侧壁电流分布一样。

8-5　何谓波导的色散特性？波导为什么存在色散特性？

答：波导中波的相速和群速都是频率(或波长)的函数。这种相速随频率的变化而改变的特性称为波的色散特性。因此，波导中传输的导行波属于色散型波。

波导中电磁波产生色散的原因是由波导系统本身的特性所导致的，即波导传输结构特定的边界条件使得波导内只能传输这种相速与频率有关的导行波。

8-6　矩形波导中波型指数 m 和 n 的物理意义如何？矩形波导中波型的场结构的规律怎样？

答：m、n 表征不同的导行波型的电磁场结构模式。m 代表沿 x 方向场量变化的半驻波数；n 表示沿 y 方向场量变化的半驻波数。根据 m、n 与 E_z 和 H_z 的关系可知：对于TM波，由于 $E_z\neq 0$，所以 m、n 都不能为零，故没有 TM_{00}、TM_{0n}、TM_{m0} 场型；对于TE波，由于 $H_z\neq 0$，所以 m、n 不能同时为零，即没有 TE_{00} 场型。并且由于 m、n 代表的是沿 x 和 y 方向的半驻波个数，这样很容易由基本场结构“小巢”TE_{10}、TE_{01}、TE_{11}、TM_{11} 构造出其它场型的场结构，只不过是沿 x 或 y 方向增加若干个 TE_{10}、TE_{01}、TE_{11}、TM_{11} 的“小巢”而已。

8-7　矩形波导中的 v_p、v_g、λ_c 和 λ_g 有何区别与联系？它们与哪些因素有关？

解：(1) 相速：

$$v_p = \frac{\dfrac{c}{\sqrt{\varepsilon_r}}}{\sqrt{1-\left(\dfrac{\lambda}{\lambda_c}\right)^2}}$$

其大于媒质中的光速，与波导的口面尺寸、电磁波的频率(或波长)、波导中的媒质及媒质中的光速有关。

(2) 群速：

$$v_g = \frac{c}{\sqrt{\varepsilon_r}}\sqrt{1-\left(\frac{\lambda}{\lambda_c}\right)^2}$$

其小于媒质中的光速，与频率、波导的口面尺寸、波导中的媒质 ε_r 及媒质中的光速有关。

群速、相速、光速的关系为

$$v_p \cdot v_g = \left(\frac{c_{光}}{\sqrt{\varepsilon_r}}\right)^2$$

(3) 截止波长：

$$\lambda_c = \frac{2}{\sqrt{\left(\frac{m}{a}\right)^2 + \left(\frac{n}{b}\right)^2}}$$

它与传输模式、波导的截面尺寸有关。

(4) 波导波长：

$$\lambda_g = \frac{\lambda}{\sqrt{1 - \left(\frac{\lambda}{\lambda_c}\right)^2}}$$

它与工作波长(频率)、截止波长有关。

8-8　今用 BJ－32(72.14 mm × 34.04 mm) 作为馈线。

(1) 当工作波长为 6 cm 时，波导中能传输哪些波型？

(2) 今测得波导中传输 H_{10} 模时两波节点的距离为 10.9 cm，求 λ_g 和 λ。

(3) 在波导中传输 H_{10} 波时，$\lambda_0 = 10$ cm，求 v_p、v_g、λ_c 和 λ_g。

解：设波导中充空气媒质。

(1)
$$\lambda_0 = 6\ \text{cm}, \quad f = \frac{c}{\lambda_0} = 5\ \text{GHz}$$

由

$$\lambda_c = \frac{2}{\sqrt{\left(\frac{m}{a}\right)^2 + \left(\frac{n}{b}\right)^2}} > \lambda$$

解得

$$m \leqslant 2$$
$$n \leqslant 1$$

则

$$\lambda_c\left(\frac{TE_{21}}{TM_{21}}\right) = \frac{2ab}{\sqrt{4b^2 + a^2}} = 4.96\ \text{cm} < \lambda \quad (\text{不能传输})$$

$$\lambda_c\left(\frac{TE_{11}}{TM_{11}}\right) = \frac{2ab}{\sqrt{a^2 + b^2}} = 6.157\ \text{cm} > \lambda \quad (\text{可以传输})$$

所以，波导中可传输的波型为 TE_{10}、TE_{20}、TE_{01}、TE_{11}、TM_{11}。

(2)
$$\lambda_g = 2 \times 10.9 = 21.8\ \text{cm}$$

由

$$\lambda_g = \frac{\lambda_0}{\sqrt{1 - \left(\frac{\lambda_0}{2a}\right)^2}}$$

可得

$$\lambda_0 = \frac{1}{\sqrt{\frac{1}{\lambda_g^2}+\frac{1}{(2a)^2}}} = 12.03\ \text{cm}$$

（3）当 $\lambda_0 = 10$ cm 时：

$$\lambda_c = 2a = 14.428\ \text{cm}$$

设

$$p = \frac{1}{\sqrt{1-\left(\frac{\lambda_0}{\lambda_c}\right)^2}} = 1.387$$

则

$$v_p = pc_{光} = 4.162\times10^8\ \text{m/s}$$

$$v_g = \frac{1}{p}c_{光} = 2.163\times10^8\ \text{m/s}$$

$$\lambda_g = p\lambda_0 = 13.87\ \text{cm}$$

8-9　用 BJ－100(22.86 mm×10.16 mm) 作馈线时，其工作频率为 10 GHz。

（1）求 λ_c、λ_g、β 和 Z。

（2）若波导宽边尺寸增大一倍，上述参数将如何变化？

（3）若波导窄边尺寸增大一倍，上述参数将如何变化？

（4）若波导尺寸不变，工作频率为 15 GHz，上述参数又将如何变化？

解：（1）当 $f = 10$ GHz 时：

$$\lambda_0 = 3\ \text{cm},\ \lambda_c(\text{TE}_{10}) = 2a = 4.572\ \text{cm}$$

$$\lambda_c(\text{TE}_{20}) = a = 2.286\ \text{cm}$$

此时波导中只能传输 TE_{10} 波。所以

$$\lambda_g = \frac{\lambda_0}{\sqrt{1-\left(\frac{\lambda_0}{2a}\right)^2}} = 1.325\lambda_0 = 3.976\ \text{cm}$$

$$\beta = k\sqrt{1-\left(\frac{\lambda_0}{2a}\right)^2} = 0.755k = 1.58\times10^{-2}\ \text{rad/m}$$

$$Z_{\text{TE}_{10}} = \frac{\eta_0}{\sqrt{1-\left(\frac{\lambda_0}{2a}\right)^2}} = 1.325\ \eta_0 = 500\ \Omega$$

（2）当 $a' = 2a$ 时：

$$\lambda_c(\text{TE}_{10}) = 2a' = 4a = 9.144\ \text{cm}$$

$$\lambda_c(\text{TE}_{20}) = a' = 2a = 4.572\ \text{cm}$$

故可传输 TE_{10} 与 TE_{20} 两种波型。

对 TE_{10} 波：

$$\lambda_g = \frac{\lambda_0}{\sqrt{1-\left(\frac{\lambda_0}{4a}\right)^2}} = 1.059\lambda_0 = 3.176\ \text{cm}$$

$$\beta = k\sqrt{1-\left(\frac{\lambda_0}{4a}\right)^2} = 0.945k = 1.979\times10^{-2}\ \text{rad/m}$$

$$Z_{TE_{10}} = \frac{\eta_0}{\sqrt{1-\left(\frac{\lambda_0}{4a}\right)^2}} = 399\ \Omega$$

对 TE_{20} 波，所求各量同(1)。

(3) 当 $b' = 2b$ 时：

$$\lambda_c(TE_{10}) = 2a = 4.572\ \text{cm}$$
$$\lambda_c(TE_{01}) = 2b' = 4.064\ \text{cm}$$

可传输 TE_{10} 与 TE_{01} 两种波型。

对 TE_{10} 波，所求各量同(1)。

对 TE_{01} 波：

$$\lambda_g = \frac{\lambda_0}{\sqrt{1-\left(\frac{\lambda_0}{4b}\right)^2}} = 1.482\lambda_0 = 4.45\ \text{cm}$$

$$\beta = k\sqrt{1-\left(\frac{\lambda_0}{4b}\right)^2} = 0.675k = 1.413\times10^{-2}\ \text{rad/m}$$

$$Z_{TE_{01}} = \frac{\eta}{\sqrt{1-\left(\frac{\lambda_0}{4b}\right)^2}} = 559\ \Omega$$

(4) 当 $f = 15$ GHz 时：

$$\lambda_0 = 2\ \text{cm}$$
$$\lambda_c(TE_{10}) = 2a = 4.572\ \text{cm}$$
$$\lambda_c(TE_{20}) = a = 2.286\ \text{cm}$$
$$\lambda_c(TE_{01}) = 2b = 2.032\ \text{cm}$$

故可以传输的波型为 TE_{10}、TE_{20}、TE_{01}。

对 TE_{10} 波：

$$\lambda_g = \frac{\lambda_0}{\sqrt{1-\left(\frac{\lambda_0}{2a}\right)^2}} = 1.112\lambda_0 = 2.224\ \text{cm}$$

$$\beta = k\sqrt{1-\left(\frac{\lambda_0}{2a}\right)^2} = 0.899k = 2.825\ \text{rad/m}$$

$$Z_{TE_{10}} = \frac{\eta_0}{\sqrt{1-\left(\frac{\lambda_0}{2a}\right)^2}} = 419\ \Omega$$

对 TE_{20} 波：

$$\lambda_g = \frac{\lambda_0}{\sqrt{1-\left(\frac{\lambda_0}{a}\right)^2}} = 2.065\lambda_0 = 4.13\ \text{cm}$$

$$\beta = k\sqrt{1-\left(\frac{\lambda_0}{a}\right)^2} = 0.484k = 1.522\times 10^{-2}\ \text{rad/m}$$

$$Z_{TE_{20}} = \frac{\eta_0}{\sqrt{1-\left(\frac{\lambda_0}{a}\right)^2}} = 2.065\eta_0 = 778\ \Omega$$

对 TE_{01} 波：

$$\lambda_g = \frac{\lambda_0}{\sqrt{1-\left(\frac{\lambda_0}{2b}\right)^2}} = 5.657\lambda_0 = 11.31\ \text{cm}$$

$$\beta = k\sqrt{1-\left(\frac{\lambda_0}{2b}\right)^2} = 0.1768k = 0.555\times 10^{-2}\ \text{rad/m}$$

$$Z_{TE_{01}} = \frac{\eta_0}{\sqrt{1-\left(\frac{\lambda_0}{2b}\right)^2}} = 5.657\eta_0 = 2133\ \Omega$$

8－10　圆柱形波导中的波型指数 m 和 n 的意义如何？为什么不存在 $n=0$ 的波型？圆波导中波型场结构的规律如何？

答：m 表示角坐标 ϕ 从 0 增大到 2π 时场量变化的周期数，也就是沿圆周分布的驻波数；n 表示沿半径方向场量变化的半驻波数，也就是沿半径方向场的最大值的个数。由于 n 是 m 阶贝塞尔函数(或其导数)的根的序号，是从 1 起算的，所以 $n\neq 0$。所有圆波导的场结构都可由基本场结构"小巢"——TE_{01}、TE_{11}、TM_{01}、TM_{11} 构造。也就是说，任一 TE_{mn} 或 TM_{mn} 场结构，都是由沿圆周与半径分布的若干个 TE_{01}、TE_{11}、TM_{01}、TM_{11} 的"小巢"构造出来的。

8－11　圆波导中 H_{11}、H_{01} 和 E_{01} 模的特点是什么？有何应用？

答：TE_{11} 模具有最长的截止波长，其 $\lambda_c=3.413a$，所以是圆波导的主模式。其横截面内的场分布与矩形波导的 TE_{10} 模很相似，因此很容易从矩形波导的 TE_{10} 模过渡到圆波导的 TE_{11} 模。但该模式存在极化简并。由于极化面的不稳定，所以不用其作"长距离"传输的传输线，只是利用其上述特点，做成各种特殊用途的微波元件，如极化衰减器与极化变换器，波导的方－圆转换器等。

TE_{01} 模是圆波导的高次模，其截止波长 $\lambda_c = 1.64a$。该模式的电磁场分布主要有如下特点：电磁场只有 E_ϕ、H_r、H_z 三个场分量，电场沿 ϕ 方向没有变化，只在波导横截面上分布，并且围绕交变磁场的纵向分量构成闭合曲线；磁场 $H_r|_{r=a}=0$，则在管壁上只有 H_z 分量，并且其管壁电流 $\boldsymbol{J}_S = \boldsymbol{n}\times\boldsymbol{H}_z|_{r=a} = H_z\boldsymbol{e}_\phi|_{r=a}$，即只有沿圆周 ϕ 方向流动的分量。这样当传输的功率一定时，随着频率的升高，管壁导体损耗引起的衰减常数单调下降。因此，该模式特别适合于毫米波远距离通信及作成高 Q 的谐振腔。

TM_{01} 模是圆波导中的次低次模，其截止波长 $\lambda_c = 2.62R$，其场量只有三个：E_r、E_z 和 H_ϕ。其电磁场各分量沿 ϕ 方向无变化，具有轴对称性，而其管壁电流 $\boldsymbol{J}_S|_{r=a} = \boldsymbol{n}\times\boldsymbol{H}_\phi = H_\phi\boldsymbol{e}_z$ 只有纵向分量。这一特点使其特别适用于作微波天线系统旋转关节的工作模式。又由于其电场分量在轴线上($a=0$ 处)最强，可以有效地和沿波导轴向运动的电子束交换能量，所以它又适用于作微波电子管中的谐振腔以及慢波系统中的工作模式。

8-12 何谓波导的简并模？矩形波导和圆波导中简并有何异同？

答： 导行波系统中的传输模，存在两种简并。一类是模式简并，再一类是极化简并。

模式简并是指不同的导行模具有相同的截止波长这一现象，并称此为模式简并。矩形波导中的 TE_{mn} 与 TM_{mn}($m\neq 0$，$n\neq 0$)是简并模；圆波导中，由于 $\lambda_c(TE_{0n}) = \lambda_c(TM_{1n})$，所以，$TE_{0n}$ 与 TM_{1n} 也是简并模。

极化简并是指圆波导中同一模式沿 ϕ 方向有两种场型分布 $\begin{pmatrix}\cos\phi\\ \sin\phi\end{pmatrix}$，即一种是另一种的极化面旋转 $90°$ 得到的，这一现象称为极化简并。圆波导中除 TE_{0n} 和 TM_{0n} 模以外，其它的模式都存在极化简并。

8-13 一空气填充的圆波导中传输 H_{01} 模，已知 $\lambda/\lambda_c = 0.9$，$f_0 = 5$ GHz。

(1) 求 λ_g 和 β。

(2) 若波导半径扩大一倍，β 将如何变化？

解：(1)

$$\lambda_c = 1.64a,\ \lambda_0 = 6\ \text{cm}$$

由 $\lambda_0/\lambda_c = 0.9$，得

$$a = 4.065\ \text{cm}$$

$$\lambda_g = \frac{\lambda_0}{\sqrt{1-\left(\frac{\lambda_0}{\lambda_c}\right)^2}} = 2.294\lambda_0 = 13.77\ \text{cm}$$

$$\beta = k\sqrt{1-\left(\frac{\lambda_0}{\lambda_c}\right)^2} = 0.4359k = 0.4565\times 10^{-2}\ \text{rad/m}$$

(2) 若 $a' = 2a = 8.13$ cm，则

$$\lambda_c = 1.64a' = 13.33\ \text{cm}$$

$$\beta = k\sqrt{1-\frac{1}{4}0.9^2} = 0.893k = 0.935\times 10^{-2}\ \text{rad/m}(增大)$$

8-14 在矩形波导中传输 H_{10} 模，求填充介质(介电常数为 ε)时的截止波长和波导波

长。在圆柱形波导中传输最低模式时，若波导填充介质（介电常数为 ε）时，λ_c 和 λ_g 将如何变化？

解：对矩形波导，有

$$\lambda_c(TE_{10}) = 2a$$

$$f_c(TE_{10}) = \frac{c_{光}}{2a\sqrt{\mu_r\varepsilon_r}}$$

$$\lambda_g(TE_{10}) = \frac{\lambda_0}{\sqrt{\varepsilon_r - \left(\frac{\lambda_0}{2a}\right)^2}}$$

式中 $\lambda_0 = c_{光}/f$。

对圆波导，有

$$\lambda_c(TE_{11}) = 3.41a$$

$$f_c(TE_{11}) = \frac{c_{光}}{3.41a\sqrt{\mu_r\varepsilon_r}}$$

$$\lambda_g(TE_{11}) = \frac{\lambda_0}{\sqrt{\varepsilon_r - \left(\frac{\lambda_0}{3.41a}\right)^2}}$$

λ_c 与介质无关，λ_g 与介质有关。

8 - 15　有两个矩形空腔谐振器，工作模式都是 H_{101}，谐振波长分别为 $\lambda_0 = 3$ cm 和 $\lambda_0 = 10$ cm，试问哪一个空腔的尺寸大？为什么？

解：由

$$\lambda_0 = \frac{2}{\sqrt{\frac{1}{a^2} + \frac{1}{l^2}}}$$

可得

$$\frac{1}{a^2} + \frac{1}{l^2} = \frac{4}{\lambda_0^2} \tag{8-8}$$

显然，从式(8 - 8)可以看出，λ_0 越大，式(8 - 8)右边越小，则要求 a、l 的值越大，所以，$\lambda_0 = 10$ cm所对应的谐振腔的尺寸大些。

8 - 16　用一矩形波导设计一个空腔谐振器，要求当 $\lambda_0 = 10$ cm 时对 H_{101} 模式谐振，当 $\lambda_0 = 5$ cm 时对 H_{103} 模式谐振，求此空腔谐振器的尺寸。

解：由

$$\frac{1}{a^2} + \frac{p^2}{l^2} = \frac{4}{\lambda_0^2}$$

对 TE_{101} 模有

$$\frac{1}{a^2} + \frac{1}{l^2} = \frac{4}{10^2}$$

对 TE_{103} 模有

$$\frac{1}{a^2}+\frac{9}{l^2}=\frac{4}{25}$$

解之有

$$a=\sqrt{40}=6.325\ \text{cm},\quad l=\frac{10}{3}\sqrt{6}=8.165\ \text{cm}$$

8－17　用BJ－58铜制标准波导制成矩形空腔谐振器波长计，工作模式为 H_{101}，调谐范围为 4.64 ～ 7.05 GHz，求此空腔谐振器调谐长度及固有品质因数的变化范围。

解：BJ－58波导尺寸为40.4 mm×5 mm，铜的电导率 $\sigma=5.8\times10^7$ S/m，穿透深度为

$$\delta=\sqrt{\frac{2}{\omega\mu\sigma}}=3.815\times10^{-5}\ \sqrt{\lambda(\text{cm})}\quad(\text{cm})$$

由例 8－10 可知

$$Q_0(TE_{101})=\frac{abl}{\delta}\ \frac{a^2+l^2}{(a+2b)l^3+(l+2b)a^3}\tag{8-9}$$

当 $f=4.64$ GHz 时：

$$\lambda_0=6.466\ \text{cm}$$

由

$$\frac{1}{a^2}+\frac{1}{l^2}=\frac{4}{\lambda_0^2}$$

得

$$l_1=5.39\ \text{cm}$$

将 λ_0、l_1、a、b、δ 代入(8－9) 式可得

$$Q_{01}(TE_{101})=\frac{4.04\times0.5\times5.39}{3.815\times10^{-5}\ \sqrt{6.466}}\times\frac{4.04^2+5.39^2}{(4.04+1)\times5.39^3+(5.39+1)\times4.04^3}$$
$$=4207$$

当 $f=7.05$ GHz 时：

$$\lambda_0=4.255\ \text{cm}$$

$$l_2=\frac{1}{\sqrt{\frac{4}{\lambda_0^2}-\frac{1}{a^2}}}=2.503\ \text{cm}$$

代入式(8－9)可得

$$Q_{02}=\frac{4.04\times0.5\times2.503}{3.815\times10^{-5}\ \sqrt{4.255}}\times\frac{4.04^2+2.503^2}{(4.04+1)\times2.503^3+(2.503+1)\times4.04^3}$$
$$=4681$$

即其调谐长度介于 2.503 ～ 5.39 cm 之间，固有品质因数 Q_0 介于 4207 ～ 4681 之间。

8－18　有一半径为 5 cm、长度为 10 cm 的圆柱形空腔谐振器，试求其最低振荡模式的谐振频率和 Q 值。

解: 圆波导中的最低振荡模为 TE_{111}，其谐振频率为

$$f_{TE_{111}}=\frac{c}{2\pi}\sqrt{\left(\frac{1.841}{a}\right)^2+\left(\frac{\pi}{l}\right)^2}=c\sqrt{\frac{1}{(3.413a)^2}+\frac{1}{(2l)^2}}=2.31\ \text{GHz}$$

$$\lambda_0=\frac{c}{f}=12.98\ \text{cm}$$

由

$$Q_0(TE_{111})=\frac{\lambda_0}{\delta}\frac{1.03\times\left[0.343+\left(\frac{a}{l}\right)^2\right]^{\frac{3}{2}}}{1+5.82\left(\frac{a}{l}\right)^3+0.86\left(\frac{a}{l}\right)^2\left(1-\frac{2a}{l}\right)}$$

可得

$$Q_0(TE_{111})=\frac{12.98}{\delta}\frac{1.03\times(0.343+0.5^2)^{\frac{3}{2}}}{1+5.82\times0.5^3+0.86\times0.5^2(1-1)}=\frac{3.534}{\delta}$$

对于铜质谐振腔，因为

$$\delta=3.815\times10^{-5}\sqrt{\lambda_0(\text{cm})}\quad(\text{cm})$$

所以

$$Q_0(TE_{111})=25\,712$$